氯碱行业培训教材

氯碱化工安全生产基础知识

主　　编　邵国斌　刘俊岐　付汉卿
　　　　　张显俊　冯智宇　张谦华
　　　　　刘秀伟　赵怡丽　王红专
副 主 编　吴泽鑫　刘　刚　宗　轲
　　　　　王科举　贾建功　贾梅珍
　　　　　田世华　王　颖　霍二福

U0364529

黄河水利出版社

·郑　州·

内 容 提 要

本书是为了满足氯碱行业从业人员安全生产知识培训的需要编写而成的。根据氯碱生产特点,介绍了氯碱化工生产安全技术基本知识及事故案例,主要内容包括机械、电气、防火防爆、压力容器、用电、化工检修和事故分析等内容,实用性较强。

本书主要适用于氯碱企业负责人、安全生产管理人员、技术人员和危险物品等特种作业人员及其他作业人员高级工的培训。

图书在版编目(CIP)数据

氯碱化工安全生产基础知识/邵国斌 等主编.
郑州:黄河水利出版社,2014.9
ISBN 978 - 7 - 5509 - 0924 - 3

Ⅰ.①氯… Ⅱ.①邵… Ⅲ.①氯碱生产 - 安全生产 - 职工培训 - 教材 Ⅳ.①TQ114

中国版本图书馆 CIP 数据核字(2014)第 216852 号

组稿编辑:王路平 电话:0371 - 66022212 E-mail:hhslwlp@126.com

出 版 社:黄河水利出版社
    地址:河南省郑州市顺河路黄委会综合楼 14 层 邮政编码:450003
发行单位:黄河水利出版社
    发行部电话:0371 - 66026940、66020550、66028024、66022620(传真)
    E-mail:hhslcbs@126.com
承印单位:河南地质彩色印刷厂
开本:890 mm×1 240 mm 1/32
印张:12.25
字数:350 千字   印数:1—1 000
版次:2014 年 9 月第 1 版   印次:2014 年 9 月第 1 次印刷

定价:30.00 元

《氯碱化工安全生产基础知识》
编委会

前　言

安全生产是企业生存、发展永恒的主题，特别是氯碱企业，在生产作业中，必须遵守安全生产法律法规、标准，操作规程和各项制度，必须不断提高从业人员素质和企业管理水平，这样才能确保安全生产，促进企业稳定、快速发展。

坚持不懈地抓好安全生产知识教育，宣传国家安全生产方针、政策和法规，普及安全技术知识，增强安全意识，树立"安全第一，预防为主，综合治理"的思想，是提高从业人员工作能力和提升企业安全管理水平的具体措施之一。

为了满足氯碱企业从业人员安全生产知识培训的需要，我们组织相关人员，编写了《氯碱化工安全生产基础知识》。本书以《中华人民共和国安全生产法》和《危险化学品安全管理条例》为依据，根据氯碱生产特点，介绍了安全生产基本知识及事故案例分析，具体包括机械、电气、防火防爆、压力容器、用电、化工检修、安全生产、事故分析等内容。

本书主要适用于氯碱企业负责人、安全生产管理人员、技术人员和危险物品等特种作业人员及其他从业人员高级工的培训。

本书编写人员：邵国斌、刘俊岐、付汉卿、张显俊、冯智宇、张谦华、刘秀伟、赵怡丽、王红专任主编，吴泽鑫、刘刚、宗轲、王科举、贾建功、贾梅珍、田世华、王颖、霍二福任副主编，参编人员有张志勇、李文生、王昌、徐雅、许娅、张辰、路朝阳、汪宏杰、刘启龙、杜骏伟、刘琛、李磊。

由于氯碱生产涉及面广，安全技术发展快，编者水平有限及编写时间仓促，本书难免存在错漏之处，请广大读者在使用过程中，不吝提出修改意见，以便再版时进一步修订。

编　者

2014 年 6 月

前　言

目 录

第一章 机械电气安全技术

第一节 机械电气行业安全概要

机械是由若干相互联系的零部件按一定规律装配起来,能够完成一定功能的装置。一般机械装置由电气元件实现自动控制。很多机械装置采用电力拖动。

机械是现代生产和生活中必不可少的装备。机械在给人们带来高效、快捷和方便的同时,在其制造及运行、使用过程中,也会带来撞击、挤压、切割等机械伤害和触电、噪声、高温等非机械危害。

一、机械产品主要类别

机械设备种类繁多。机械设备运行时,其一些部件甚至其本身可进行不同形式的机械运动。机械设备由驱动装置、变速装置、传动装置、工作装置、制动装置、防护装置、润滑系统和冷却系统等部分组成。

机械行业的主要产品包括以下12类:

(1)农业机械:拖拉机、播种机、收割机械等。

(2)重型矿山机械:冶金机械、矿山机械、起重机械、装卸机械、工矿车辆、水泥设备等。

(3)工程机械:叉车、铲土运输机械、压实机械、混凝土机械等。

(4)石油化工通用机械:石油钻采机械、炼油机械、化工机械、泵、风机、阀门、气体压缩机、制冷空调机械、造纸机械、印刷机械、塑料加工机械、制药机械等。

(5)电工机械:发电机械、变压器、电动机、高低压开关、电线电缆、蓄电池、电焊机、家用电器等。

(6)机床:金属切削机床、锻压机械、铸造机械、木工机械等。

(7)汽车:载货汽车、公路客车、轿车、改装汽车、摩托车等。

(8)仪器仪表:自动化仪表、电工仪器仪表、光学仪器、成分分析仪、汽车仪器仪表、电料装备、电教设备、照相机等。

(9)基础机械:轴承、液压件、密封件、粉末冶金制品、标准紧固件、工业链条、齿轮、模具等。

(10)包装机械:包装机、装箱机、输送机等。

(11)环保机械:水污染防治设备、大气污染防治设备、固体废物处理设备等。

(12)其他机械。

非机械行业的主要产品包括铁道机械、建筑机械、纺织机械、轻工机械、船舶机械等。

二、机械设备的危险部位及防护对策

(一)机械设备的危险部位

机械设备可造成碰撞、夹击、剪切、卷入等多种伤害。其主要危险部位如下:

(1)旋转部件和成切线运动部件间的咬合处,如动力传输皮带和皮带轮、链条和链轮、齿条和齿轮等。

(2)旋转的轴,包括连接器、心轴、卡盘、丝杠和杆等。

(3)旋转的凸块和孔处。含有凸块或空洞的旋转部件是很危险的,如风扇叶、凸轮、飞轮等。

(4)对向旋转部件的咬合处,如齿轮、混合辊等。

(5)旋转部件和固定部件的咬合处,如辐条手轮或飞轮和机床床身、旋转搅拌机和无防护开口外壳搅拌装置等。

(6)接近类型,如锻锤的锤体、动力压力机的滑枕等。

(7)通过类型,如金属刨床的工作台及其床身、剪切机的刀刃等。

(8)单向滑动部件,如带锯边缘的齿、砂带磨光机的研磨颗粒、凸式运动带等。

(9)旋转部件与滑动之间,如某些平板印刷机面上的机构、纺织机床等。

(二)机械传动机构安全防护对策

机床上常见的传动机构有齿轮啮合机构、皮带传动机构、联轴器等。这些机构高速旋转着,人体某一部位有可能被带进去而造成伤害事故,因而有必要把传动机构危险部位加以防护,以保护操作者的安全。

齿轮传动机构中,两轮开始啮合的地方最危险,如图1-1所示。

皮带传动机构中,皮带开始进入皮带轮的部位最危险,如图1-2所示。

联轴器上裸露的突出部分有可能钩住工人衣服等,给工人造成伤害,如图1-3所示。

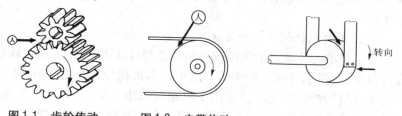

图1-1 齿轮传动　　　图1-2 皮带传动　　　图1-3 联轴器

为了保护机械设备的安全运行和操作人员的安全和健康,所采取的安全技术措施一般可分为直接、间接和指导性三类。直接安全技术措施是在设计机器时,考虑消除机器本身的不安全因素;间接安全技术措施是在机械设备上采用和安装各种安全防护装置,克服在使用过程中产生的不安全因素;指导性安全技术措施是制定机器安装、使用、维修的安全规定及设置标志,以提示或指导操作程序,从而保证作业安全。

1. 齿轮啮合传动的安全防护

啮合传动有齿轮(直齿轮、斜齿轮、伞齿轮、齿轮齿条等)啮合传动、蜗轮蜗杆和链条传动等。

齿轮传动机构必须配置全封闭型的防护装置。应该强调的是:不管啮合齿轮处于何种位置,机器外部绝不允许有裸露的啮合齿轮,因为即使啮合齿轮处于操作人员不常到的地方,但工人在维护保养机器时也有可能与其接触而带来不必要的伤害。在设计和制造机器时,应尽量将齿轮装入机座内,而不使其外露。对于一些历史遗留下来的老设备,如发现啮合齿轮外露,就必须进行改造,加上防护罩。齿轮传动机构没有防护罩不得使用。

防护装置的材料可用钢板或铸造箱体,必须坚固牢靠,保证在机器运行过程中不发生振动。要求装置合理,防护罩的外壳与传动机构的外形相符,同时应便于开启,便于机器的维护保养,即要求能方便地打开和关闭。为了引起人们的注意,防护罩内壁应涂成红色,最好装电气联锁,使防护装置在开启的情况下机器停止运转。另外,防护罩壳体本身不应有尖角和锐利部分,并尽量使之既不影响机器的美观,又起到安全作用。

2. 皮带传动机械的安全防护

皮带传动的传动比精确度较齿轮啮合的传动比差,但是当过载时,皮带打滑,起到了过载保护作用。皮带传动机构传动平稳、噪声小、结构简单、维护方便,因此广泛应用于机械传动中。但是,由于皮带摩擦后易产生静电放电现象,故不适用于容易发生燃烧或爆炸的场所。

皮带传动机构的危险部分是皮带接头处、皮带进入皮带轮的地方,如图1-4中箭头所指部位应加以防护。

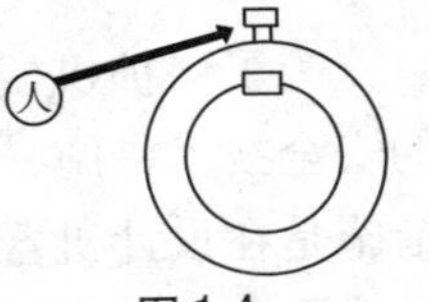

图1-4

皮带传动装置的防护罩可采用金属骨架的防护网,与皮带的距离不应小于50 mm,设计应合理,不应影响机器的运行。一般传动机构离地面2 m以下应设防护罩。但在下列3种情况下,即使在2 m以上也应加以防护:①皮带轮中心距之间的距离在3 m以上;②皮带宽度在15 cm以上;③皮带回转的速度在9 m/min以上。这样,万一皮带断裂,不至于伤人。

皮带的接头必须牢固可靠,安装皮带应松紧适宜。皮带传动机构的防护可采用将皮带全部遮盖起来的方法,或采用防护栏杆防护。

3. 联轴器等的安全防护

一切突出于轴面而不平滑的物件(键、固定螺钉等)均增加了轴的危险性。联轴器上突出的螺钉、销、键等均可能给人们带来伤害。因此对联轴器的安全要求是没有突出的部分,即采用安全联轴器。但这样还没有彻底排除隐患,根本的办法就是加防护罩,最常见的是 Ω 型防护罩。

轴上的键及固定螺钉必须加以防护,为了保证安全,螺钉一般应采用沉头螺钉,使之不突出轴面,而增设防护装置则更加安全。

三、机械伤害类型及预防对策

(一)机械伤害类型

机械装置在正常工作状态、非正常工作状态乃至非工作状态都存在危险性。机械在完成预定功能的正常工作状态下,执行预定功能所必须具备的运动要素有可能造成伤害。例如,零部件的相对运动,锋利刀具的运转,机械运转的噪声、振动等,使机械在正常工作状态下存在碰撞、切割、环境恶化等对人员安全不利的危险因素。

机械装置的非正常工作状态是指在机械运转过程中,由于各种原因引起的意外状态,包括故障状态和检修保养状态。设备的故障,不仅可能造成局部或整机的停转,还可能对人员构成危险,如电气开关故障会产生机械不能停机的危险,砂轮片破损会导致砂轮飞出造成物体打击,速度或压力控制系统出现故障会导致速度或压力失控的危险等。机械的检修保养一般都是在停机状态下进行的,但其作业的特殊性往往迫使检修人员采用一些非常规的做法,例如,攀高和进入狭小或几乎密闭的空间、将安全装置短路、进入正常操作不允许进入的危险区等,维护或修理过程容易出现危险。

机械装置的非工作状态是机械停止运转时的静止状态。在正常情况下,非工作状态的机械基本是安全的,但并不能排除发生事故的可能性,如由于环境照度不够而导致人员发生碰撞、室外机械在风力作用下的滑移或倾翻、结构垮塌等。

在机械行业,存在以下主要危险和危害因素:

(1)物体打击。指物体在重力或其他外力的作用下产生运动,打击人体而造成人身伤亡事故。不包括主体机械设备、车辆、起重机械、坍塌等引发的物体打击。

（2）车辆伤害。指企业机动车辆在行驶中引起的人体坠落和物体倒塌、飞落、挤压等造成的伤亡事故。不包括起重提升、牵引车辆和车辆停驶时发生的事故。

（3）机械伤害。指机械设备运动或静止部件、工具、加工件直接与人体接触引起的挤压、碰撞、冲击、剪切、卷入、绞绕、甩出、切割、切断、刺扎等伤害，不包括车辆、起重机械引起的伤害。

（4）起重伤害。指各种起重作业（包括起重机械安装、检修、试验）中发生的挤压、坠落、物体（吊具、吊重物）打击等。

（5）触电。包括各种设备、设施的触电，电工作业时触电，雷击等。

（6）灼烫。指火焰烧伤、高温物体烫伤、化学灼伤（酸、碱、盐、有机物引起的体内外的灼伤）、物理灼伤（光、放射性物质引起的体内外的灼伤）。不包括电灼伤和火灾引起的烧伤。

（7）火灾。包括火灾引起的烧伤和死亡。

（8）高处坠落。指在高处作业中发生坠落造成的伤害事故。不包括触电坠落事故。

（9）坍塌。是指物体在外力或重力作用下，超过自身的强度极限或因结构稳定性破坏而造成的事故。如挖沟时的土石塌方、脚手架坍塌、堆置物倒塌、建筑物坍塌等。不适用于矿山冒顶片帮和车辆、起重机械、爆破引起的坍塌。

（10）火药爆炸。指火药、炸药及其制品在生产、加工、运输、储存中发生的爆炸事故。

（11）化学性爆炸。指可燃性气体、粉尘等与空气混合形成爆炸混合物，接触引爆源发生的爆炸事故（包括气体分解、喷雾爆炸等）。

（12）物理性爆炸。包括锅炉爆炸、容器超压爆炸等。

（13）中毒和窒息。包括中毒、缺氧窒息、中毒性窒息。

（14）其他伤害。指除上述以外的伤害，如摔、扭、挫、擦等伤害。

（二）机械伤害预防对策措施

机械危害风险的大小除取决于机器的类型、用途、使用方法和人员的知识、技能、工作态度等因素外，还与人们对危险的了解程度和所采取的避免危险的措施有关。正确判断什么是危险和什么时候会发生危险是十分重要的。预防机械伤害主要有以下两方面的对策。

1. 实现机械本质安全

（1）消除产生危险的原因。

（2）减少或消除接触机器的危险部件的次数。

（3）使人们难以接近机器的危险部位（或提供安全装置,使得接近这些部位不会导致伤害）。

（4）提供保护装置或者个人防护装备。

上述措施是依次序给出的,也可以结合起来应用。

2. 保护操作者和有关人员安全

（1）通过培训,提高人们辨别危险的能力。

（2）通过对机器的重新设计,使危险部位更加醒目,或者使用警示标志。

（3）通过培训,提高避免伤害的能力。

（4）采取必要的行动增强避免伤害的自觉性。

（三）通用机械安全设施的技术要求

1. 安全设施设计要素

设计安全装置时,应把安全人机工程学的因素考虑在内。疲劳是导致事故的一个重要因素,设计者应考虑下面几个因素,使人的疲劳降低到最小的程度,使操作人员健康舒适地进行劳动。

（1）合理布置各种控制操作装置。

（2）正确选择工作平台的位置及高度。

（3）提供座椅。

（4）出入作业地点应方便。

在无法用设计来做到本质安全时,为了消除危险,应使用安全装置。设置安全装置,应考虑以下四个方面的因素：

（1）强度、刚度、稳定性和耐久性。

（2）对机器可靠性的影响,例如固定的安全装置有可能使机器过热。

（3）可视性（从操作及安全的角度来看,需要机器的危险部位有良好的可见性）。

（4）对其他危险的控制，例如选择特殊的材料来控制噪声的强度。

2. 机械安全防护装置的一般要求

（1）安全防护装置应结构简单、布局合理，不得有锐利的边缘和突缘。

（2）安全防护装置应具有足够的可靠性，在规定的寿命期限内有足够的强度、刚度、稳定性、耐腐蚀性、抗疲劳性，以确保安全。

（3）安全防护装置应与设备运转联锁，保证安全防护装置未起作用之前，设备不能运转；安全防护罩、屏、栏的材料及其至运转部件的距离，应符合《机械安全防护装置固定式和活动式防护装置设计与制造一般要求》（GB/T 8196—2003）的规定。

（4）光电式、感应式等安全防护装置应设置自身出现故障的报警装置。

（5）紧急停车开关应保证瞬时动作时，能终止设备的一切运动；对有惯性运动的设备，紧急停车开关应与制动器或离合器联锁，以保证迅速终止运行；紧急停车开关的形状应区别于一般开关，颜色为红色；紧急停车开关的布置应保证操作人员易于触及，不发生危险；设备由紧急停车开关停止运行后，必须按启动顺序重新启动才能重新运转。

3. 机械设备安全防护罩的技术要求

（1）只要操作人员可能触及到的传动部件，在防护罩没闭合前，传动部件就不能运转。

（2）采用固定防护罩时，操作人员触及不到运转中的活动部件。

（3）防护罩与活动部件有足够的间隙，避免防护罩和活动部件之间的任何接触。

（4）防护罩应牢固地固定在设备或基础上，拆卸、调节时必须使用工具。

（5）开启式防护罩打开或一部分失灵时，应使活动部件不能运转或运转中的部件停止运动。

（6）使用的防护罩不允许给生产场所带来新的危险。

（7）不影响操作，在正常操作或维护保养时不需拆卸防护罩。

（8）防护罩必须坚固可靠，以避免与活动部件接触造成损坏以及工件飞脱造成的伤害。

（9）防护罩一般不准脚踏和站立,必须做平台或阶梯时,平台或阶梯应能承受 1 500 N 的垂直力,并采取防滑措施。

4. 机械设备安全防护网的技术要求

防护罩应尽量采用封闭结构,当现场需要采用网状结构时,应满足 GB/T 8196—2003 对安全距离(防护罩外缘与危险区域——人体进入后,可能引起致伤危险的空间区域)的规定(见表 1-1)。

表 1-1　不同网眼开口尺寸的安全距离 　　（单位:mm）

防护人体通过部位	网眼开口宽度	安全距离
手指尖	<6.5	≥35
手指	<12.5	≥92
手掌(不含第一掌指关节)	<20	≥135
上肢	<47	≥460
足尖	<76(罩底部与所站面间隙)	150

四、机械安全设计与机器安全装置

机械安全设计是指在机械设计阶段,从零部件材料到零部件的合理形状和相对位置,限制操纵力、运动件的质量和速度到减少噪声和振动,采用本质安全技术与动力源,应用零部件间的强制机械作用原理,履行安全人机工程学原则等多项措施,通过选用适当的设计结构,尽可能避免或减少危险。也可以通过提高设备的可靠性、机械化或自动化程度,以及采取在危险区之外的调整、维修等措施,避免或减小危险。

（一）本质安全

本质安全是通过机械的设计者,在设计阶段采取措施来消除隐患的一种实现机械安全的方法。

（1）采用本质安全技术。本质安全技术是指利用该技术进行机械预定功能的设计和制造,不需要采用其他安全防护措施,就可以在预定条件下执行机械的预定功能时满足机械自身的安全要求。包括:避免锐边、尖角和凸出部分,保证足够的安全距离,确定有关物理量的限值,使用本质安全工艺过程和动力源。

(2)限制机械应力。机械零件的机械应力不超过许用值,并保证足够的安全系数。

(3)提交材料和物质的安全性。用以制造机械的材料、燃料和加工材料在使用期间不得危及人员的安全或健康。材料的力学特性,如抗拉、抗剪、抗阻、抗弯强度和韧性等,应能满足执行预定功能的载荷作用要求;材料应能适应预定的环境条件,如有抗腐蚀、耐老化、耐磨损的能力;材料应具有均匀性,防止由于工艺设计不合理,使材料的金相组织不均匀而产生残余应力;应避免采用有毒的材料或物质,应能避免机械本身或由于使用某种材料而产生的气体、液体、粉尘、蒸气或其他物质造成的火灾和爆炸危险。

(4)履行安全人机工程学原则。在机械设计中,通过合理分配人机功能、适应人体特性、人机界面设计、作业空间的布置等,履行安全人机工程学原则,提高机械设备的操作性和可靠性,使操作者的体力消耗和心理压力降到最低,从而减小操作差错。

(5)设计控制系统的安全原则。机械在使用过程中,典型的危险工况有:意外启动、速度变化失控、运动不能停止、运动机械零件或工件脱落飞出、安全装置的功能受阻等。控制系统的设计应考虑各种作业的操作模式或采用故障显示装置,使操作者可以安全地处理。

(6)防止气动和液压系统的危险。采用气动、液压、热能等装置的机械,必须通过设计来避免由于这些能量意外释放而带来的各种潜在危险。

(7)预防电气危害。用电安全是机械安全的重要组成部分,机械中电气部分应符合有关电气安全标准的要求。预防电气危害应注意防止电击、电烧伤、短路、过载和静电。

设计中,还应考虑到提高设备的可靠性,降低故障率,以降低操作人员查找故障和检修设备的频率;采用机械化和自动化技术,尽量使操作人员远离有危险的场所;应考虑到调整、维修的安全,以减少操作者进入危险区的需要。

（二）失效安全

设计者应该保证当机器发生故障时不出危险。相关装置包括操作限制开关、限制不应该发生的冲击及运动的预设制动装置、设置把手和预防下落的装置、失效安全的紧急开关等。

（三）定位安全

定位安全，是指把机器的部件安置到不可能触及的地点，通过定位达到安全。但设计者必须考虑到在正常情况下不会触及的危险部件，而在某些情况下可能接触到，例如，登上梯子维修机器等情况。

（四）机器布置

车间合理的机器布局可以使事故明显减少。布局应考虑以下因素：

（1）空间。便于操作、管理、维护、调试和清洁。

（2）照明。包括工作场所的通用照明（自然光及人工照明，但应防止炫目）和为操作机器而特需的照明。

（3）管、线布置。不应妨碍在机器附近的安全出入，避免磕绊，有足够的上部空间。

（4）维护时的出入安全。

（五）机器安全防护装置

1. 固定安全防护装置

固定安全防护装置是防止操作人员接触机器危险部件的固定的安全装置。该装置能自动地满足机器运行的环境及过程条件，装置的有效性取决于其固定的方法和开口的尺寸，以及在其开启后距危险点有足够的距离。该安全装置只有用改锥、扳手等专用工具才能拆卸。

2. 联锁安全装置

联锁安全装置的基本原理：只有安全装置关合时，机器才能运转；而只有机器的危险部件停止运动时，安全装置才能开启。联锁安全装置可采取机械、电气、液压、气动或组合的形式。在设计联锁装置时，必须使其在发生任何故障时，都不使人员暴露在危险之中。例如，利用光电作用，人手进入冲压危险区，冲压动作立即停止。

3. 控制安全装置

为使机器能迅速地停止运动,可以使用控制装置。控制装置的原理是,只有控制装置完全闭合时,机器才能开动。当操作人员接通控制装置后,机器的运行程序才开始工作;如果控制装置断开,机器的运动就会迅速停止或者反转。通常在一个控制系统中,控制装置在机器运转时,不会锁定在闭合的状态。

4. 自动安全装置

自动安全装置的机制是把暴露在危险中的人体从危险区域中移开,仅限于在低速运动的机器上采用。

5. 隔离安全装置

隔离安全装置是一种阻止身体的任何部分靠近危险区域的设施,例如固定的栅栏等。

6. 可调安全装置

在无法实现对危险区域进行隔离的情况下,可以使用部分可调的安全装置。只要准确使用、正确调节以及合理维护,即能起到保护操作者的作用。

7. 自动调节安全装置

自动调节安全装置由于工件的运动而自动开启,当操作完毕后又回到关闭的状态。

8. 跳闸安全装置

跳闸安全装置的作用,是在操作到危险点之前,自动使机器停止或反向运动。该类装置依赖于敏感的跳闸机构,同时也有赖于机器能够迅速停止(使用刹车装置可以做到这一点)。

9. 双手控制安全装置

这种装置迫使操纵者应用两只手来操纵控制器,它仅能给操作者提供保护。

五、机械生产动力设施危险点安全技术管理

为机械生产过程提供动力的设施简称动力站房,主要有锅炉房、煤气站、制氧站、空压站、乙炔站、变配电站等。

（一）煤气站安全技术管理

煤气站是制取煤气的场所。由于煤气属于有毒和易燃、易爆气体，所以易导致中毒事故及火灾爆炸事故。下面介绍的内容适用于工业企业内部的煤气站、天然气站和煤气储配站。

1. 煤气站及煤气发生炉

（1）煤气站房的设计必须符合国家规定要求。

（2）煤气生产设备应采用专业厂家生产的产品，产品应安全可靠、技术资料齐全。

（3）煤气发生炉的看火孔盖应严密，看火孔及加煤装置应气密完好。

（4）带有水套的煤气发生炉用水水质应满足规定要求。

（5）煤气发生炉空气进口管道上必须设控制阀和逆止阀，且灵活可靠；管道末端应设防爆阀和放散阀。

（6）煤气发生炉各级水封（最大放散阀、双联竖管、炉底等水封）均应保持有效水位高度，且溢流正常。

（7）煤气净化设施应保持良好的净化状态，电除尘器入口、出口应设可靠的隔断装置。

（8）水煤气、半水煤气的含氧量达到1%时必须停炉。

（9）蒸气汇集器的安全装置应齐全有效。

（10）蒸气汇集器宜设置自动给水装置。

2. 仪表信号及安全装置

（1）各种仪表、信号、联锁装置应完好有效。

（2）发生炉出口处应设置声光报警装置；排送机与鼓风机应联锁。

3. 电气装置

（1）煤气排送机间、煤斗间的电器应满足防爆要求。

（2）鼓风机与排风机安装在同一房间内时，电器均应满足防爆要求。

（3）煤气站应具有双路电源供电，双路电源供电有困难时，应采取防止停电的安全措施，并设置事故照明。

4. 放散管

煤气站的生产、输送系统均应按规定设置放散管,且放散管至少应高出厂房顶 4 m 以上并具备防雨和可靠的防倾倒措施。

(二)制氧站安全技术管理

氧的化学性质非常活跃,能助燃。其强烈的氧化性又能促进一些物质自燃,是构成物质燃烧爆炸的基本要素之一。在氧气的制取、储存及罐装过程中均存在相当大的危险性。以下内容适用于采用空气液化分离法生产、储存及罐装气瓶的制氧站(房)。

1. 站(房)建筑的布局

(1)空分设备的吸气口应超出制氧(站)屋檐 1 m 以上且离地面垂直高度必须大于 10 m。空气应洁净,其烃类杂质应控制在允许范围内。

(2)独立站(房)、灌瓶间、实瓶间、储气囊间应有隔热措施和防止阳光直射库内的措施。

(3)储瓶间应为单层建筑,地面应平整、防滑、耐磨和不产生撞击火花。

2. 设备设施

各种工艺设备均应完好;设备冷却系统、润滑系统运行正常;空分系统中应无积灰,并定期检查;安全装置齐全可靠,指示仪器(表)灵敏;空分装置中的乙炔、碳氢化合物以及油含量应定期监测分析,并做好记录;凡与纯氧接触的工具、物质严禁黏附油脂;管道系统应符合有关规定;气体排放管应引到室外安全地点,并有警示标记;氧气排放管应避开热源和采取防雷措施;氮气排放管应有防止人员窒息的措施;压力容器应符合规程要求;立式浮顶罐应无严重腐蚀,升降装置灵活,水封可靠且有极限高、低位置联锁;橡胶储气囊的水封及防止超压装置均应完好可靠。

3. 瓶库

(1)实瓶库存量不应超过 2 400 只。

(2)空、实瓶同库存放时,应分开放置,其间距至少应为 1.5 m 以上且有明显标记和可靠的防倾倒措施。

4. 消防设施

(1)消防设施应齐全完备,配置合理。

(2)站区外围应设高度不低于 2 m 的围墙或栅栏。

(3)防火间距内无易燃物、毒物堆积。

(4)消防通道畅通无阻。

(5)合理布置醒目的安全标志。

(三)空压站安全技术管理

空压站是企业中向各个用气点输送一定压力空气的动力站房。在空压站内,压缩机将空气压缩成具有一定压力的气体储存到储气罐中,这时储气罐就成了一个具有爆炸危险的容器。在压力容器爆炸事故中,压缩空气罐发生事故的为数不少。如果空气储气罐质量低劣或检验保养不及时而导致带病运行,将存在较大的危险性。

1. 技术资料

(1)空气压缩机及储气罐出厂资料包括产品制造许可证、质量合格证、受压元件强度计算书、安全阀排放量计算书、安装使用说明书等,资料应齐全。

(2)按《压力容器安全监察规程》规定要求,建立压力容器的档案和管理卡,进行定期检验并在检验期内使用。检验报告资料应齐全。

2. 安全阀、压力表年检

安全阀、压力表灵敏可靠,并定期校验。储气罐上的安全阀和压力表很容易锈蚀,失去其可靠性。因此要求每年检验一次并铅封,还应做好记录和签名。

3. 安全防护

(1)空压机皮带轮防护罩可靠。空气压缩机的动力传递大多数是靠皮带传动的,传动中速度很快,而且皮带较长,运动的范围较大,皮带与传动轮的入角处非常危险,如果没有防护罩,会造成操作人员被皮带轮卷入的危险。要求将皮带轮的运动范围围住,保证操作人员在进行巡视检查时衣物不会被卷入。

(2)操作间噪声低于 85 dB(A),应有噪声监测部门的测试报告。

4. 储气罐

（1）储气罐无严重腐蚀。储气罐大多露天设置，周围环境较差，容易发生腐蚀现象。腐蚀的结果使壁厚变薄，降低承压能力，腐蚀严重的能导致储气罐的爆炸。每年应对储气罐进行一次除锈刷漆的保养，进行测厚并记录。

（2）储气罐支承平稳、焊接处无裂纹、运行中无剧烈晃动。压缩机出口的压缩空气流是脉冲的，进入储气罐后进行一次缓冲，待平稳以后再输送到用气点。由于储气罐受到脉冲压力，使罐体产生晃动，如果支撑不牢，将加剧罐体的晃动。晃动的结果使得罐体与支承的焊接处因疲劳而被拉裂。

（四）乙炔发生站安全技术管理

乙炔发生站在没有条件使用乙炔瓶的企业中运用比较广泛，集中生产为一线提供乙炔气体。但是由于乙炔气体具有爆炸极限范围宽、爆炸下限低、点火能量小等危险特性，极易导致火灾爆炸事故。以下内容适用于以电石为原料制取乙炔气的乙炔发生站（房）。

1. 总体要求

（1）乙炔站（房）的设计应符合要求。

（2）建立健全安全管理规章制度：出、入站（房）必须登记，交出火种；穿戴必须符合规定；严格执行巡回检查制度，记录齐全可靠。

（3）应建立各种相应的安全技术资料档案。

2. 管道系统

（1）管道、阀门应严密可靠，与乙炔长期接触的部件其材质应为含铜量不高于70%的铜合金。

（2）管道应有良好的导出静电的措施，应有定期测试记录。

（3）管道系统必须合理设置回火防止器，并保证可靠有效。

3. 电石库房及破碎系统

（1）库房应符合规定，通风良好，保持干燥，严禁积水、漏雨及潮湿。

（2）电石桶应保持严密，不允许空气与桶内电石长期接触。

（3）人力破碎电石时，应穿戴好劳动防护用品；机械破碎电石时，应采用除尘装置,并及时清除粉末状电石,且按规定采用电石入水法妥善处理。

（4）设置中间电石库及破碎间时,应采取防潮措施。

4. 安全措施

（1）乙炔发生系统检修前必须采用惰性介质进行彻底置换,采样化验合格后方可进行检修。

（2）低压乙炔发生器平衡阀应完好,标志应明显并有防误操作的措施。

（3）浮筒式气柜应有与极限位置联锁的报警装置,并根据环境条件设置喷淋装置。

（4）站房内的电器、仪器（表）必须满足防爆要求。

（5）安全装置均应灵敏可靠、完好有效,按规定进行定期检验、检查,并有记录。

（6）防雷措施应符合要求。

5. 消防设施

（1）合理配备消防器材,有醒目的指示标志。

（2）消防通道畅通无阻,最好为环形布置。

（3）严禁使用水、泡沫灭火器扑救着火电石,严禁四氯化碳等卤族类物质进入站房。

六、机械制造场所安全技术

（一）采光

生产场所采光是生产必需的条件,如果采光不良,长期作业,容易使操作者眼睛疲劳、视力下降,产生误操作或发生意外伤亡事故。同时,合理采光对提高生产效率和保证产品质量有直接的影响。因此,生产场所应有足够的光照度,以保证安全生产的正常进行。

（1）生产场所一般白天依赖自然采光,在阴天及夜间则由人工照明采光作为补充和代替。

（2）生产场所的内照明应满足《工业企业照明设计标准》的要求。

（3）对厂房一般照明的光窗设置要求:厂房跨度大于 12 m 时,单跨厂房的两边应有采光侧窗,窗户的宽度不应小于开间长度的一半。多跨厂房相连,相连各跨应有天窗,跨与跨之间不得有墙封死。车间通道照明灯应覆盖所有通道,覆盖长度应大于 90% 的车间安全通道长度。

(二)通道

通道包括厂区主干道和车间安全通道。厂区主干道是指汽车通行的道路,是保证厂内车辆行驶、人员流动以及消防灭火、救灾的主要通道;车间安全通道是指为了保证职工通行和安全运送材料、工件而设置的通道。

(1)厂区干道的路面要求。车辆双向行驶的干道宽度不小于 5 m,有单向行驶标志的主干道宽度不小于 3 m。进入厂区门口,危险地段需设置限速限高牌、指示牌和警示牌。

(2)车间安全通道要求。通行汽车的宽度 >3 m,通行电瓶车的宽度 >1.8 m,通行手推车、三轮车的宽度 >1.5 m,一般人行通道的宽度 >1 m。

(3)通道的一般要求。通道标记应醒目;画出边沿标记,转弯处不能形成直角;通道路面应平整,无台阶、坑、沟和凸出路面的管线;道路土建施工应有警示牌或护栏,夜间应有红灯警示。

(三)设备布局

车间生产设备设施的摆放、相互之间的距离以及与墙、柱的距离,操作者的空间,高处运输线的防护罩网,均与操作人员的安全有很大关系。如果设备布局不合理或错误,操作者空间窄小,当设备部件移动或工件、材料等飞出时,容易造成人员的伤害或意外事故。

车间生产设备分为大、中、小型三类。最大外形尺寸长度 >12 m 者为大型设备,6～12 m 者为中型设备,<6 m 者为小型设备。大、中、小型设备间距和操作空间的要求如下:

(1)设备间距(以活动机件达到的最大范围计算),大型设备 ≥2 m,中型设备 ≥1 m,小型设备 ≥0.7 m。大、小型设备间距按最大的尺寸要求计算。如果在设备之间有操作工位,则计算时应将操作空间与设备间距一并计算。若大、小型设备同时存在时,大、小型设备间距按大的尺寸要求计算。

（2）设备与墙、柱距离（以活动机件的最大范围计算），大型设备≥0.9 m，中型设备≥0.8 m，小型设备≥0.7 m，在墙、柱与设备间有人操作的应满足设备与墙、柱间和操作空间的最大距离要求。

（3）高于2 m的运输线应有牢固的防护罩（网），网格大小应能防止所输送物件坠落至地面，对低于2 m高的运输线的起落段两侧应加设防护栏，栏高不低于1.05 m。

（四）物料堆放

生产场所的工位器具、工件、材料摆放不当，不仅妨碍操作，而且容易引起设备损坏和伤害事故。为此要求：

（1）生产场所应划分毛坯区，成品、半成品区，工位器具区，废物垃圾区；原材料、半成品、成品应按操作顺序摆放整齐；有固定措施，平衡可靠；一般摆放方位同墙或机床轴线平行，尽量堆垛成正方形。

（2）生产场所的工位器具、工具、模具、夹具应放在指定的部位，放置安全稳妥，防止坠落和倒塌伤人。

（3）产品坯料等应限量存入，白班存放量为每班加工量的1.5倍，夜班存放量为加工量的2.5倍，但大件不得超过当班定额。

（4）工件、物料摆放不得超高，在垛底与垛高之比为1:2的前提下，垛高不超出2 m（单位超高除外），砂箱堆垛不超过3.5 m。堆垛的支撑稳妥，堆垛间距合理，便于吊装，流动物件应设垫块且搂牢。

（五）地面状态

生产场所地面平坦、清洁是确保物料流动、人员通行和操作安全的必备条件。为此要求：

（1）人行道、车行道的宽度应符合规定的要求。

（2）为生产而设置的深>0.2 m、宽>0.1 m的坑、壕、池应有可靠的防护栏或盖板，夜间应有照明。

（3）生产场所的工业垃圾、废油、废水及废物应及时清理干净，以避免人员通行或操作时滑跌造成事故。

（4）生产场所地面应平坦，无绊脚物。

第二节　通用机械的安全技术

通用机械是各行业机械加工的基础设备,主要有金属切削机床、锻压机械、冲剪压机械、起重机械、铸造机械、木工机械,焊接设备等。

一、金属切削机床及砂轮

金属切削机床是用切削方法将毛坯加工成机器零件的设备。金属切削机床上装卡被加工工件和切削刀具,带动工件和刀具进行相对运动。在相对运动中,刀具从工件表面切去多余的金属层,使工件成为符合预定技术要求的机器零件。

(一)金属切削机床的危险因素和常见事故

1. 机床的危险因素

(1)静止部件。切削刀具与刀刃,突出较长的机械部分,毛坯、工具和设备边缘锋利飞边及表面粗糙部分,引起滑跌坠落的工作台。

(2)旋转部件。旋转部分,轴,凸块和孔,研磨工具和切削刀具。

(3)内旋转咬合。对向旋转部件的咬合,旋转部件和成切线运动部件面的咬合,旋转部件和固定部件的咬合。

(4)往复运动或滑动。单向运动,往复运动或滑动,旋转部件与滑动之间,振动。

(5)飞出物。飞出的装夹具或机械部件,飞出的切屑或工件。

2. 机床常见事故

(1)设备接地不良、漏电,照明没有采用安全电压,发生触电事故。

(2)旋转部位楔子、销子突出,没加防护罩,易绞缠人体。

(3)清除铁屑无专用工具,操作者未戴护目镜,发生刺割事故及崩伤眼球。

(4)加工细长杆轴料时,尾部无防弯装置或托架,导致长料甩击伤人。

(5)零部件装卡不牢,可飞出击伤人体。

(6)防护保险装置、防护栏、保护盖不全或维修不及时,造成绞伤、碾伤。

（7）砂轮有裂纹或装卡不合规定，发生砂轮碎片伤人事故。

（8）操作旋转机床戴手套，易发生绞手事故。

（二）机床运转异常状态

机床正常运转时，各项参数均稳定在允许范围内。当各项参数偏离了正常范围，就预示系统或机床本身或设备某一零件、部位出现故障，必须立即查明变化原因，防止事态发展引起事故。常见的异常现象有：

（1）温升异常。常见于各种机床所使用的电动机及轴承齿轮箱。温升超过允许值时，说明机床超负荷或零件出现故障，严重时能闻到润滑油的恶臭和看到白烟。

（2）转速异常。机床运转速度突然超过或低于正常转速，可能是由于负荷突然变化或机床出现机械故障。

（3）振动和噪声过大。机床由于振动而产生的故障率占整个故障的60%~70%。其原因是多方面的，如机床设计不良、机床制造缺陷、安装缺陷、零部件动作不平衡、零部件磨损、缺乏润滑、机床中进入异物等。

（4）出现撞击声。零部件松动脱落、进入异物、转子不平衡均可能产生撞击声。

（5）输入输出参数异常。表现为：加工精度变化；机床效率变化（如泵效率）；机床消耗的功率异常；加工产品的质量异常，如球磨机粉碎物的粒度变化；加料量突然降低，说明生产系统有泄漏或堵塞；机床带病运转时输出改变等。

（6）机床内部缺陷。包括组成机床的零件出现裂纹、电气设备设施绝缘质量下降、由于腐蚀而引起的缺陷等。

以上种种现象，都是事故的前兆和隐患。事故预兆除利用人的听觉、视觉和感觉可以检测到一些明显的现象（如冒烟、噪声、振动、温度变化等）外，主要应使用安装在生产线上的控制仪器和测量仪表或专用测量仪器监测。

（三）运动机械中易损件的故障检测

一般机械设备的故障较多表现为容易损坏的零件成为易损件。运动机械的故障往往都是指易损件的故障。提高易损件的质量和使用寿命,及时更新报废件,是预防事故的重要任务。

(1)零部件故障检测的重点。包括传动轴、轴承、齿轮、叶轮,其中滚动轴承和齿轮的损坏更为普遍。

(2)滚动轴承的损伤现象及故障。损伤现象有滚珠砸碎、断裂、压坏、磨损、化学腐蚀、电腐蚀、润滑油结污、烧结、生锈、保持架损坏、裂纹等;检测参数有振动、噪声、温度、磨损残余物分析和组成件的间隙。

(3)齿轮装置故障。主要有齿轮本体损伤(包括齿和齿面损伤),轴、键、接头、联轴器的损伤,轴承的损伤;检测参数有噪声、振动,齿轮箱漏油、发热。

(四)金属切削机床常见危险因素的控制措施

(1)设备可靠接地,照明采用安全电压。

(2)楔子、销子不能突出表面。

(3)用专用工具,戴护目镜。

(4)尾部安防弯装置及设料架。

(5)零部件装卡牢固。

(6)及时维修安全防护、保护装置。

(7)选用合格砂轮,装卡合理。

(8)加强检查,杜绝违章现象,穿戴好劳动保护用品。

(五)砂轮机的安全技术要求

砂轮机是机械工厂最常用的机械设备之一,各个工种都可能用到它。砂轮质脆易碎,转速高、使用频繁,极易伤人。它的安装位置是否合理,是否符合安全要求,使用方法是否正确,是否符合安全操作规程,这些问题都直接关系到职工的人身安全,因此在实际使用中必须引起足够的重视。

1. 砂轮机的安装

(1)安装位置。砂轮机禁止安装在正对着附近设备及操作人员或经常有人过往的地方。较大的车间应设置专用的砂轮机房。如果因厂房地形的限制不能设置专用的砂轮机房,则应在砂轮机正面装设不低于1.8 m高度的防护挡板,并且挡板要求牢固有效。

（2）砂轮的平衡。砂轮不平衡造成的危害主要表现在两个方面：一方面在砂轮高速旋转时，引起振动；另一方面，不平衡加速了主轴轴承的磨损，严重时会造成砂轮的破裂，引发事故。直径大于或等于200 mm 的砂轮装上法兰盘后应先进行平衡调试，砂轮在经过整形修整后或在工作中发现不平衡时，应重复进行调试直到平衡。

（3）砂轮与卡盘的匹配。匹配问题主要是指卡盘与砂轮的安装配套问题。按标准要求，砂轮法兰盘直径不得小于被安装砂轮直径的1/3，且规定砂轮磨损到直径比法兰盘直径大 10 mm 时应更换新砂轮。此外，在砂轮与法兰盘之间还应加装直径大于卡盘直径 2 mm、厚度为1~2 mm的软垫。

（4）砂轮机的防护罩。防护罩是砂轮机最主要的防护装置，其作用是当砂轮在工作中因故破坏时，能够有效地罩住砂轮碎片，保证工作人员的安全。砂轮防护罩的开口角度在主轴水平面以上不允许超过65°，防护罩的安装应牢固可靠，不得随意拆卸或丢弃不用。防护罩在主轴水平面以上开口大于、等于30°时必须设挡屑屏板，以遮挡磨削飞屑，避免伤及操作人员。它安装于防护罩开口正端，宽度应大于砂轮防护罩宽度，并且应牢固地固定在防护罩上。此外，砂轮圆周表面与挡板的间隙应小于 6 mm。

（5）砂轮机的工件托架。托架是砂轮机常用的附件之一。砂轮直径在150 mm 以上的砂轮机必须设置可调托架。砂轮与托架之间的距离应小于被磨工件最小外形尺寸的1/2，但最大不应超过 3 mm。

（6）砂轮机的接地保护。砂轮机的外壳必须有良好的接地保护装置。

2. 砂轮机的使用

（1）禁止侧面磨削。按规定，用圆周表面做工作面的砂轮不宜使用侧面进行磨削。砂轮的径向强度较大，而轴向强度很小，且受到不平衡的侧向力作用，操作者用力过大会造成砂轮破碎，甚至伤人。

（2）不准正面操作。使用砂轮机磨削工件时，操作者应站在砂轮的侧面，不得在砂轮的正面进行操作，以免砂轮破碎飞出伤人。

（3）不准共同操作。2 人共用 1 台砂轮机同时操作，是一种严重的违章操作,应严格禁止。

二、锻压与冲剪机械

(一)锻压机械

1. 锻压机械的危险因素

锻造是金属压力加工的方法之一,它是机械制造生产中的一个重要环节。根据锻造加工时金属材料所处温度状态的不同,锻造又可分为热锻、温锻和冷锻。热锻指被加工的金属材料处在红热状态(锻造温度范围内),通过锻造设备对金属施加的冲击力或静压力,使金属产生塑性变形而获得预想的外形尺寸和组织结构。

锻造车间里的主要设备有锻锤、压力机(水压机或曲柄压力机)、加热炉等。操作人员经常处在振动、噪声、高温灼热、烟尘,以及料头、毛坯堆放等不利的工作环境中,因此应特别注意操作这些设备的人员的安全卫生,避免在生产过程中发生各种事故,尤其是人身伤害事故。

在锻造生产中易发生的伤害事故,按其原因可分为3种:

(1)机械伤——由机器、工具或工件直接造成的刮伤、碰伤。

(2)烫伤。

(3)电气伤害。

2. 锻造车间的特点

从安全和劳动保护的角度来看,锻造车间的特点是:

(1)锻造生产是在金属灼热的状态下进行的(如低碳钢锻造温度范围在 750 ~ 1 250 ℃),由于有大量的手工作业,稍不小心就可能发生灼伤。

(2)锻造车间里的加热炉和灼热的钢锭、毛坯及锻件不断地发散出大量的辐射热(锻件在锻压终了时,仍然具有相当高的温度),工人经常受到热辐射的侵害。

(3)锻造车间的加热炉在燃烧过程中产生的烟尘排入车间的空气中,不但影响卫生,还降低了车间内的能见度(对于燃烧固体燃料的加热炉,情况就更为严重),增加了发生事故的可能性。

(4)锻造加工所使用的设备如空气锤、蒸汽锤、摩擦压力机等,工作时发出的都是冲击力。设备在承受这种冲击载荷时,本身容易突然损坏(如锻锤活塞杆的突然折断)而造成严重的伤害事故。压力机(如水压机、曲柄热模锻压力机、平锻机、精压机)、剪床等在工作时,冲击性虽然较小,但设备的突然损坏等情况也时有发生,操作者往往猝不及防,也有可能导致工伤事故。

(5)锻造设备在工作中的作用力是很大的,如曲柄压力机、拉伸锻压机和水压机这类锻压设备,它们的工作条件虽较平稳,但其工作部件所产生的力量却很大。如我国已制造和使用的 12 000 t 的锻造水压机,就是常见的 100~150 t 的压力机,所产生的力量已足够大。如果模子安装或操作时稍不正确,大部分的作用力就不是作用在工件上,而是作用在模子、工具或设备本身的部件上了。这样,某种安装调整上的错误或工具操作的不当,就可能引起机件的损坏以及其他严重的设备或人身事故。

(6)锻工的工具和辅助工具,特别是手锻和自由锻的工具、夹钳等种类较多,这些工具都是一起放在工作地点的。在工作中,工具的更换很频繁,存放往往非常杂乱,这就必然增加对这些工具检查的困难,当锻造中需用某一工具而又不能迅速找到时,有时会"凑合"使用类似的工具,为此往往会造成工伤事故。

(7)由于锻造车间设备在运行中产生噪声和振动,使工作地点嘈杂,影响人的听觉神经系统,分散了注意力,因而增加了发生事故的可能性。

3. 锻压机械的安全技术要求

锻压机械的结构不但应保证设备运行中的安全,而且应能保证安装、拆卸和检修等各工作的安全;此外,还必须便于调整和更换易损件,便于在运行中对应取下检查的零件进行检查。

(1)锻压机械的机架和突出部分不得有棱角或毛刺。

(2)外露的传动装置(齿轮传动、摩擦传动、曲柄传动或皮带传动等)必须有防护罩。防护罩需用铰链安装在锻压设备的不动部件上。

(3)锻压机械的启动装置必须能保证对设备进行迅速开关,并保证设备运行和停车状态的连续可靠。

(4)启动装置的结构应能防止锻压设备意外地开动或自动开动。较大型的空气锤或蒸汽－空气自由锤一般是用手柄操纵的,应该设置简易的操作室或屏蔽装置。模锻锤的脚踏板也应置于某种挡板之下,操作者需将脚伸入挡板内进行操纵。设备上使用的模具都必须严格按照图样上提出的材料和热处理要求进行制造,紧固模具的斜楔应经退火处理,锻锤端部只允许局部淬火,端部一旦卷曲,则应停止使用或修复后再使用。

(5)电动启动装置的按钮盒,其按钮上需标有"启动"、"停车"等字样。停车按钮为红色,其位置比启动按钮高 10 ~ 12 mm。

(6)高压蒸汽管道上必须装有安全阀和凝结罐,以消除水击现象,降低突然升高的压力。

(7)蓄力器通往水压机的主管上必须装有当水耗量突然增高时能自动关闭水管的装置。

(8)任何类型的蓄力器都应有安全阀。安全阀必须由技术检查员加铅封,并定期进行检查。

(9)安全阀的重锤必须封在带锁的锤盒内。

(10)安设在独立室内的重力式蓄力器必须装有荷重位置指示器,使操作人员能在水压机的工作地点上观察到荷重的位置。

(11)新安装和经过大修的锻压设备应该根据设备图样和技术说明书进行验收和试验。

(12)操作人员应认真学习锻压设备安全技术操作规程,加强设备的维护、保养,保证设备的正常运行。

(二)冲压机械

冲压机械设备包括剪板机、曲柄压力机和液压机等。

曲柄压力机是一种将旋转运动转变为直线往复运动的机器。压力机由电动机通过皮带轮及齿轮驱动曲轴转动,曲轴的轴心线与其上的曲柄轴心线偏移一个偏心距,便可通过连杆带动滑块做上下往复运动。压力机曲柄滑块机构的滑块运动速度随曲柄转角的位置变化而变化,其加速度也随着作周期性变化。对于结点正置的曲柄滑块机构,当曲柄处于上死点($\alpha = 0°$)和下死点($\alpha = 180°$)位置时,滑块运动速度为零,加速度最大;当 $\alpha=90°$ 或 $\alpha=270°$ 时,其速度最大,加速度最小。

1. 冲压作业的危险因素和事故原因

根据发生事故的原因分析,冲压作业中的危险因素主要有以下几个方面:

(1)设备结构具有的危险。相当一部分冲压设备采用的是刚性离合器。这是利用凸轮或结合键机构使离合器接合或脱开,一旦接合运行,就一定要完成一个循环才会停止。假如在此循环中的下冲程,手不能及时从模具中抽出,就必然会发生伤手事故。

(2)动作失控。设备在运行中还会受到经常性的强烈冲击和振动,使一些零部件变形、磨损以致碎裂,引起设备动作失控而发生危险的连冲事故。

(3)开关失灵。设备的开关控制系统由于人为或外界因素引起的误动作。

(4)模具的危险。模具担负着使工件加工成型的主要功能,是整个系统能量的集中释放部位。由于模具设计不合理或有缺陷,可增加受伤的可能性。有缺陷的模具则可能因磨损、变形或损坏等原因,在正常运行条件下发生意外而导致事故。

在冲压作业中,冲压机械设备、模具、作业方式对安全影响很大。冲压事故有可能发生在冲压设备的各个危险部位,但以发生在模具的下行程为绝大多数,且伤害部位主要是作业者的手部。当操作者的手处于模具行程之间时模块下落,就会造成冲手事故。这是设备缺陷和人的行为错误所造成的事故。相关人员必须认识到冲压作业的危险性。

2. 冲压作业安全技术要求

冲压作业的安全技术措施范围很广,包括改进冲压作业方式、改革冲模结构、实现机械化自动化、设置模具和设备的防护装置等。

(1)使用安全工具。使用安全工具操作时,用专用工具将单件毛坯放入模内并将冲制后的零件、废料取出,实现模外作业,避免用手直接伸入上下模口之间,以保证人体安全。采用劳动强度小、使用灵活方便的手工工具。

目前,使用的安全工具一般根据本企业的作业特点自行设计制造。按其不同特点,大致归纳为以下五类:弹性夹钳、专用夹钳(卡钳)、磁性吸盘、真空吸盘、气动夹盘。

(2)模具作业区防护措施。模具防护的内容包括:在模具周围设置防护板(罩);通过改进模具减少危险面积,扩大安全空间;设置机械进出料装置,以此代替手工进出料方式,将操作者的双手隔离在冲模危险区之外,实行作业保护。模具安全防护装置不应增大劳动强度。

实践证明,采用复合模、多工位连续模代替单工序的模具,或者在模具上设置机械进出料机构,实现机械化、自动化等,都能达到提高产品质量和生产效率、减轻劳动强度、方便操作、保证安全的目的,这是冲压技术的发展方向,也是实现冲压安全保护的根本途径。

(3)冲压设备的安全装置。冲压设备的安全装置形式较多,按结构分为机械式、按钮式、光电式、感应式等。

①机械式防护装置主要有以下三种类型:推手式保护装置,是一种与滑块联动的,通过挡板的摆动将手推离开模口的机械式保护装置;摆杆护手装置,又称拨手保护装置,是运用杠杆原理将手拨开的装置;拉手安全装置,是一种用滑轮、杠杆、绳索将操作者的手动作与滑块运动联动的装置。机械式防护装置结构简单、制造方便,但对作业干扰影响较大,操作人员不太喜欢使用,有一定的局限性。

②双手按钮式保护装置是一种用电气开关控制的保护装置。启动滑块时,强制将人手限制在模外,实现隔离保护。只有操作者的双手同时按下两个按钮时,中间继电器才有电,电磁铁动作,滑块启动。凸轮中开关在下死点前处于开路状态,若中途放开任何一个开关时,电磁铁都会失电,使滑块停止运动,直到滑块到达下死点后,凸轮开关才闭合,这时放开按钮,滑块仍能自动回程。

③光电式保护装置是由一套光电开关与机械装置组合而成的。它是在冲模前设置各种发光源,形成光束并封闭操作者前侧、上下模具处的危险区。当操作者手停留或误入该区域时,使光束受阻,发出电信号,经放大后由控制线路作用使继电器动作,最后使滑块自动停止或不能下行,从而保证操作者人身安全。光电式保护装置按光源不同,可分

为红外光电保护装置和白炽光电保护装置。

3. 冲压作业的机械化和自动化

由于冲压作业程序多，有送料、定料、出料、清理废料、润滑、调整模具等操作，冲压作业的防护范围也很广，要实现不同程序上的防护是比较困难的。因此，冲压作业的机械化和自动化非常必要。冲压生产的产品批量一般都较大，操作动作比较单调，工人容易疲劳，特别是容易发生人身伤害事故。因此，冲压作业机械化和自动化是减轻工人劳动强度、保证人身安全的根本措施。

冲压作业机械化是指用各种机械装置的动作来代替人工操作的动作；自动化是指冲压的操作过程全部自动进行，并且能自动调节和保护，发生故障时能自动停机。

（三）剪板机

剪板机是机加工工业生产中应用比较广泛的一种剪切设备，它能剪切各种厚度的钢板材料。常用的剪板机分为平剪、滚剪及振动剪三种类型，其中平剪床使用最多。剪切厚度小于 10 mm 的剪板机多为机械传动，大于 10 mm 的为液压传动。一般用脚踏或按钮操纵进行单次或连续剪切金属。操作剪板机时应注意：

（1）工作前应认真检查剪板机各部位是否正常，电气设备是否完好，润滑系统是否畅通，清除台面及周围放置的工具、量具等杂物以及边角废料。

（2）不应独自一人操作剪板机，应由二三人协调进行送料、控制尺寸精度及取料等，并确定 1 个人统一指挥。

（3）应根据规定的剪板厚度，调整剪刀间隙。不准同时剪切两种不同规格、不同材质的板料，不得叠料剪切。剪切的板料要求表面平整，不准剪切无法压紧的较窄板料。

（4）剪板机的皮带、飞轮、齿轮以及轴等运动部位必须安装防护罩。

（5）剪板机操作者送料的手指离剪刀口的距离应最少保持 200 mm，并且离开压紧装置。在剪板机上安置的防护栅栏不能让操作者看不到裁切的部位。作业后产生的废料有棱角，操作者应及时清除，防止被刺伤、割伤。

三、起重机械

起重机械是工业企业常用的设备。起重机械对于实现自动化、减轻繁重的体力劳动、提高劳动生产率有着重要的作用。

(一)起重机械的分类和特点

1. 起重机械的分类

按运动方式。起重机械可分为以下 4 种基本类型:

(1)轻小型起重机械,包括千斤顶、手拉葫芦、滑车、绞车、电动葫芦、单轨起重机械等,多为单一的升降运动机构。

(2)桥架类型起重机械,分为梁式、通用桥式、门式和冶金桥、装卸桥式及缆索起重机械等。具有 2 个及 2 个以上运动机构的起重机械,通过各种控制器或按钮操纵各机构的运动。一般有起升、大车和小车运行机构,将重物在三维空间内搬运。

(3)臂架类型起重机械,有固定旋转式、门座式、塔式、汽车式、轮胎式、履带式及铁路起重机械和浮游式起重机械等种类。一般来说,其工作机构除起升机和运行机构外(固定臂架式无运行机构),还有变幅机构、旋转机构。

(4)升降类型起重机械,如载人电梯或载货电梯、货物提升机等,其特点是虽只有一个升降机构,但安全装置与其他附属装置较为完善,可靠性大。此类起重机械有人工和自动控制两种。

2. 安全特点

(1)起重机械运动部件移动范围大,大多有多个运动机构,绝大多数起重机械本身就是移动式机械,容易发生碰撞事故。

(2)工作强度大,元件容易磨损,构成隐患;起重机械工作高度及其载运物件质量大,容易导致比较严重的事故。

(3)一些起重机械在多尘、高温或露天环境下作业,运行环境恶劣,劳动条件较差。

(4)起重机械是周期间歇式工作的机械,其电气设备工作繁重、控制要求多、工作环境条件差,比较容易发生故障。

因此,对起重机械可靠性的要求较高。

（二）起重机械的挠性构件及其卷绕装置

1. 钢丝绳

钢丝绳是起重机械的重要零件之一,用于提升机构、变幅机构、牵引机构,有时也用于旋转机构。起重机械吊挂物品也采用钢丝绳。此外,钢丝绳还用作桅杆起重机械的桅杆张紧绳、缆索起重机械与架空索道的承载索和牵引索。

起重机械主要采用挠性较好的双绕绳。这种钢丝绳是用钢丝捻成绳股,再用数条绳股围绕 1 个芯子捻成绳。

1）钢丝绳的构造与种类

按捻绕方式,钢丝绳可分为同向捻钢丝绳（顺绕钢丝绳）和交互捻钢丝绳（交绕钢丝绳）。同向捻钢丝绳的绳与股的捻向相同,交互捻钢丝绳的绳与股的捻向相反。根据绳的捻向,有右捻绳（标记为"右"或不作标记）和左捻绳（标记为"左"）。如果没有特殊要求,规定用右捻绳。

顺绕钢丝绳挠性与耐磨性能好,但由于有强烈的扭转趋势,容易打结。当单根钢丝绳悬吊货物时,货物会随钢丝绳松散的方向扭转,故通常用于小车的牵引绳,不宜用于提升绳。

交绕钢丝绳由于绳与股的扭转趋势相反,互相抵消,没有扭转打结的问题,在起吊货物时不会扭转和松散,所以广泛使用在起重机械上。

按照断面结构,钢丝绳分为普通型和复合型。普通型钢丝绳是由直径相同的钢丝捻绕组成的。由于钢丝直径相同的,相邻各层钢丝的捻距不同,所以钢丝之间形成点接触。点接触虽然寿命短,但是工艺简单、制造方便,用于起重吊装和捆扎。复合型钢丝绳是为了克服普通型易磨损的缺点而制造的。复合型钢丝绳的钢丝直径不同,股中相邻层钢丝的接触为线接触,故称线接触钢丝绳,其使用寿命比普通型高。现在起重机械的工作机构多用线接触钢丝绳代替普通的点接触钢丝绳。

钢丝绳的绳芯分有机芯（麻、棉）、石棉芯、金属芯。麻芯具有较高的挠性和弹性,并能蓄存一定的润滑油脂,在钢丝绳受力时,润滑油被挤到钢丝间起润滑作用。

2) 钢丝绳的安全检查和更新标准

钢丝绳的安全寿命很大程度上决定于良好的维护和定期检验。

钢丝绳在使用时,每月至少要润滑 2 次。润滑前先用钢丝刷子刷去钢丝绳上的污物并用煤油清洗,然后用加热到 80 ℃以上的润滑油蘸浸钢丝绳,使润滑油浸到绳芯。

钢丝绳的更新标准由每一捻距内的钢丝折断数决定。捻距就是任一个钢丝绳股,环绕绳芯一周的轴向距离。对于 6 股绳,在绳上一条直线上数 6 节就是这条绳的捻距。表1-2 是钢丝绳报废断丝数。对于复合型钢丝绳中的钢丝,断丝数的计算方法是:细丝 1 根算 1 丝,粗丝 1 根算 1.7 丝。

表1-2　钢丝绳报废断丝数　　　　　　（单位:根）

安全系数	钢丝绳结构（GB 1102—1974）			
	绳 6W(19)、绳 6 ×(19)		绳 6 ×(37)	
	一个节距中的断丝数			
	交互捻	同向捻	交互捻	同向捻
<6	12	6	22	11
6 ~ 7	14	7	26	13
>7	16	8	30	15

钢丝绳有锈蚀或磨损时,将报废断丝数按表1-3（按 GB 6067.1—2010《起重机械安全规程》中有关规定）折减,并按折减后的断丝数报废。

表1-3　折减系数表　　　　　　（%）

钢丝表面磨损量或锈蚀量	折减系数	钢丝表面磨损量或锈蚀量	折减系数
10	85	25	60
15	75	30 ~ 40	50
20	70	>40	0

试验证明,挤压疲劳对于钢丝的断裂起决定性的作用。

2. 滑轮

在起重机械的起升机构中,滑轮起着省力和支承钢丝绳并为其导向的作用。滑轮的材料采用灰铸铁、铸钢等。

滑轮直径的大小对于钢丝绳的寿命有重大的影响。增大滑轮直径可以大大延长钢丝绳的寿命,这不仅是由于减小了钢丝的弯曲应力,更重要的是减小了钢丝与滑轮之间的挤压应力。

滑轮支承在固定的心轴上,通常采用滚动轴承。

3. 卷筒

卷筒在起升机构或牵引机构中用来卷绕钢丝绳,将旋转运动转换为所需要的直线运动。

卷筒有单层卷绕与多层卷绕之分。一般桥架式起重机械大多采用单层卷绕的卷筒。单层卷绕筒的表面通常切出螺旋槽,以增加钢丝绳的接触面积,并防止相邻钢丝绳互相摩擦,从而提高钢丝绳的使用寿命。

(三)起重机械的取物装置

起重机械通过取物装置将起吊物品与起升机构联系起来,从而进行这些物品的装卸吊运以及安装等作业。取物装置种类繁多,如吊钩、吊环、扎具、夹钳、托爪、承梁、电磁吸盘、真空吸盘、抓斗、集装箱吊具等。起重机械上采用最多的取物装置是吊钩。

1. 吊钩的种类

吊钩的断裂可能导致重大的人身及设备事故,因此要求吊钩的材料没有突然断裂的危险。目前,中小起重量起重机械的吊钩是锻造的;大起重量的吊钩采用钢板铆合,称为板式吊钩。

吊钩分为单钩和双钩。单钩制造与使用比较方便,用于较小的起重量;当起重量较大时,为了不使吊钩过重,多采用双钩。

吊钩钩身(弯曲部分)的断面形状有圆形、矩形、梯形与 T 字形等,如图 1-5 所示。从受力情况来看,T 字形断面最合理,可以得到较轻的吊钩;它的缺点是锻造工艺复杂。目前最常用的吊钩断面是梯形,它的受力情况比较合理,锻造也较容易。矩形断面只用于片式吊钩,断面的承载能力未能充分利用,因而比较笨重。圆形断面只用于简单的小型吊钩。

为了防止脱钩发生事故,吊钩应装有防止脱钩的安全装置。

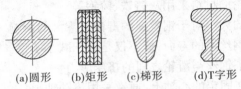

(a)圆形　　(b)矩形　　(c)梯形　　(d)T字形

图1-5　吊钩断面形状

2. 吊钩的危险断面

要对吊钩进行检验,必须先了解吊钩的危险断面所在。危险断面是根据受力分析找出的。

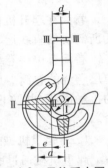

图1-6　吊钩受力图

如图1-6所示,假定吊钩上吊挂一货物,货物质量通过钢丝绳作用在吊钩的Ⅰ—Ⅰ断面,主要承受剪切应力及拉弯组合应力的作用。Ⅲ—Ⅲ断面受拉应力,货物质量有把吊钩拉断的趋势。货物质量对吊钩除有拉、切力外,还有把吊钩拉直的趋势。Ⅱ—Ⅱ断面受货物质量的拉力,使整断面受拉应力,同时还受力矩的作用。在力矩的作用下,Ⅱ—Ⅱ断面的内侧受拉应力,外侧受压应力。这样,在内侧拉应力加大,外侧拉、压应力抵消一部分,这也就是吊钩梯形断面内侧大、外侧小的原因。从上述分析可知,Ⅰ—Ⅰ、Ⅱ—Ⅱ断面是受力最大的断面,也称为危险断面。为了确保安全,Ⅲ—Ⅲ断面也应进行验算。

3. 吊钩检查

(1)锻钩的检查。用煤油洗净钩体,用20倍放大镜检查钩体是否有裂纹,特别应检查危险断面和螺纹根部槽处。如发现裂纹,应停止使用,更换新钩。在危险断面Ⅰ—Ⅰ处,由于钢丝绳的摩擦常常出现沟槽,按照规定:吊钩危险断面的磨损量达到原尺寸的10%时,则应报废;不超过报废标准时,可以继续使用或降低载荷使用,但不允许用焊条补焊后再使用。吊钩装配部分每季至少检修一次,并清洗润滑。装配后,吊钩应能灵活转动,定位螺栓必须锁紧。

（2）板钩的检查。用放大镜检查吊钩的危险断面,不得有裂纹,铆钉不得松动,检查衬套、销子(小轴)、小孔、耳孔及其紧固件的磨损情况,表面不得有裂纹或变形。衬套磨损量超过原厚的 50%,销子磨损量超过名义直径的 3%～5%,需要更新。

（3）吊钩负荷试验。对新投入使用的吊钩应做负荷试验,以额定载荷的 1.25 倍作为试验载荷(可与起重机械动静负荷试验同时进行)。试验时间不应少于 10 min。当负荷卸去后,吊钩上不得有裂纹、断裂和永久变形,如有则应报废。国际标准还规定,在挂上和撤掉试验载荷后,吊钩的开口度在没有任何显著的缺陷和变形下,不应超过 0.25%。

（四）起重机械的制动装置

起重机械是一种间歇动作的机构,它的工作特点是经常启动和制动,因此制动器在起重机械中既是工作装置又是安全装置。制动器的作用如下:

（1）支持——保持不动。

（2）制动——用摩擦消耗运动部分的动能,以一定的减速度使机构停止下来。

（3）落重——制动力与重力平衡,重物以恒定的速度下降。

制动器按其构造分为块式制动器、带式制动器、盘式制动器及多盘式制动器和圆锥式制动器。

按照操作情况的不同,制动器分为常闭式、常开式和综合式。常闭式制动器在机构不工作期间是闭合的,在机构工作时由松闸装置将制动器分开。起重机械一般多用常闭式制动器,特别是起升机构和变幅机构必须采用常闭式制动器,以确保安全。常开式制动器经常处于松开状态,只有在需要制动时才使之产生制动力矩进行制动。综合式制动器是常闭式与常开式的综合体。

四、木工机械

(一)木工机械的特点

木工机械有跑车带锯机、轻型带锯机、纵锯圆锯机、横截锯机、平刨机、压刨机、木铣床、木磨床等。

木工机械的特点是切削速度高,刀轴转速一般达到 2 500 ~ 4 000 r/min,有时甚至更高,因而转动惯性大,难于制动。

由于木工机械多采用手工送料,当用手推压木料送进时,往往由于遇到节疤、弯曲或其他缺陷,而使手与刀刃接触,造成伤害甚至割断手指。

操作人员不熟悉木工机械性能和安全操作技术,或不按安全操作规程操纵机械,是发生伤害事故的原因之一。

没有安全防护装置或安全防护装置失灵,也是造成木工机械伤害事故的原因之一。

另外,木工机械切削过程中噪声大、振动大,工人劳动强度大,易疲劳。

(二)木工机械的安全装置

在设计上,就应使木工机械具有完善的安全装置,包括安全防护装置、安全控制装置和安全报警信号装置等。其安全技术要求为:

(1)按照"有轮必有罩、有轴必有套和锯片有罩、锯条有套、刨(剪)切有挡"的安全要求,以及安全器送料的安全要求,对各种木工机械配置相应的安全防护装置。徒手操作者必须有安全防护措施。

(2)对产生噪声、木粉尘或挥发性有害气体的机械设备,应配置与其机械运转相连接的消声、吸尘或通风装置,以消除或减轻职业危害,维护职工的安全和健康。

(3)木工机械的刀轴与电器应有安全联控装置,在装卸或更换刀具及维修时,能切断电源并保持断开位置,以防止误触电源开关或突然供电启动机械,造成人身伤害事故。

(4)针对木材加工作业中的木料反弹危险,应采用安全送料装置或设置分离刀、防反弹安全屏护装置,以保障人身安全。

（5）在装设正常启动和停机操纵装置的同时，还应专门设置遇事故紧急停机的安全控制装置。按此要求，对各种木工机械应制定与其配套的安全装置技术标准。国产定型的木工机械，供货时必须配有完备的安全装置，并供应维修时所需的安全配件，以便在安全防护装置失效后予以更新；对早期进口或自制、非定型、缺少安全装置的木工机械，使用单位应组织力量研制和配置相应的安全装置，使所用的木工机械都有安全装置，特别是对操作者有伤害危险的木工机械。对缺少安全装置或安全装置失效的木工机械，应禁止使用。

1. 带锯机安全装置

带锯机的各个部分，除锯卡、导向辊的底面到工作台之间的工作部分外，都应用防护罩封闭。锯轮应完全封闭，锯轮罩的外圆面应该是整体的。锯卡与上锯轮罩之间的防护装置应罩住锯条的正面和两侧面，并能自动调整，随锯卡升降。锯卡应轻轻附着锯条，而不是紧卡着锯条，用手溜转锯条时应无卡塞现象。

带锯机主要采用液压可调式封闭防护罩遮挡高速运转的锯条，使裸露部分与锯割木料的尺寸相适应，既能有效地进行锯割，又能在锯条"放炮"或断条、掉锯时，控制锯条崩溅、乱扎，避免对操作者造成伤害，同时可以防止工人在操作过程中手指误触锯条造成伤害事故。对锯条裸露的切割加工部位，为便于操作者观察和控制，还应设置相应的网状防护罩，防止加工锯屑等崩弹，造成人身伤害事故。

带锯机停机时，由于受惯性力的作用将继续转动，此时手不小心触及锯条，就会造成误伤。为使其能迅速停机，应装设锯盘制动控制器。带锯机破损时，亦可使用锯盘制动器，使其停机。

2. 圆锯机安全装置

为了防止木料反弹的危险，圆锯上应装设分离刀（松口刀）和活动防护罩。分离刀的作用是使木料连续分离，使锯材不会紧贴转动的刀片，从而不会产生木料反弹。活动罩的作用是遮住圆锯片，防止手过度靠近圆锯片，同时也能有效防止木料反弹。

圆锯机安全装置通常由防护罩、导板、分离刀和防木料反弹挡架组成。弹性可调式安全防护罩可随锯割木料尺寸大小而升降，既便于推料进锯,又能控制锯屑飞溅和木料反弹;过锯木料由分离刀扩张锯口防止因夹锯造成木材反弹,并有助于提高锯割效率。

圆锯机超限的噪声也是严重的职业危害,直接损害操作者的健康,应安装相应的消声装置。

3. 木工刨床安全装置

刨床对操作者的人身伤害,一是徒手推木料容易伤害手指,二是刨床噪声产生职业危害。平刨伤手为多发性事故,一直未能很好解决。较先进的方法是采用光电技术保护操作者,当前国内应用效果不理想;较适用有效的方法是在刨切危险区域设置安全挡护装置,并限定与台面的间距,可阻挡手指进入危险区域,实际应用效果较好。降低噪声可采用开有小孔的定位垫片,能降低噪声 10 ~ 15 dB(A)。

总之,大多数木工机械都有不同程度的危险或危害。有针对性地增设安全装置,是保护操作者身心健康和安全,促进和实现安全生产的重要技术措施。

木工机械事故中,手压平刨上发生的事故占多数,因此在手压平刨上必须有安全防护装置。

为了安全,手压平刨刀轴的设计与安装须符合下列要求:

(1)必须使用圆柱形刀轴,绝对禁止使用方刀轴。

(2)压力片的外缘应与刀轴外圆相合,当手触及刀轴时,只会碰伤手指皮,不会被切断。

(3)刨刀刃口伸出量不能超过刀轴外径 1.1 mm。

(4)刨口开口量应符合规定。

五、焊接设备

(一)气焊与气割

气焊与气割的主要危险是爆炸和火灾,加工过程中产生的高温、金属熔渣飞溅、烟气、弧光也会危及操作人员的健康。

电石(碳化钙,CaC_2)是气焊与气割作业的基本原料。电石遇水生成的乙炔(C_2H_2)与空气能形成爆炸性混合物;水量不足且散热不好时,局部过热引起乙炔热分解,可能导致爆炸。

1. 电石储存和使用

储存和使用电石应注意以下安全要求：

（1）电石应避免受潮，库房必须严防漏雨，盛放容器应密封良好，电石桶上应有防火防湿安全标志。

（2）电石库不得设在可能积水处，库房地面应高出室外地面0.25～0.6 m。

（3）电石库房应为耐火建筑，房顶应设有自然通风的风帽，库房周围10 m以内不得有明火，库房内设施应符合防爆要求。

（4）搬运电石桶应防止碰撞或滚动。

（5）开启电石桶应使用不发生火花的铍铜合金工具，使用铜制工具时含铜量应低于70%。

（6）空电石桶内可能滞留有可燃气体，其附近不得有明火。

（7）电石库应备有黄砂和干粉、二氧化碳等不含水的灭火器。

2. 氧气瓶

氧气瓶内压力可高达1.5 MPa，有较大的爆炸危险。使用氧气瓶应注意以下安全事项：

（1）氧气瓶及其氧气表等附件应保持完好。

（2）装减压器前稍稍开启阀门，吹去阀门内的灰尘；减压器应安装牢固；装好后先缓缓打开氧气瓶阀门，再渐渐旋紧减压器的螺杆；装好的减压器不得漏气。

（3）氧气瓶或减压器冻结时不得用明火、炽热铁块烘烤或用铁器敲击，而只能用温水解冻。

（4）使用时拧紧皮管接头螺母后，应先打开气门吹出皮管内的灰尘和渣屑；不用时应将皮管挂起。

（5）氧气操作人员不应穿有油污的工作服、手套，不得使用有油污的工具。

（6）氧气瓶内的氧气不能全部用尽，充气前应留有100～150 kPa的压力。

（7）氧气瓶应远离高温场所和明火，夏季应避免阳光直射。

(二) 电焊

电焊是带有电击、弧光伤害、灼伤、爆炸和火灾等多种危险的作业。

1. 交流弧焊机使用

电焊分为电弧焊、电阻焊等焊接方法。电弧焊是利用电弧作为热源,局部加热并熔化焊件金属完成焊接的方法。用手工操作焊条进行焊接的电弧焊称为手工电弧焊。手工电弧焊设备由弧焊机、软导线、焊钳等部件组成。交流弧焊机空载输出电压多为 60~75 V。当焊条与工件之间产生电弧时,焊钳上的工作电压维持在 30 V 左右。

使用交流弧焊机进行焊接作业应注意以下几点:

(1) 弧焊机应远离易燃易爆物品;弧焊机应与安装环境条件相适应;弧焊机应避免受潮,并能防止异物进入。

(2) 弧焊机外壳应可靠接保护导体,为了防止高压窜入低压带来的危险,弧焊机二次侧的一个点也应当接保护导体。

(3) 弧焊机一次额定电压应与电源电压相符合;工作电流不得超过相应暂载率下的许用电流。

(4) 弧焊机应经端子排接线;接线应正确,应避免产生有害的环流。

(5) 多台焊机应尽量均匀地分接于三相电源,尽量保持三相平衡。

(6) 弧焊机的一、二次电源线均应采用铜心橡皮电缆(橡皮套软线);一次线长度不宜超过 2 m。

(7) 弧焊机一、二次线圈绝缘电阻合格。

(8) 移动焊机必须停电进行。

(9) 在电击危险性大的环境作业,弧焊机二次侧宜装设熄弧自动断电装置。

(10) 弧焊作业时应穿戴绝缘鞋、手套、工作服、面罩等劳动防护用品;在金属容器中工作时,还应戴上头盔、护肘等防护用品。

2. 电焊作业防火防爆的安全要求

为防止电焊引起火灾、爆炸,应注意以下安全要求:

(1) 离焊接作业点 5 m 以内及下方不得有易燃物品,10 m 以内不得有乙炔发生器或氧气瓶。

(2) 不得在储存汽油、煤油等易燃物品的容器上进行焊接作业。

（3）焊接管子时，管子两端应当打开，并不得有易燃物品。

（4）不得带压焊接压力容器。

（5）不论是电焊还是气焊，焊接盛过可燃气体或可燃液体的容器前，均应先打开盖反复清洗容器内残留的危险物质；在锅炉内、管道内、井下、地坑内焊接前，也应先清除其内残留的危险物质。

第三节　电气安全技术

一、电气事故种类

电气事故是与电相关联的事故。电气事故包括人身事故和设备事故。人身事故和设备事故都可能导致二次事故，而且二者很可能是同时发生的。按照电能的形态，电气事故可分为触电事故、雷击事故、静电事故、电磁辐射事故和电气装置事故。

电气人身事故是由于电流通过人体内部，使肌肉产生突然收缩效应，产生针刺感、压迫感、打击感、痉挛、疼痛、血压升高、昏迷、心律不齐、心室颤动等，给人体造成损伤甚至造成死亡。数十毫安的电流通过人体可使呼吸停止，数十微安的电流直接流过心脏会导致致命的心室纤维性颤动。电流对人体损伤的程度与电流的大小、电流持续时间、电流种类、电流途径、人体的健康状况等因素有关。

感知电流是引起人有感觉的最小电流。人的工频感知电流（有效值，下同）为 $0.5 \sim 1$ mA。摆脱电流是人触电后能自行摆脱带电体的最大电流。人的工频摆脱电流为 $5 \sim 10$ mA。如果长时间不能摆脱带电体，摆脱电流能导致严重后果。室颤电流是通过人体引起心室发生纤维性颤动的最小电流。当电流持续时间超过心脏跳动周期时，室颤电流约为 50 mA。发生心室纤维性颤动后，如得不到及时抢救，数分钟甚至数秒内即可导致生物性死亡。

流过人体的电流决定于人体接触电压和人体电阻。在接触电压 $100 \sim 220$ V、干燥、电流途径从左手到右手、接触面积 $50 \sim 100$ cm^2 的条件下，人体电阻为 $1\ 000 \sim 3\ 000$ Ω。

1. 触电事故

触电事故是由电流及其转换成的其他形式的能量造成的事故。触电事故分为电击和电伤。电击是电流直接作用于人体所造成的伤害；电伤是电流转换成热能、机械能等其他形式的能量作用于人体造成的伤害。

通常所说的触电指的是电击。电击分为直接接触电击和间接接触电击。前者是触及正常状态下带电的带电体时发生的电击，也称为正常状态下的电击；后者是触及正常状态下不带电，而在故障状态下意外带电的带电体时发生的电击，也称为故障状态下的电击。

电伤分为电弧烧伤、电流灼伤、皮肤金属化、电烙印、机械性损伤、电光眼等伤害。电弧烧伤是由弧光放电造成的烧伤，是最危险的电伤。电弧温度高达 8 000 ℃，可造成大面积、大深度的烧伤，甚至烧焦、烧毁四肢及其他部位。

2. 雷击事故

雷击事故是由自然界中相对静止的正、负电荷形式的能量释放造成的事故。

3. 静电事故

静电事故是工艺过程中或人们活动中产生的，相对静止的正电荷和负电荷形式的能量造成的事故。

4. 电磁辐射危害

电磁辐射危害是指电磁波形式的能量辐射造成的危害。辐射电磁波指频率 100 kHz 以上的电磁波。高频电磁波除对人体有伤害外，还能造成感应放电和高频干扰。各种无线电设备均可能产生电磁辐射。高频金属加热设备（如高频淬火设备、高频焊接设备）、高频介质加热设备（如高频热合机、绝缘材料干燥设备）也是有电磁辐射危险的设备。

为防止电磁辐射的危害，应采取屏蔽、吸收等专门的预防措施。用于高频防护的板状屏蔽和网状屏蔽均可用铜材、铝材或钢材制成，必要时可考虑双层屏蔽。如果在板状屏蔽上涂上一层微小的颗粒材料，则可减少电磁波的反射，更有效地吸收电磁波的能量，构成所谓吸收屏蔽。

5. 电气装置故障及事故

电气装置故障引发的事故包括异常停电、异常带电、电气设备损坏、电气线路损坏、短路、断线、接地、电气火灾等。

异常停电指在正常生产过程中供电突然中断,这种情况会使生产过程陷入混乱,造成经济损失;在有些情况下,还会造成事故和人员伤亡。异常带电指在正常情况下不应当带电的生产设施或其中的部分意外带电,异常带电容易导致人体受到伤害。

二、触电事故预防技术

(一)直接接触电击预防技术

1. 绝缘

绝缘是用绝缘物把带电体封闭起来。电气设备的绝缘应符合其相应的电压等级、环境条件和使用条件。

电气设备的绝缘不得受潮,表面不得有粉尘、纤维或其他污物,不得有裂纹或放电痕迹,表面光泽不得减退,不得有脆裂、破损,弹性不得消失,运行时不得有异味。

绝缘的电气指标主要是绝缘电阻。绝缘电阻用兆欧表测量,任何情况下绝缘电阻不得低于每伏工作电压 1 000 Ω 并应符合专业标准的规定。

2. 屏护

屏护是采用遮栏、护罩、护盖、箱闸等将带电体同外界隔绝开来。屏护装置应有足够的尺寸,应与带电体保持足够的安全距离;遮栏与低压裸导体的距离不应小于0.8 m;网眼遮栏与裸导体之间的距离,低压设备不宜小于0.15 m,10 kV 设备不宜小于0.35 m。屏护装置应安装牢固,金属材料制成的屏护装置应可靠接地(或接零);遮栏、栅栏应根据需要挂标示牌;遮栏出入口的门上应根据需要安装信号装置和联锁装置。

3. 间距

间距是将可能触及的带电体置于可能触及的范围之外。带电体与地面之间、带电体与树木之间、带电体与其他设施和设备之间、带电体与带电体之间均需保持一定的安全距离。安全距离的大小决定于电压高低、设备类型、环境条件和安装方式等因素。架空线路的间距须考虑气温、风力、覆冰和环境条件的影响。

在低压操作中,人体及其所携带工具与带电体的距离不应小于0.1 m。

在高压作业中,人体及其所携带工具与带电体的距离应满足表1-4所列各项最小距离的要求。

表1-4　高压作业的最小距离 （单位:m）

类别	电压等级(kV)	
	10	35
无遮栏作业,人体及其所携带工具与带电体之间[①]最小距离	0.7	1.0
无遮栏作业,人体及其所携带工具与带电体之间最小距离(用绝缘杆操作)	0.4	0.6
线路作业,人体及其所携带工具与带电体之间[②]最小距离	1.0	2.5
带电水冲洗,小型喷嘴与带电体之间最小距离	0.4	0.6
喷灯或气焊火焰与带电体之间[③]最小距离	1.5	3.0

注:①不足所列距离时,应装设临时遮栏。
　　②不足所列距离时,邻近线路应当停电。
　　③火焰不应喷向带电体。

在架空线路进行起重作业时,起重机具(包括被吊物)与线路导线之间的最小距离可参考表1-5所列数值。

表1-5　起重机具与线路导线的最小距离

线路电压(kv)	≤1	10	35
最小距离(m)	1.5	2	4

（二）间接接触电击预防技术

1. IT 系统（保护接地）

IT 系统就是保护接地系统。其构成如图 1-7 所示。图中，L_1、L_2、L_3 是相线，N 是中性点，Z 是配电网对地绝缘阻抗，R_P 是人体电阻，R_E 是保护接地电阻，I_E 是接地电流。保护接地的做法是将电气设备在故障情况下可能呈现危险电压的金属部位经接地线、接地体同大地紧密地连接起来，其安全原理是把故障电压限制在安全范围以内。IT 系统的字母 I 表示配电网不接地或经高阻抗接地，字母 T 表示电气设备外壳接地。

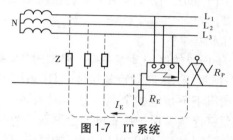

图 1-7　IT 系统

保护接地适用于各种不接地配电网。在这类配电网中，凡由于绝缘损坏或其他原因而可能呈现危险电压的金属部分，除另有规定外，均应接地。

在 380 V 不接地低压系统中，一般要求保护接地电阻 $R_E \le 4\ \Omega$。当配电变压器或发电机的容量不超过 100 kV·A 时，要求 $R_E \le 10\ \Omega$。

在不接地的 10 kV 配电网中，如果高压设备与低压设备共用接地装置，要求接地电阻不超过 10 Ω 并满足下式要求：

$$R_E \le \frac{120}{I_E} \qquad (1\text{-}1)$$

2. TT 系统

TT 系统如图 1-8 所示。图中，中性点的接地 R_N 叫做工作接地，中性点引出的导线叫做中性线（也叫做工作零线）。TT 系统的第一个字母 T 表示配电网直接接地，第二个字母 T 表示电气设备外壳接地。

TT 系统的接地 R_F 也能大幅度降低漏电设备上的故障电压，但一

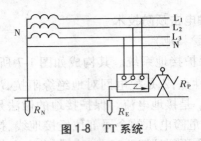

图 1-8　TT 系统

般不能降低到安全范围以内。因此,采用 TT 系统必须装设漏电保护
装置或过电流保护装置,并优先采用前者。

　　TT 系统主要用于低压用户,即用于未装备配电变压器,从外面引
进低压电源的小型用户。

　　3. TN 系统(保护接零)

　　TN 系统相当于传统的保护接零系统。典型的 TN 系统如图 1-9 所
示。图中 PE 是保护零线,Rs 叫做重复接地。TN 系统中的字母 N 表示
电气设备在正常情况下不带电的金属部分与配电网中性点之间,亦即
与保护零线之间紧密连接。保护接零的安全原理是当某相带电部分碰
连设备外壳时,形成该相对零线的单相短路;短路电流促使线路上的短
路保护元件迅速动作,从而把故障设备电源断开,消除电击危险。虽然
保护接零也能降低漏电设备上的故障电压,但一般不能降低到安全范
围以内。其第一位的安全作用是迅速切断电源。

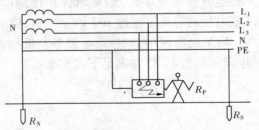

图 1-9　典型 TN 系统

　　TN 系统分为 TN – S,TN – C – S,TN – C 三种类型。如图 1-10 所
示,TN – S 系统是 PE 线与 N 线完全分开的系统;TN – C – S 系统是干
线部分的前一段 PE 线与 N 线共用为 PEN 线,后一段 PE 线与 N 线分

开的系统;TN－C系统是干线部分PE线与N线完全共用的系统。应当注意,支线部分的PE线是不能与N线共用的。TN－S系统的安全性能最好。有爆炸危险、火灾危险性大及其他安全要求高的场所应采用TN－S系统;厂内低压配电的场所及民用楼房应采用TN－C－S系统;触电危险性小、用电设备简单的场合可采用TN－C系统。

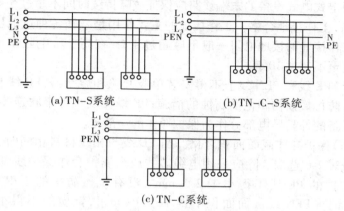

图1-10 TN系统三种类型

保护接零用于用户装有配电变压器的,且其低压中性点直接接地的220/380 V三相四线配电网。

应用保护接零应注意下列安全要求:

(1)在同一接零系统中,一般不允许部分或个别设备只接地、不接零的做法,否则当接地的设备漏电时,该接地设备及其他接零设备都可能带有危险的对地电压。如确有困难,个别设备无法接零而只能接地时,则该设备必须安装漏电保护装置。

(2)重复接地合格。重复接地指零线上除工作接地外的其他点再次接地。重复接地的安全作用是减轻PE线和PEN线断开或接触不良的危险性,进一步降低漏电设备对地电压,改善架空线路的防雷性能和缩短漏电故障持续时间。电缆或架空线路引入车间或大型建筑物处,配电线路的最远端及每1 km处,高低压线路同杆架设时共同敷设的两端应做重复接地。每一重复接地的接地电阻不得超过10 Ω,在低压工作接地的接地电阻允许不超过 10 Ω 场合,每一重复接地的接地电阻允许不超过 30 Ω,但不得少于 3 处。

(3)发生对 PE 线的单相短路时能迅速切断电源。对于相线对地电压 220 V 的 TN 系统,手持式电气设备和移动式电气设备末端线路或插座回路的短路保护元件应保证故障持续时间不超过 0.4 s;配电线路或固定式电气设备的末端线路应保证故障持续时间不超过 5 s。

(4)工作接地合格。工作接地的主要作用是减轻各种过电压的危险。工作接地的接地电阻一般不应超过 4 Ω,在高土壤电阻率地区允许放宽至不超过 10 Ω。

(5)PE 线和 PEN 线上不得安装单极开关和熔断器;PE 线和 PEN 线应有防机械损伤和化学腐蚀的措施;PE 线支线不得串联连接,即不得用设备的外露导电部分作为保护导体的一部分。

(6)保护导体截面面积合格。当 PE 线与相线材料相同时,PE 线可以按表 1-6 选取。除应采用电缆芯线或金属护套作保护线者外,有机械防护的 PE 线不得小于 2.5 mm^2,没有机械防护的不得小于 4 mm^2。铜质 PEN 线截面面积不得小于 10 mm^2,铝质的不得小于 16 mm^2,如系电缆芯线,则不得小于 4 mm^2。

表 1-6　保护零线截面面积选择　　　　　　(单位:mm^2)

相线截面面积 S_L	保护零线最小截面面积 S_{PE}
$S_L \leqslant 16$	S_L
$16 < S_L \leqslant 35$	16
$S_L > 35$	$S_L/2$

(7)等电位连接。等电位连接指保护导体与建筑物的金属结构、生产用的金属装备以及允许用作保护线的金属管道等用于其他目的的不带电导体之间的连接。等电位连接的组成如图 1-11 所示。有条件的场所应做等电位连接,以提高 TN 系统的可靠性。

(三)其他电击预防技术

1. 双重绝缘和加强绝缘

双重绝缘指同时具备工作绝缘(基本绝缘)和保护绝缘(附加绝

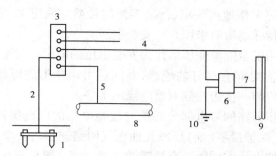

1—接地体;2—接地线;3—保护导体端子排;4—保护导体;5—主等电位连接导体;
6—装置外露导电部分;7—辅助等电位连接导体;8—可连接的自然导体;
9—装置以外的接零导体;10—重复接地

图 1-11 等电位连接组成

缘)的绝缘。前者是带电体与不可触及的导体之间的绝缘,是保证设备正常工作和防止电击的基本绝缘;后者是不可触及的导体与可触及的导体之间的绝缘,是当工作绝缘损坏后用于防止电击的绝缘。加强绝缘是指相当于双重绝缘保护程度的单独绝缘结构。

具有双重绝缘和加强绝缘的电气设备属于Ⅱ类设备,Ⅱ类设备的铭牌上应有"回"形标志,Ⅱ类设备的电源连接线应符合加强绝缘要求。

Ⅱ类设备的绝缘电阻在直流电压为 500 V 的条件下测试,其工作绝缘的绝缘电阻不得低于 2 MΩ,保护绝缘的绝缘电阻不得低于 5 MΩ,加强绝缘的绝缘电阻不得低于 7 MΩ。

2. 安全电压(特低电压)

安全电压是在一定条件下、一定时间内不危及生命安全的电压。具有安全电压的设备属于Ⅲ类设备。

安全电压限值是在任何情况下,任意两导体之间都不得超过的电压值。《安全电压》(GB 3805—1983)规定工频安全电压有效值的限值为 50 V。将安全电压额定值(工频有效值)的等级规定为 42 V、36 V、24 V、12 V 和 6 V。特别危险环境使用的携带式电动工具应采用 42 V 安全电压;在有电击危险环境使用的手持照明灯和局部照明灯应采用 36 V 或 24 V 安全电压;金属容器内、隧道内、水井内以及周围有大面积接地导体等工作地点狭窄、行动不便的环境应采用 12 V 安全电压；水上作业等特殊场所应采用 6 V 安全电压。

通常采用安全隔离变压器作为安全电压的电源。安全隔离变压器的一次与二次之间有良好的绝缘，其间还可用接地的屏蔽进行隔离。安全电压边应与一次边达到双重绝缘的水平。

安全电压回路的带电部分必须与较高电压的回路保持电气隔离，不得与大地、保护接零（地）线或其他电气回路连接。安全电压的插销座不得与其他电压的插销座有插错的可能。安全隔离变压器的一次边和二次边均应装设短路保护元件。

如果电压值与安全电压值相符，而由于功能上的原因，电源或回路配置不完全符合安全电压的要求，则称之为功能特低电压。应用功能特低电压需配合补充安全措施。

3. 电气隔离

电气隔离指工作回路与其他回路实现电气上的隔离。电气隔离是通过采用一次边、二次边电压相等的隔离变压器来实现的。电气隔离的安全实质是阻断二次边工作的人员单相触电时电流的通路。

电气隔离的电源变压器必须是隔离变压器，二次边必须保持独立，应保证电源电压 $U \leqslant 500$ V、线路长度 $L \leqslant 200$ m。

4. 漏电保护（剩余电流保护）

漏电保护装置主要用于防止接触电击，也用于防止漏电火灾和监测一相接地故障。

电流型漏电保护装置以漏电电流或触电电流为动作信号。动作信号经处理后带动执行元件动作，电磁式电流型漏电保护的原理如图 1-12 所示。图中，0TA是零序电流互感器，FV 是极化电磁铁线圈，SB 是试验按钮，R 为限流电阻。电流型漏电保护装置的额定动作电流从 6 mA 至 20A 有很多等级。其中，30 mA 及 30 mA 以下的属高灵敏度，主要用于防止触电事故；30～1 000 mA 的属中

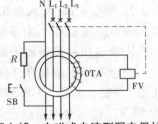

图 1-12　电磁式电流型漏电保护

灵敏度,用于防止触电事故和漏电火灾;1 000 mA 以上的属低灵敏度,用于防止漏电火灾和监视一相接地故障。为了避免误动作,保护装置的额定不动作电流不得低于额定动作电流的 1.2 倍。

漏电保护装置的动作时间指动作时最大分断时间。快速型和定时限型漏电保护装置的动作时间应符合表 1-7 的要求。

表 1-7　漏电保护装置的动作时间

额定动作电流 $I_{\triangle N}$ （mA）	额定电流 （A）	动作时间（s）			
		$I_{\triangle N}$	$2I_{\triangle N}$	0.25A	$5I_{\triangle N}$
≤30	任意值	0.2	0.1	0.04	
>30	任意值	0.2	0.1	—	0.04
	≥40*	0.2	—	—	0.15

注:*适用于组合型漏电保护器。

有金属外壳的Ⅰ类移动式电气设备和手持式电动工具,安装在潮湿或强腐蚀等恶劣场所的电气设备,建筑施工工地的施工电气设备,临时性电气设备,宾馆客房内的插座,触电危险性较大的民用建筑物内的插座,游泳池或浴池类场所的水中照明设备,安装在水中的供电线路和电气设备,以及医院中直接接触人体的医用电气设备(胸腔手术室的除外)等均应安装漏电保护装置。

漏电保护装置的选用应当考虑多方面的因素。在浴室、游泳池、隧道等电击危险性很大的场合,应选用高灵敏度的漏电保护装置。单相线路选用二级保护器,仅带三相负载的三相线路可选用三级保护器,动力与照明合用的三相四线线路和三相照明线路必须选用四级保护器。

运行中的漏电保护装置应当定期检查和试验。保护器外壳各部及其上部件、连接端子应保持清洁、完好无损;胶木外壳不应变形、变色,不应有裂纹和烧伤痕迹;制造厂名称(或商标)、型号、额定电压、额定电流、额定动作电流等应标志清楚,并应与运行线路的条件和要求相符合;保护器外壳防护等级应与使用场所的环境条件相适应;接线端子不应松动,连接部位不得变色;接线端子不应有明显腐蚀;保护器工作时不应有杂音;漏电保护开关的操作手柄应灵活、可靠,使用过程中也应定期用试验按钮检验其可靠性。

三、雷电事故预防技术

(一)雷电的种类及危害

1. 雷电种类

(1)直击雷。直击雷是带电积云接近地面至一定程度时,与地面目标之间的强烈放电。直击雷的每次放电过程包括先导放电、主放电、余光三个阶段。大约50%的直击雷有重复放电特征,每次雷击有三四个冲击至数十个冲击。一次直击雷的全部放电时间一般不超过500 ms。

(2)感应雷。感应雷也称作雷电感应,分为静电感应雷和电磁感应雷。静电感应雷是由于带电积云在架空线路导线或其他高大导体上感应出大量电荷,在带电积云与其他客体放电后,感应电荷失去束缚,以大电流、高电压冲击波的形式,沿线路导线或导体传播。电磁感应雷是由于雷电放电时,巨大的冲击雷电流在周围空间产生迅速变化的强磁场,从而在邻近的导体上产生的很高的感应电动势。

(3)球雷。球雷是雷电放电时形成的发红光、橙光、白光或其他颜色光的火球。从电学角度考虑,球雷应当是一团处在特殊状态下的带电气体。

此外,直击雷和感应雷都能在架空线路或在空中金属管道上产生沿线路或管道的两个方向迅速传播的雷电冲击波。

2. 雷电危害

雷电具有雷电流幅值大(可达数十千安至数百千安)、雷电流陡度大(可达50 kA/μs)、冲击性强、冲击过电压高(可达数百千伏至数千伏)的特点。

雷电有电性质、热性质、机械性质等多方面的破坏作用,均可能带来极为严重的后果。

(1)火灾和爆炸。直击雷放电的高温电弧、二次放电、巨大的雷电流、球雷侵入可直接引起火灾和爆炸,冲击电压击穿电气设备的绝缘等可间接引起火灾和爆炸。

(2)触电。积云直接对人体放电、二次放电、球雷打击、雷电流产生的接触电压和跨步电压可直接使人触电;电气设备绝缘因雷击而损坏,也可使人遭到电击。

(3)设备和设施毁坏。雷击产生的高电压、大电流伴随的汽化力、静电力、电磁力可毁坏重要电气装置和建筑物及其他设施。

(4)大规模停电。电力设备或电力线路破坏后可能导致大规模停电。

(二)防雷技术

1.防雷建筑物分类

建筑物按火灾和爆炸的危险性、人身伤亡的危险性、政治经济价值分为3类。不同类别的建筑物有不同的防雷要求。

(1)第一类防雷建筑物。指制造、使用或储存炸药、火药、起爆药、火工品等大量危险物质,遇电火花会引起爆炸,从而造成巨大破坏或人身伤亡的建筑物。

(2)第二类防雷建筑物。指对国家政治或国民经济有重要意义的建筑物,以及制造、使用和储存爆炸危险物质,但电火花不易引起爆炸,或不致造成巨大破坏和人身伤亡的建筑物。

(3)第三类防雷建筑物。指除第一类、第二类防雷建筑物以外需要防雷的建筑物。

2.直击雷防护

第一类、第二类、第三类防雷建筑物的易受雷击部位,遭受雷击后果比较严重的设施或堆料,高压架空电力线路,发电厂和变电站等,应采取防直击雷的措施。

装设避雷针、避雷线、避雷网、避雷带是直击雷防护的主要措施。避雷针分独立避雷针和附设避雷针。独立避雷针不应设在人经常通行的地方。避雷针的保护范围按滚球法计算。

3.二次放电防护

为了防止二次放电,不论是空气中或地下,都必须保证接闪器、引下线、接地装置与邻近导体之间有足够的安全距离。在任何情况下,第一类防雷建筑物防止二次放电的最小距离不得小于 3 m,第二类防雷建筑物防止二次放电的最小距离不得小于 2 m,不能满足间距要求时应予跨接。

4. 感应雷防护

有爆炸和火灾危险的建筑物、重要的电力设施应考虑感应雷防护。

为了防止静电感应雷的危险,应将建筑物内不带电的金属装备、金属结构连成整体并予以接地。为了防止电磁感应雷的危险,应将平行管道、相距不到 100 mm 的管道用金属线跨接起来。

5. 雷电冲击波防护

变配电装置、可能有雷电冲击波进入室内的建筑物应考虑雷电冲击波防护。

为了防止雷电冲击波侵入变配电装置,可在线路引入端安装阀型避雷器。阀型避雷器上端接在架空线路上,下端接地。正常时,避雷器对地保持绝缘状态;当雷电冲击波到来时,避雷器被击穿,将雷电引入大地;冲击波过去后,避雷器自动恢复绝缘状态。

对于建筑物,可采用以下措施:

(1)全长直接埋地电缆供电,入户处电缆金属外皮接地。

(2)架空线转电缆供电,架空线与电缆连接处装设阀型避雷器,避雷器、电缆金属外皮、绝缘子铁脚、金具等一起接地。

(3)架空线供电,入户处装设阀型避雷器或保护间隙,并与绝缘子铁脚、金具一起接地。

6. 人身防雷

雷暴时,应尽量减少在户外或野外逗留;在户外或野外最好穿塑料等不浸水的雨衣;如有条件,可进入有宽大金属构架或有防雷设施的建筑物、汽车或船只。

雷暴时,应尽量离开小山、小丘、隆起的小道,尽量离开海滨、湖滨、河边、池塘旁,尽量避开铁丝网、金属晒衣绳以及旗杆、烟囱、宝塔、孤独的树木附近,还应尽量离开没有防雷保护的小建筑物或其他设施。

雷暴时,在户内应离开照明线、动力线、电话线、广播线、收音机和电视机电源线、收音机和电视机天线,以及与它们相连的各种金属设备。

雷雨天气,应注意关闭门窗。

四、静电事故预防技术

(一)静电的特性及危害

1. 静电的产生

最常见的静电产生方式是接触－分离起电。当两种物体接触,其间距离小于 25×10^{-8} cm 时,将发生电子转移,并在分界面两侧出现大小相等、极性相反的两层电荷。当两种物体迅速分离时即可能产生静电。

下列工艺过程比较容易产生和积累危险静电:

(1)固体物质大面积的摩擦。

(2)固体物质的粉碎、研磨过程;粉体物料的筛分、过滤、输送、干燥过程;悬浮粉尘的高速运动。

(3)在混合器中搅拌各种高电阻率物质。

(4)高电阻率液体在管道中高速流动,液体喷出管口,液体注入容器。

(5)液化气体、压缩气体或高压蒸气在管道中流动或由管口喷出时。

(6)穿化纤布料衣服、高绝缘鞋的人员在操作、行走、起立等。

2. 静电的特点

(1)电压高。静电能量不大,但其电压很高:固体静电可达 20×10^4 V 以上,液体静电和粉体静电可达数万伏,气体和蒸气静电可达 10 000 V 以上,人体静电也可达 10 000 V 以上。

(2)泄漏慢。由于积累静电的材料的电阻率都很高,其上静电泄漏很慢。

(3)影响因素多。静电的产生和积累受材质、杂质、物料特征、工艺设备(如几何形状、接触面积)和工艺参数(如作业速度)、湿度和温度、带电历程等因素的影响。由于静电的影响因素多,静电事故的随机性强。

3. 静电的危害

工艺过程中产生的静电可能引起爆炸和火灾,也可能给人以电击,还可能妨碍生产。

(二)防静电措施

静电最为严重的危险是引起爆炸和火灾。因此,静电安全防护主要是对爆炸和火灾的防护。这些措施对于防止静电电击和防止静电影响生产也是有效的。

1. 环境危险程度控制

静电引起爆炸和火灾的条件之一是有爆炸性混合物存在。为了防止静电的危险,可采取取代易燃介质、降低爆炸性混合物的浓度、减少氧化剂含量等措施,控制所在环境爆炸和火灾危险的程度。

2. 工艺控制

为了有利于静电的泄漏,可采用导电性工具。为了减轻火花放电和感应带电的危险,可采用阻值为 $10^7 \sim 10^9$ Ω 的导电性工具。

为了限制产生危险的静电,烃类燃油在管道内流动时,流速与管径应满足以下关系:

$$v^2 D \leqslant 0.64 \tag{1-2}$$

式中:v 为流速,m/s;D 为管径,m。

为了防止静电放电,在液体灌装过程中不得进行取样、检测或测温操作。进行取样操作前,应使液体静置一定的时间,使静电得到足够的消散或松弛。

为了避免液体在容器内喷射和溅射,应将注油管延伸至容器底部,装油前清除罐底积水和污物,以减少附加静电。

3. 接地

接地的作用主要是消除导体上的静电。金属导体应直接接地,为了防止火花放电,应将可能发生火花放电的间隙跨接连通起来,并予以接地。

防静电接地电阻原则上不超过 1 MΩ 即可,对于金属导体,为了检测方便,要求接地电阻不超过 100 ~ 1 000 Ω。

对于产生和积累静电的高绝缘材料,宜通过 10^6 Ω 或稍大一些的电阻接地。

4. 增湿

为防止大量带电,相对湿度应在 50% 以上。为了提高降低静电的效果,相对湿度应提高到 65% ~70% 。增湿的方法不宜用于防止高温环境里的绝缘体上的静电。

5. 抗静电添加剂

抗静电添加剂是化学药剂。在容易产生静电的高绝缘材料中加入抗静电添加剂之后,能降低材料的体积电阻率或表面电阻率以加速静电的泄漏,消除静电的危险。

6. 静电中和器

静电中和器又叫静电消除器。静电中和器是能产生电子和离子的装置,由于产生了电子和离子,物料上的静电电荷得到异性电荷的中和,从而消除静电的危险。静电中和器主要用来消除非导体上的静电。

7. 加强静电安全管理

静电安全管理包括制定相关静电安全操作规程、静电安全指标和开展静电安全教育、静电检测等内容。

五、电气装置安全

(一)变配电站安全

变配电站是企业的动力枢纽。变配电站装有变压器、互感器、避雷器、电力电容器、高低压开关、高低压母线、电缆等多种高压设备和低压设备。变配电站发生事故,不仅使整个生产活动不能正常进行,还可能导致火灾和人身伤亡事故。

1. 变配电站位置

变配电站位置应符合供电、建筑、安全的基本原则。从安全角度考虑,变配电站应避开易燃易爆环境;变配电站宜设在企业的上风侧,并不得设在容易沉积粉尘和纤维的环境;变配电站不应设在人员密集的场所。变配电站的选址和建筑应考虑灭火、防蚀、防污、防水、防雨、防雪、防振的要求。地势低洼处不宜建变配电站。变配电站应有足够的消防通道并保持畅通。

2. 建筑结构

高压配电室、低压配电室、油浸电力变压器室、电力电容器室、蓄电池室应为耐火建筑。蓄电池室应隔离。室内油量 600 kg 以上的充油设备必须有事故蓄油设施,储油坑应能容纳 100% 的油。

变配电站各间隔的门应向外开启,门的两面都有配电装置时,应两边开启。门应为非燃烧体或难燃烧体材料制作的实体门。长度超过 7 m 的高压配电室和长度超过 10 m 的低压配电室至少应有两个门。

3. 间距、屏护和隔离

变配电站各部间距和屏护应符合专业标准的要求。室外变、配电装置与建筑物应保持规定的防火间距。室内充油设备油量 60 kg 以下者允许安装在两侧有隔板的间隔内,油量 60～600 kg 者须装在有防爆隔墙的间隔内,600 kg 以上者应安装在单独的间隔内。

4. 通道

变配电站室内各通道应符合要求。高压配电装置长度大于 6 m 时,通道应设两个出口;低压配电装置两个出口间的距离超过 15 m 时,应增加出口。

5. 通风

蓄电池室、变压器室、电力电容器室应有良好的通风。

6. 封堵

门窗及孔洞应设置网孔小于 10 mm×10 mm 的金属网,防止小动物钻入。通向变配电站的孔洞、沟道应予封堵。

7. 标志

变配电站的重要部位应设有"止步,高压危险!"等标志。

8. 联锁装置

断路器与隔离开关操动机构之间、电力电容器的开关与其放电负荷之间应装有可靠的联锁装置。

9. 电气设备正常运行

电流、电压、功率因数、油量、油色、温度指示应正常;连接点应无松动、过热迹象;门窗、围栏等辅助设施应完好;声音应正常,应无异常气味;瓷绝缘不得掉瓷、有裂纹和放电痕迹并保持清洁;充油设备不得漏油、渗油。

10. 安全用具和灭火器材

变配电站应备有绝缘杆、绝缘夹钳、绝缘靴、绝缘手套、绝缘垫、绝缘站台、各种标示牌、临时接地线、验电器、脚扣、安全带、梯子等各种安全用具。变配电站应配备可用于带电灭火的灭火器材。

11. 技术资料

变配电站应备有高压系统图、低压系统图、电缆布线图、二次回路接线图、设备使用说明书、试验记录、测量记录、检修记录、运行记录等技术资料。

12. 管理制度

变配电站应建立并执行各项行之有效的规章制度,如工作票制度、操作票制度、工作许可制度、工作监护制度、值班制度、巡视制度、检查制度、检修制度及防火责任制、岗位责任制等规章制度。

(二)主要变配电设备安全

除上述变配电站的一般安全要求外,变压器等设备尚需满足以下安全要求。

1. 电力变压器

电力变压器是变配电站的核心设备,按照绝缘结构分为油浸式变压器和干式变压器。

油浸式变压器所用油的闪点在 135～160 ℃,属于可燃液体。变压器内的固体绝缘衬垫、纸板、棉纱、布、木材等都属于可燃物质,其火灾危险性较大,而且有爆炸的危险。

1)变压器的安装

(1)变压器各部件及本体的固定必须牢固。

(2)电气连接必须良好,铝导体与变压器的连接应采用铜铝过渡接头。

(3)变压器的接地一般是其低压绕组中性点、外壳及其阀型避雷器三者共用的接地(见图 1-13)。接地必须良好,接地线上应有可断开的连接点。

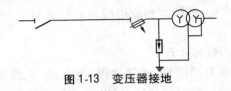

图 1-13　变压器接地

(4)变压器防爆管喷口前方不得有可燃物体。

(5)位于地下的变压器室的门、变压器室通向配电装置室的门、变压器室之间的门均应为防火门。

(6)居住建筑物内安装的油浸式变压器,单台容量不得超过 400 kV·A。

(7)10 kV 变压器壳体距门不应小于 1 m,距墙不应小于 0.8 m(装有操作开关时不应小于 1.2 m)。

(8)采用自然通风时,变压器室地面应高出室外地面 1.1 m。

(9)室外变压器容量不超过 315 kV·A 者可柱上安装,315 kV·A 以上都应在台上安装;一次引线和二次引线均应采用绝缘导线;柱上变压器底部距地面高度不应小于 2.5 m;裸导体距地面高度不应小于 3.5 m。变压器台高度一般不应低于 0.5 m,其围栏高度不应低于 1.7 m,变压器壳体距围栏不应小于 1 m,变压器操作面距围栏不应小于 2 m。

(10)变压器室的门和围栏上应有"止步,高压危险!"的明显标志。

2)变压器的运行

运行中变压器高压侧电压偏差不得超过额定值的 ±5%,低压最大不平衡电流不得超过额定电流的 25%。上层油温一般不应超过 85 ℃;冷却装置应保持正常,呼吸器内吸潮剂的颜色应为淡蓝色;通向气体继电器的阀门和散热器的阀门应在打开状态;防爆管的膜片应完整;变压器室的门窗、通风孔、百叶窗、防护网、照明灯应完好;室外变压器基础不得下沉,电杆应牢固,不得倾斜。

干式变压器的安装场所应有良好的通风,且空气相对湿度不得超过 70%。

2. 电力电容器

电力电容器是充油设备,安装、运行或操作不当即可能着火甚至发生爆炸,电容器的残留电荷还可能对人身安全构成直接威胁。

1)电容器的安装

(1)电容器所在环境温度一般不应超过 40 ℃,周围空气相对湿度不应大于 80%,海拔高度不应超过 1 000 m,周围不应有腐蚀性气体或蒸气,不应有大量灰尘或纤维,所安装环境应无易燃、易爆危险或强烈振动。

(2)总油量 300 kg 以上的高压电容器应安装在单独的防爆室内,总油量 300 kg 以下的高压电容器和低压电容器应视其油量的多少安装在有防爆墙的间隔内或有隔板的间隔内。

(3)电容器应避免阳光直射,受阳光直射的窗玻璃应涂以白色。

(4)电容器室应有良好的通风。电容器分层安装时应保证必要的通风条件。

(5)电容器外壳和钢架均应采取接地(或接零)措施。

(6)电容器应有合格的放电装置。

(7)高压电容器组总容量不超过 100 kvar 时,可用跌开式熔断器保护和控制;总容量 100 ~ 300 kvar 时,应采用负荷开关保护和控制;总容量 300 kvar 以上时,应采用真空断路器或其他断路器保护和控制;低压电容器组总容量不超过 100 kvar 时,可用交流接触器、刀开关、熔断器或刀熔开关保护和控制;总容量 100 kvar 以上时,应采用低压断路器保护和控制。

2)电容器运行

电容器运行中电流不应长时间超过电容器额定电流的 1.3 倍;电压不应长时间超过电容器额定电压的 1.1 倍;电容器外壳温度不得超过生产厂家的规定值(一般为 60 ℃或 65 ℃)。

电容器外壳不应有明显变形,不应有漏油痕迹。电容器的开关设备、保护电器和放电装置应保持完好。

3. 高压开关

高压开关主要包括高压断路器、高压隔离开关和高压负荷开关。高压开关用以完成电路的转换,有较大的危险性。

1) 高压断路器

高压断路器是高压开关设备中最重要、最复杂的开关设备。高压断路器有强力灭弧装置,既能在正常情况下接通和分断负荷电流,又能借助继电保护装置在故障情况下切断过载电流和短路电流。

断路器分断电路时,如电弧不能及时熄灭,不但断路器本身可能受到严重损坏,还可能迅速发展为弧光短路,导致更为严重的事故。

按照灭弧介质和灭弧方式,高压断路器可分为少油断路器、多油断路器、真空断路器、六氟化硫断路器、压缩空气断路器、固体产气断路器和磁吹断路器。

高压断路器必须与高压隔离开关串联使用,由断路器接通和分断电流,由隔离开关隔断电源。因此,切断电路时必须先拉开断路器,后拉开隔离开关;接通电路时必须先合上隔离开关,后合上断路器。为确保断路器与隔离开关之间的正确操作顺序,除严格执行操作制度外,10 kV 系统中常安装机械式或电磁式联锁装置。

2) 高压隔离开关

高压隔离开关简称刀闸。隔离开关没有专门的灭弧装置,不能用来接通和分断负荷电流,更不能用来切断短路电流。隔离开关主要用来隔断电源,以保证检修和倒闸操作的安全。

隔离开关安装应当牢固,电气连接应当紧密、接触良好,与铜、铝导体连接须采用铜铝过渡接头。

隔离开关不能带负荷操作。拉闸、合闸前应检查与之串联安装的断路器是否在分闸位置。

运行中的高压隔离开关连接部位温度不得超过 75 ℃,机构应保持灵活。

3) 高压负荷开关

高压负荷开关有比较简单的灭弧装置,用来接通和断开负荷电流。负荷开关必须与有高分断能力的高压熔断器配合使用,由熔断器切断短路电流。

高压负荷开关分断负荷电流时有强电弧产生,因此其前方不得有可燃物。

(三)电气线路安全

1. 架空线路

凡杆距超过 25 m,利用杆塔敷设的高、低压电力线路都属于架空线路。架空线路主要由导线、杆塔、横担、绝缘子、金具、基础及拉线组成。

架空线路木电杆梢径不应小于 150 mm,不得有腐朽、严重弯曲、劈裂等迹象,顶部应做成斜坡形,根部应做防腐处理。水泥电杆钢筋不得外露,杆身弯曲不超过杆长的 0.2%。

绝缘子的瓷件与铁件应结合紧密,铁件镀锌良好,瓷件瓷釉光滑,无裂纹、烧痕、气泡或瓷釉烧坏等缺陷。

拉线与电杆的夹角不宜小于 45°,如果受到地形限制时,亦不应小于 30°。拉线穿过公路时其高度不应小于 6 m,拉线绝缘子高度不应小于 2.5 m。

架空线路的导线与地面、工程设施、建筑物、树木、其他线路之间,以及同一线路的导线与导线之间均应保持足够的安全距离。

2. 电缆线路

电缆线路主要由电力电缆、终端接头、中间接头及支撑件组成。

电缆线路有电缆沟或电缆隧道敷设、直接埋入地下敷设、桥架敷设、支架敷设、钢索吊挂敷设等敷设方式。

三相四线系统应采用四芯电力电缆,不应采用三芯电缆另加一根单芯电缆或以导线、电缆金属护套作中性线。

电缆的最小弯曲半径应符合表 1-8 的要求,表中 D 为电缆外径。

电缆进入电缆沟、隧道、竖井、建筑物、盘(柜)处应予封堵。

电缆直接敷设不得应用非铠装电缆。直埋电缆在直线段每隔 50~100 m 处、电缆接头处、转弯处、进入建筑物等处应设置明显的标志或标桩。

表 1-8　电缆最小弯曲半径

电缆类型		多芯	单芯
控制电缆		10D	
橡皮绝缘电力电缆	无铅包或钢铠护套	10D	
	裸铅包护套	15D	
	钢铠护套	20D	
聚氯乙烯绝缘电力电缆		10D	
交联聚乙烯绝缘电力电缆		15D	20D

电力电缆的终端头和中间接头,应保证密封良好,防止受潮。电缆终端头、中间接头的外壳与电缆金属护套及铠装层均应良好接地。

(四)配电柜(箱)

配电柜(箱)分动力配电柜(箱)和照明配电柜(箱),是配电系统的末级设备。

1. 配电柜(箱)安装

(1)配电柜(箱)应用不可燃材料制作。

(2)触电危险性小的生产场所和办公室,可安装开启式的配电板。

(3)触电危险性大或作业环境较差的加工车间、铸造、锻造、热处理、锅炉房、木工房等场所,应安装封闭式箱柜。

(4)有导电性粉尘或产生易燃、易爆气体的危险作业场所,必须安装密闭式或防爆型的电气设施。

(5)配电柜(箱)各电气元件、仪表、开关和线路应排列整齐、安装牢固、操作方便,柜(箱)内应无积尘、积水和杂物。

(6)落地安装的柜(箱)底面应高出地面 50 ~ 100 mm,操作手柄中心高度一般为 1.2 ~ 1.5 m,柜(箱)前方 0.8 ~ 1.2 m 的范围内无障碍物。

(7)保护线连接可靠。

(8)柜(箱)以外不得有裸带电体外露,装设在柜(箱)外表面或配电板上的电气元件,必须有可靠的屏护。

2. 配电柜(箱)运行

配电柜(箱)内各电气元件及线路应接触良好、连接可靠,不得有严重发热、烧损现象。配电柜(箱)的门应完好,门锁应有专人保管。

(五)用电设备和低压电器

1. 电气设备触电防护分类

按照触电防护方式,电气设备分为以下4类:

(1)0类。这种设备仅仅依靠基本绝缘来防止触电。0类设备外壳上和内部的不带电导体上都没有接地端子。

(2)Ⅰ类。这种设备除依靠基本绝缘外,还有一个附加的安全措施。Ⅰ类设备外壳上没有接地端子,但内部有接地端子,自设备内引出带有保护插头的电源线。

(3)Ⅱ类。这种设备具有双重绝缘和加强绝缘的安全防护措施。

(4)Ⅲ类。这种设备依靠特低安全电压供电,以防止触电。

2. 电气设备外壳防护

电气设备的外壳防护包括:对固体异物进入壳内设备的防护,对人体触及内部危险部件的防护,对水进入内部的防护。

外壳防护等级按图1-14方法标志。

图1-14　外壳防护等级标志

不要求规定特征数字时,其位置由字母"X"代替(如果两个字母都省略,则用"XX"表示);附加字母和(或)补充字母可省略,不需代替;当使用一个以上的补充字母时,应按字母顺序排列。

3. 电动机

电动机把电能转变为机械能,分为直流电动机和交流电动机。交流电动机又分为同步电动机和异步电动机(即感应电动机),而异步电动机又分绕线型电动机和笼型电动机。电动机是工业企业最常用的用电设备。作为动力机,电动机具有结构简单、操作方便、效率高等优点。生产企业中,电动机消耗的电能占总能源消耗量的50%以上。

电动机的电压、电流、频率、温升等运行参数应符合要求,电压波动不得超过 -5% ~ +10% ,电压不平衡不得超过 5% ,电流不平衡不得超过 10% 。

任何情况下,电动机的绝缘电阻不得低于每伏工作电压 1 000 Ω。

电动机必须装设短路保护和接地故障保护,并根据需要装设过载保护、断相保护和低电压保护。熔断器熔体的额定电流应取为异步电动机额定电流的 1.5 ~ 2.5 倍。热继电器热元件的额定电流应取为电动机额定电流的 1 ~ 1.5 倍,其整定值应接近但不小于电动机的额定电流。

电动机应保持主体完整、零附件齐全、无损坏,并保持清洁。

除原始技术资料外,还应建立电动机运行记录、试验记录、检修记录等资料。

4. 手持电动工具和移动式电气设备

手持电动工具包括手电钻、手砂轮、冲击电钻、电锤、手电锯等工具。移动式电气设备包括蛙夯、振捣器、水磨石磨平机等。

1)触电危险性

手持电动工具和移动式电气设备是发生触电事故较多的用电设备。其主要原因如下:

(1)这些工具和设备是在人的紧握之下运行的,人与工具之间的接触电阻小,一旦工具带电,将有较大的电流通过人体,容易造成严重后果。同时,操作者一旦触电,由于肌肉收缩而难以摆脱带电体,也容易造成严重后果。

(2)这些工具和设备有很大的移动性,其电源线容易受拉、磨而损坏,电源线连接处容易脱落而使金属外壳带电,导致触电事故。

(3)这些工具和设备没有固定的工位,运行时振动大,而且可能在恶劣的条件下运行,本身容易损坏而使金属外壳带电,导致触电事故。

2)安全使用条件

(1)Ⅱ类、Ⅲ类设备没有保护接地或保护接零的要求;Ⅰ类设备必须采取保护接地或保护接零措施。设备的保护线应接保护干线。

（2）移动式电气设备的保护零线（或地线）不应单独敷设，而应当与电源线采取同样的防护措施，即采用带有保护芯线的橡皮套软线作为电源线。电源线不得有破损或龟裂，中间不得有接头。电源线与设备之间的防止拉脱的紧固装置应保持完好。设备的软电缆及其插头不得任意接长、拆除或调换。

（3）移动式电气设备的电源插座和插销应有专用的接零（地）插孔和插头。

（4）一般场所。手持电动工具应采用Ⅱ类设备。在潮湿环境或金属构架上等导电性能良好的作业场所，必须使用Ⅱ类或Ⅲ类设备。在锅炉内、金属容器内、管道内等狭窄的特别危险场所，应使用Ⅲ类设备，如果使用Ⅱ类设备，则必须装设额定漏电动作电流不大于 15 mA、动作时间不大于 0.1 s 的漏电保护器，并且Ⅲ类设备的隔离变压器、Ⅱ类设备的漏电保护器，Ⅱ、Ⅲ类设备控制箱和电源连接器等必须放在外面。

（5）使用Ⅰ类设备应配用绝缘手套、绝缘鞋、绝缘垫等安全用具。

（6）设备的电源开关不得失灵、不得破损并应安装牢固，接线不得松动，转动部分应灵活。

（7）绝缘电阻合格，带电部分与可触及导体之间的绝缘电阻Ⅰ类设备不低于 2 MΩ，Ⅱ类设备不低于 7 MΩ。

5. 电焊设备

手工电弧焊应用很广，其危险因素也比较多。其主要安全要求如下：

（1）电弧熄灭时焊钳电压较高，为了防止触电及其他事故，电焊工人应当戴帆布手套、穿胶底鞋。在金属容器中工作时，还应戴上头盔、护肘等防护用品。电焊工人的防护用品还应能防止烧伤和射线伤害。

（2）在高度触电危险环境中进行电焊时，可以安装空载自停装置。

（3）固定使用的弧焊机的电源线与普通配电线路的要求一样，移动使用的弧焊机的电源线应按临时线处理。弧焊机的二次线路最好采用两条绝缘线。

（4）弧焊机的电源线上应装设隔离电器、主开关和短路保护电器。

（5）电焊机外露导电部分应采取保护接零（或接地）措施。为了防止高压窜入低压造成的危险和危害，交流弧焊机二次侧应当接零（或接地）。但必须注意二次侧接焊钳的一端是不允许接零或接地的，二次侧的另一条线也只能一点接零（或接地），以防止部分焊接电流经其他导体构成回路。

（6）弧焊机一次绝缘电阻不应低于 1 MΩ，二次绝缘电阻不应低于 0.5 MΩ。弧焊机应安装在干燥、通风良好处，不应安装在易燃易爆环境、有腐蚀性气体的环境、有严重尘垢的环境或剧烈振动的环境。室外使用的弧焊机应采取防雨、雪措施，工作地点下方有可燃物品时应采取适当的安全措施。

（7）移动焊机时必须停电。

6. 低压控制电器

低压控制电器主要用来接通、断开线路和控制电气设备，包括刀开关、低压断路器、减压启动器、电磁启动器等。

1）控制电器一般安全要求

（1）电压、电流、断流容量、操作频率、温升等运行参数符合要求。

（2）结构形式与使用的环境条件相适应。

（3）灭弧装置（包括灭弧罩、灭弧触头、灭弧用绝缘板）完好。

（4）触头接触表面光洁、接触紧密并有足够的接触压力，各极触头应当同时动作。

（5）防护完善，门（或盖）上的联锁装置可靠，外壳、手柄、漆层无变形和损伤。

（6）安装合理、牢固，操作方便，且能防止自行合闸。一般情况下，电源线应接在固定触头上。

（7）正常时不带电的金属部分接地（或接零）良好。

（8）绝缘电阻符合要求。

2）刀开关

刀开关是手动开关，包括胶盖刀开关、石板刀开关、铁壳开关、转扳开关、组合开关等。

刀开关没有或只有极为简单的灭弧装置，不能切断短路电流。因此,刀开关下方应装有熔体或熔断器。对于容量较大的线路,刀开关须与有切断短路电流能力的其他开关串联使用。

用刀开关操作异步电动机及其他有冲击电流的动力负荷时,刀开关的额定电流应大于负荷电流的 3 倍,并应该在刀开关上方另装一组熔断器。刀开关所配用熔断器和熔体的额定电流不得大于开关的额定电流。

3)低压断路器

低压断路器是具有很强的灭弧能力的低压开关。低压断路器的合闸、分闸可由人工操作,也可在故障情况下自动分闸。

低压断路器瞬间动作过电流脱扣器用于短路保护,其动作电流的调整范围多为额定电流的 4 ~ 10 倍。其整定电流应大于线路上可能出现的峰值电流,并应为线路末端单相短路电流的 2/3。长延时动作过电流脱扣器应按照线路计算负荷电流或电动机额定电流整定,用于过载保护。

运行中的低压断路器的机构应保持灵活,各部分应保持干净。触头磨损超过原来厚度的 1/3 时,应予更换。应定期检查各脱扣器的整定值。

4)接触器

接触器是电磁启动器的核心元件。

接触器的额定电流应按电动机的额定电流和工作状态来选择。接触器的额定电流应选为电动机额定电流的 1.3 ~ 2 倍。工作繁重者应取较大的倍数。

接触器在运行中应注意以下问题:

(1)工作电流不应超过额定电流,温度不得过高,分合指示应与接触器的实际状态相符,连接和安装应牢固,机构应灵活,接地或接零应良好,接触器运行环境应无有害因素。

(2)触头应接触良好、紧密,不得过热;主触头和辅助触头不得有变形和烧伤痕迹;触头应有足够的压力和开距;主触头同时性应良好;灭弧罩不得松动、缺损。

(3)声音不得过大,铁芯应吸合良好,短路环不应脱落或损坏,铁芯固定螺栓不得松动,吸引线圈不得过热,绝缘电阻必须合格。

7. 低压保护电器

低压保护电器主要用来获取、转换和传递信号,并通过其他电器对电路实现控制。熔断器和热继电器属于最常见的低压保护电器。

1)熔断器

熔断器有管式熔断器、插式熔断器、螺塞式熔断器等多种形式。管式熔断器有两种:一种是纤维材料管,由纤维材料分解大量气体灭弧;一种是陶瓷管,管内填充石英砂,由石英砂冷却和熄灭电弧。管式熔断器和螺塞式熔断器都是封闭式结构,电弧不容易与外界接触,适用范围较广。管式熔断器多用于大容量的线路,螺塞式熔断器和插式熔断器用于中、小容量线路。

熔断器熔体的热容量很小,动作很快,宜于用作短路保护元件。在照明线路及其他没有冲击载荷的线路中,熔断器也可用作过载保护元件。

熔断器的防护形式应满足生产环境的要求,其额定电压符合线路电压,其额定电流满足安全条件和工作条件的要求,其极限分断电流大于线路上可能出现的最大故障电流。

对于单台笼型电动机,熔体额定电流按下式选取:

$$I_{FU} = (1.5 \sim 2.5)I_N \tag{1-3}$$

式中:I_{FU} 为熔体额定电流,A;I_N 为电动机额定电流,A。

对于没有冲击负荷的线路,熔体额定电流可按下式选取:

$$I_{FU} = (0.85 \sim 1)I_w \tag{1-4}$$

式中:I_w 为线路导线许用电流,A。

同一熔断器可以配用几种不同规格的熔体,但熔体的额定电流不得超过熔断器的额定电流。熔断器各接触部位应接触良好。有爆炸危险的环境不得装设电弧可能与周围介质接触的熔断器,一般环境也必须考虑防止电弧飞出的措施。不得轻易改变熔体的规格,不得使用不明规格的熔体。

2)热继电器

热继电器也是利用电流的热效应制成的。它主要由热元件、双金属片、控制触头等组成。热继电器的热容量较大,动作不快,只用于过载保护。

热元件的额定电流原则上按电动机的额定电流选取。对于过载能力较低的电动机,如果启动条件允许,可按其额定电流的 60% ~80% 选取;对于工作繁重的电动机,可按其额定电流的 110% ~125% 选取;对于照明线路,可按负荷电流的 0.85 ~1 倍选取。

第四节　机械电气防火防爆技术

火灾和爆炸往往造成重大的人员伤亡和巨大的经济损失。机电装置,特别是电气装置起火成灾的事例很多见。电气原因造成火灾事故仅次于一般明火造成的火灾事故,居第二位。

一、电气引燃源

1. 危险温度

电气设备正常运行时发热和温度都限制在一定的范围内,但在异常情况下可能产生危险温度。

1)产生危险温度的原因

(1)短路。发生短路时,电流增大为正常时的数倍乃至数十倍,而产生的热量又与电流的平方成正比,使得温度急剧上升,产生危险温度。雷电放电电流极大,有类似短路电流但比短路电流更为强烈的热效应,也可产生危险温度。

(2)接触不良。不可拆卸的接点连接不牢、焊接不良或接头处夹有杂物,可拆卸的接头连接不紧密或由于振动而松动,可开闭的触头没有足够的接触压力或表面粗糙不平等,均可能增大接触电阻,产生危险温度。特别是不同种类金属连接处,由于它们的理化性能不同,连接将逐渐恶化,产生危险温度。

(3)严重过载。过载量太大或过载时间太长,可产生危险温度。

(4)铁芯过热。电气设备铁芯短路、线圈电压过高、通电后不能吸合,可产生危险温度。

（5）散热失效。电气设备散热油管堵塞、通风道堵塞、安装位置不当、环境温度过高或距离外界热源太近，使散热失效，可产生危险温度。

（6）接触及漏电。接地电流和集中在某一点的漏电电流，可引起局部发热，产生危险温度。

（7）机械故障。电动机、接触器被卡死，电流增加数倍，可产生危险温度。

（8）电压波动太大。电压过高，除使铁芯发热增加外，对于恒电阻负载，还会使电流增大，增加发热；电压过低，除使电磁铁吸合不牢或吸合不上外，对于恒功率负载，还会使电流增大，增加发热。两种情况都可产生危险温度。

2）电热器具和照明灯具的危险温度

电炉、电烘箱、电熨斗、电烙铁、电褥子等电热器具和照明器具的工作温度较高。电炉电阻丝的工作温度达 800 ℃，电熨斗和电烙铁的工作温度达 500 ~ 600 ℃，100 W 白炽灯泡表面温度达 170 ~ 220 ℃，1 000 W 卤钨灯表面温度达 500 ~ 800 ℃。上述发热部件紧贴可燃物或离可燃物太近，即可能引起火灾。

白炽灯泡灯丝温度高达 2 000 ~ 3 000 ℃，当灯泡爆碎时，炽热的钨丝落到可燃物上，也会引起燃烧。

灯座内接触不良会造成过热，日光灯镇流器散热不良也会造成过热，都可能引燃成灾。

2. 电火花和电弧

电火花是电极间的击穿放电，大量电火花汇集起来即构成电弧，电弧温度高达 8 000 ℃。电火花和电弧不仅能引起可燃物燃烧，还能使金属熔化、飞溅，构成二次引燃源。

电火花分为工作火花和事故火花。工作火花指电气设备正常工作或正常操作过程中产生的电火花。例如，刀开关、断路器、接触器、控制器接通和断开线路时会产生电火花；插销拔出或插入时产生的火花；直流电动机的电刷与换向器的滑动接触处、绕线式异步电动机的电刷与滑环的滑动接触处也会产生电火花，等等。

事故火花是线路或设备发生故障时出现的电火花，包括短路、漏电、松动、接地、断线、分离时形成的电火花及变压器、多油断路器等高压电气设备绝缘表面发生的闪络等。事故火花还包括由外部原因产生的雷电火花、静电火花、电磁感应火花等。

二、危险物质和危险环境

（一）危险物质

爆炸危险物质分为以下 3 类：

Ⅰ类：矿井甲烷；

Ⅱ类：爆炸性气体、蒸气、薄雾；

Ⅲ类：爆炸性粉尘、纤维。

爆炸性气体、蒸气、薄雾按引燃温度分为 6 组，见表 1-9；爆炸性粉尘、纤维按引燃温度分为 3 组，见表 1-10。

表 1-9　爆炸性气体、蒸气、薄雾按引燃温度分组

组别	T1	T2	T3	T4	T5	T6
引燃温度（℃）	$T > 450$	$450 \geqslant T > 300$	$300 \geqslant T > 200$	$200 \geqslant T > 135$	$135 \geqslant T > 100$	$100 \geqslant T > 85$

表 1-10　爆炸性粉尘、纤维按引燃温度分组

组别	T11	T12	T13
引燃温度（℃）	$T > 270$	$270 \geqslant T > 200$	$200 \geqslant T > 140$

爆炸性气体、蒸气按最小点燃电流比和最大试验安全间隙分为ⅡA 级、ⅡB 级、ⅡC 级。爆炸性粉尘、纤维按其导电性和爆炸性分为ⅢA 级和ⅢB 级。

（二）危险环境

1. 气体、蒸气爆炸危险环境

（1）0 区是指正常运行时连续出现、长时间出现、短时间频繁出现的爆炸性气体、蒸气或薄雾的区域。除了装有危险物质的封闭空间（如密闭的容器、储油罐等内部气体空间）外，很少存在 0 区。

（2）1 区是指正常运行时可能出现（预计周期性出现或偶然出现）的爆炸性气体、蒸气或薄雾的区域。

（3）2 区是指正常运行时不出现，即使出现也只可能是短时间偶然出现的爆炸性气体、蒸气或薄雾的区域。

2. 粉尘、纤维爆炸危险环境

（1）10 区是指正常运行时连续或长时间或短时间频繁出现爆炸性粉尘、纤维的区域。

（2）11 区是指正常运行时不出现，仅在不正常运行时短时间偶然出现爆炸性粉尘、纤维的区域。

3. 火灾危险环境

火灾危险环境分为 21 区、22 区和 23 区，分别是有闪点高于环境温度的可燃液体、悬浮状或堆积状的可燃粉体、纤维和可燃固体存在，且在数量和配置上能引起火灾危险的环境。

三、防火防爆技术

(一)通用防火防爆技术

1. 限制形成爆炸性混合物

包括采取密闭作业、防止泄漏、防止可燃物堆积等措施。

2. 使用安全装置

包括成分控制装置、温度控制装置、阻火器、水封、安全阀、逆止阀、压力表、紧急停车装置、监测装置、信号装置、报警装置等自动装置。

3. 消除点火源

包括控制各种引燃源的措施。

4. 惰化和稀释

包括用 N_2、CO_2 等代替空气，强化通风等措施。

5. 耐燃结构和抗爆结构

包括建筑的耐燃结构、容器和设备的抗爆结构。

6. 隔离和间距

包括防油堤、防爆墙等设施及保持防火、防爆间距。

7. 泄压

包括容器、厂房的泄压、泄爆设计。

（二）电气防爆

1. 防爆电气设备

（1）防爆电气设备类型。防爆型电气设备有隔爆型（标志 d）、增安型（标志 e）、充油型（标志 o）、充砂型（标志 q）、本质安全型（标志 ia,ib）、正压型（标志 p）、无火花型（标志 n）和特殊型（标志 s）设备。例如 dⅡBT4 是隔爆型、ⅡB 级、T4 组的防爆型电气设备。

（2）危险环境的电气设备选型。应根据电气设备安装环境的类型和等级、电气设备的种类选用防爆型电气设备。所选用的防爆电气设备的级别和组别不应低于该环境内爆炸性混合物的级别和组别，典型例子见表 1-11 ~ 表 1-13。

表 1-11　气体、蒸气危险环境电气设备选型

电气设备类别	爆炸危险环境区别											
	0 区	1 区					2 区					
	本质安全	本质安全	隔爆	正压	充压	增安	本质安全	隔爆	正压	充压	增安	无火花型
鼠笼型感应电动机			○	○		△	○	○	○			
开关、断路器			○					○				
熔断器			△									
控制开关及按钮	○	○	○				○	○			○	
操作箱、操作柜			○					○	○			
固定式灯			○					○			○	
移动式灯			△					○				

注：○表示适用，△表示尽量避免采用。

表 1-12 粉尘、纤维危险环境电气设备选型

电气设备类别		爆炸危险环境区别						
		10 区			11 区			
		尘密	正压	充油	尘密	正压	IP65	IP54
配电装置		○	○					
电动机	鼠笼型	○						○
	带电刷					○		
电器和仪表	固定安装	○	○	○			○	
	移动式	○	○				○	
	携带式	○					○	
照明灯具		○			○			

表 1-13 火灾危险环境电气设备选型

电气设备类别		火灾危险环境级别		
		21 区	22 区	23 区
电机	固定安装	IP44	IP54	IP21
	移动式和携带式	IP54		IP54
电器和仪表	固定安装	充油型、IP54、IP44	IP54	IP44
	移动式和携带式	IP54		IP44
照明灯具	固定安装	IP2X	IP5X	IP2X
	移动式和携带式			
配电装置		IP5X		
接线盒				

2. 防爆电气线路

在爆炸危险环境中，电气线路安装位置的选择、敷设方式的选择、导体材质的选择、连接方法的选择等均应根据环境的危险等级进行。

（1）位置选择。应当在爆炸危险性较小或距离释放源较远的位置敷设电气线路。

（2）敷设方式选择。爆炸危险环境中电气线路主要有防爆钢管配线和电缆配线。

（3）隔离密封。敷设电气线路的沟道以及保护管、电缆或钢管在穿过爆炸危险环境等级不同的区域之间的隔墙或楼板时，应采用非燃性材料严密堵塞。

（4）导线材料选择。爆炸危险环境危险等级1区的范围内，配电线路应采用铜芯导线或电缆。在有剧烈振动处应选用多股铜芯软线或多股铜芯电缆。煤矿井下不得采用铝芯电力电缆。

爆炸危险环境危险等级2区的范围内，电力线路应采用截面面积 $4\ mm^2$ 及以上的铝芯导线或电缆，照明线路可采用截面面积 $2.5\ mm^2$ 及以上的铝芯导线或电缆。

（5）允许载流量。1区、2区绝缘导线截面和电缆截面的选择，导体允许载流量不应小于熔断器熔体额定电流和断路器长延时过电流脱扣器整定电流的1.25倍。引向低压笼型感应电动机支线的允许载流量不应小于电动机额定电流的1.25倍。

（6）电气线路的连接。1区和2区的电气线路的中间接头必须在与该危险环境相适应的防爆型的接线盒或接头盒内部。1区宜采用隔爆型接线盒，2区可采用增安型接线盒。

2区的电气线路若选用铝芯电缆或导线时，必须有可靠的用铜铝过渡接头。

第二章　化工生产防火防爆

火灾爆炸事故是化工厂中最常见的和后果严重的事故之一,因此与火灾爆炸作斗争是化工安全生产的重要任务。为了保障人民生命和财产安全,每个化工工人必须了解和掌握防火防爆的基本知识和措施,防止火灾爆炸事故的发生。本章主要叙述物质的燃烧、爆炸、火灾爆炸危险性分类等基本知识,以及防火防爆基本措施。

第一节　物质的燃烧

一、燃烧及燃烧条件

(一)燃烧

物质发生强烈的氧化反应,同时发出热和光的现象称为燃烧。它具有发光、放热、生成新物质三个特征,如氧－乙炔焰,乙炔与氧发生化学反应生成二氧化碳和水蒸气,反应过程中发光并放热,称为燃烧。电灯照明时虽然发出热和光,但没有发生生成新物质的化学反应,就不能称为燃烧。同样,某些化学反应虽然能生成新物质,并放出热量,如果没有发光现象,也不能称为燃烧。

除可燃物和氧化合反应外,某些物质与氯、硫的蒸气等所起的反应也属于燃烧,如灼热的铁丝能在氯气中燃烧放出光亮火焰。但是,最常见、最普遍的燃烧现象是可燃物在空气或氧气中的燃烧。

(二)燃烧条件

燃烧必须同时具备以下三个条件:

(1)可燃物。凡能与空气中的氧或氧化剂起剧烈反应的物质,均称为可燃物。可燃物包括可燃固体,如煤、木材、纸张、棉花等;可燃液体,如汽油、酒精、甲醇等;可燃气体,如氢气、一氧化碳、液化石油气等。

物质的可燃性是随着条件的变化而变化的。木刨花比整块的原木容易燃烧,木粉甚至能爆炸;大块的铝、镁可看作是不燃的,可是铝粉、镁粉不但能自燃,而且可能爆炸;烧红的铁丝在空气中是不燃的,但在纯氧或氯气中能燃烧;甘油在常温下是不容易着火的,但遇高锰酸钾则剧烈燃烧。

(2)助燃物。凡能帮助和维持燃烧的物质,均称为助燃物。常见的助燃物是空气和氧气以及氯气和氯酸钾等氧化剂。空气的助燃性能是随着含氧量高低而变化的。当空气中的含氧量增高时,一些在空气中较难引燃的可燃物则变得很易燃烧;在纯氧的条件下,可燃物的燃烧会变得非常猛烈。

例如某化肥厂空分车间氧气泄漏出来,刚巧一工人划火柴吸烟(注意空分车间是不允许吸烟的),火柴急剧燃烧,他急忙丢在地上用脚去踩,结果鞋和衣服都烧着了,最后把人活活烧死。

(3)着火源。凡能引起可燃物质燃烧的能源,统称着火源。

着火源主要有以下几种:

明火 如明火炉灶、焊接与切割、煤气炉(灯)、喷灯、酒精灯等开放性火焰及烟头火等。

火花和电弧 火花包括焊接与切割火花、烟囱飞火、汽车排气喷火、电气火花、静电火花、撞击火花等,电弧也是主要的点火源之一。

危险温度 一般指80 ℃以上的温度,如电炉、烙铁、熔融金属、热沥青、砂浴、白炽灯、油浴、高压蒸汽管道及裸露表面等炽热物体产生的温度。

化学反应热 化合(特别是氧化)、分解、硝化和聚合等化学反应放出的热量。

此外,热辐射、绝热压缩等也都可能引起可燃物的燃烧。

要发生燃烧,不仅必须同时具备可燃物、助燃物和着火源(俗称燃烧三要素)三个基本条件,而且每一个条件要有一定的量,相互作用,燃烧才能发生。氧在空气中的体积约占21%,为了使可燃物质完全燃烧,必须要有充足的空气,如燃烧1 kg木材需要4~5 m³空气;燃烧

1 kg石油需要 10 ~ 12 m³ 空气。若燃烧时源源不断地供给空气,燃烧就会很完全;如果空气供应不足,燃烧就不完全;当空气中氧的浓度低于14%时,燃着的木材就会熄灭。不同的可燃物引燃的能量是不相同的,在通常的温度下,一个小火花可以使乙醚燃烧,但不能使木材燃烧;一根火柴能点燃细木梗和木刨花,但难以点燃坚实的大木块,这是因为引起木块燃烧所需要的热量比木刨花大得多,而一根火柴的热量难以把大木块加热到燃烧温度。

可燃物质在空气中的燃烧实际上是在气相中进行的。可燃气体和易挥发液体在常温下已处于燃烧准备状态,一般来说较小的能量就能引燃;难挥发液体需要较多的热量才能分解出可燃性气体,而固体物质一般要经过熔化、蒸发或分解过程,需要一定的能量才能引燃,也就是不同的可燃物析出气态物质难易程度是不同的,因而引燃所需的能量也是不相同的。

二、燃烧类型

(一)闪燃

可燃液体的蒸气与空气混合后,遇到明火而引起瞬间燃烧,称为闪燃。液体能发生闪燃的最低温度,称为该液体的闪点。可燃液体的闪点越低,越易着火,火灾危险性越大。

某些可燃液体的闪点见表 2-1。

表 2-1　某些可燃液体的闪点

液体名称	闪点(℃)	液体名称	闪点(℃)	液体名称	闪点(℃)	液体名称	闪点(℃)
戊烷	< -40	乙酸丁酯	22	丁醇	29	氯苯	28
己烷	-21.7	丙酮	-19	乙酸	40	二氯苯	66
庚烷	-4	乙醚	-45	乙酸酐	49	二硫化碳	-30
甲醇	11	苯	-11.1	甲酸甲酯	< -20	氰化氢	-17.8
乙醇	11.1	甲苯	4.4	乙酸甲酯	-10	汽油	-42.8
丙醇	15	二甲苯	30	乙酸乙酯	-4.4	石油醚	< -18

（二）着火

可燃物质在有足够助燃物的情况下，由着火源作用引起的持续燃烧现象，称为着火。使可燃物质发生持续燃烧的最低温度，称为燃点。燃点越低，越容易着火。某些可燃物质的燃点见表2-2。

表2-2　某些可燃物质的燃点

物质名称	燃点（℃）	物质名称	燃点（℃）
赤磷	160	聚乙烯	400
石蜡	158～195	聚苯乙烯	400
硝酸纤维	180	吡啶	482
硫黄	255	有机玻璃	260
聚丙烯	270	松香	216
醋酸纤维	320	樟脑	70

液体的闪点低于它的燃点，两者的差与闪点高低有关。闪点高，差值大；闪点低，差值小。

（三）受热自燃

可燃物质被加热到一定的温度，即使不与明火接触也能自行着火燃烧的现象，称为受热自燃。可燃物无明火作用而能自行着火的最低温度，称为自燃点。

在化工生产中，由于可燃物靠近蒸汽管道，加热或烘烤过度，化学反应的局部过热，在密闭容器中加热温度高于自燃点的可燃物一旦泄漏，均可发生可燃物质自燃。某些可燃物质的自燃点见表2-3。

（四）本身自燃

某些物质在没有外来热源的作用下，由于物质内部发生的化学、物理和生物化学作用而产生热量，逐渐积聚使物质发生燃烧的现象，称为本身自燃或自热自燃。如：黄磷在空气中自燃；长期堆放的煤堆、湿木屑堆、湿稻草堆等由于生物作用而自燃；浸有植物油或动物油的纤维如油棉纱等堆积起来，由于油脂的氧化和聚合作用发热，散热不良就可能引起自燃。燃烧的几种类型见图2-1。

表 2-3　某些可燃物质的自燃点

物质名称	自燃点(℃)	物质名称	自燃点(℃)
二硫化碳	102	萘	540
乙醚	170	汽油	280
甲醇	455	煤油	380 ~ 425
乙醇	422	重油	380 ~ 420
丙醇	405	原油	380 ~ 530
丁醇	340	乌洛托品	685
乙酸	485	甲烷	537
乙酸酐	315	乙烷	515
乙酸甲酯	475	丙烷	466
乙酸戊酯	375	丁烷	365
丙酮	537	水煤气	550 ~ 600
甲胺	430	天然气	550 ~ 650
苯	555	一氧化碳	605
甲苯	535	硫化氢	260
乙苯	430	焦炉气	640
二甲苯	465	氨	630
氯苯	590	半水煤气	700

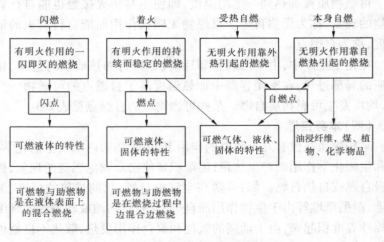

图 2-1　燃烧类型概略图

第二节 爆 炸

一、爆炸及其分类

(一)爆炸

物质由一种状态迅速地转变成另一种状态,并在瞬间以机械功的形式放出大量能量的现象,称为爆炸。爆炸时由于压力急剧上升而对周围物体产生破坏作用,爆炸的特点是具有破坏力、产生爆炸声和冲击波。

(二)爆炸的分类

常见的爆炸可分为物理性爆炸和化学性爆炸两类。

1. 物理性爆炸

由物理因素(如状态、温度、压力等)变化而引起的爆炸现象称为物理性爆炸。物理性爆炸前后物质的性质和化学成分均不改变。如蒸汽锅炉或压力容器超压爆炸;水遇高温载热体,急剧汽化而引起的爆炸;液化气体钢瓶因充装过量而引起的爆炸;常压容器由于放空管中一部分被堵塞,造成进气大于出气,使压力升高而引起的爆炸;压力容器因腐蚀使容器强度下降而引起的爆炸等,均属物理性爆炸。这些将在第四章"压力容器安全"中介绍。

2. 化学性爆炸

由于物质发生激烈的化学反应,使压力急剧上升而引起的爆炸称为化学性爆炸。爆炸前后物质的性质和化学成分均发生了根本的变化。化学性爆炸按爆炸时所发生的化学变化可分为简单分解爆炸、复杂分解爆炸和爆炸性混合物爆炸。简单分解爆炸物引起的简单分解爆炸,并不发生燃烧反应,这类爆炸物大多是具有不稳定结构的化合物,如迭氮铅、乙炔铜、三氯化氮、重氮盐、酚铁盐等,这类爆炸物是最危险的,受轻微振动或受热即能引起爆炸。复杂分解物爆炸时伴随有燃烧反应,燃烧所需的氧由本身分解时供给,所有炸药均属此类。爆炸性混合物的爆炸过程与气体的燃烧过程相似,其主要区别在于燃烧的速度不同。燃烧反应的速度较慢,爆炸时的反应速度很快,可达每秒几百米、几千米。

二、爆炸性混合物及爆炸极限

(一)爆炸性混合物

可燃气体、蒸气、薄雾、粉尘或纤维状物质,按一定比例与空气形成的混合物,遇着火源能发生爆炸,这样的混合物称为爆炸性混合物。按爆炸性物质的状态,可分为气体(包括蒸气、薄雾)混合物和粉尘(包括纤维状物质)混合物两类。可燃性气体、蒸气、粉尘和空气的混合物是化工厂中最常见的爆炸性混合物。

在化工厂中,如有可燃性气体或液体蒸气从设备内泄漏到厂房中,或空气漏入有可燃气体、液体的设备内部,都可能形成气体爆炸性混合物,遇到着火源,往往会造成爆炸事故。

气体与固体物质之间的化学反应是在固体物质的表面上进行的。空气中所悬浮的粉尘具有很大的表面,化学活性和吸附能力比固体块大得多。因此,可燃物质的粉尘比原来的固体物质具有较低的自燃点,并且可在适当条件下发生爆炸。一些金属如铝、镁等,在成块状时并不能燃烧,但成粉状时却能爆炸。很多粉尘在研磨,混合、管道输送过程中还会产生静电,在放电时产生火花而成为爆炸的着火源,这就增加了粉尘混合物的爆炸危险性。

(二)爆炸极限

可燃性气体、蒸气或粉尘与空气组成的混合物,并不是在任何浓度下都会发生燃烧和爆炸的。

可燃性气体、蒸气(含薄雾)或粉尘(含纤维状物质)与空气形成的混合物,遇着火源即能发生爆炸的最低浓度,称为该气体、蒸气或粉尘的爆炸下限;同样,可燃性气体、蒸气或粉尘与空气形成的混合物遇着火源即能发生爆炸的最高浓度,称为爆炸上限。混合物浓度低于爆炸下限时,因含有过量的空气,空气的冷却作用阻止了火焰的传播;同样,混合物浓度高于爆炸上限时,空气量不足,火焰也不能传播。

气体混合物的爆炸极限一般是用可燃气体或蒸气在混合物中的体

积百分比来表示。某些气体和液体的爆炸极限见表2-4。

表2-4 某些气体和液体的爆炸极限

物质名称	爆炸极限（%）		物质名称	爆炸极限（%）	
	下限	上限		下限	上限
氢	4.0	75.6	丁醇	1.4	10.0
氨	15.0	28.0	甲烷	5.0	15.0
一氧化碳	12.5	74.0	乙烷	3.0	15.5
二硫化碳	1.0	60.0	丙烷	2.1	9.5
乙炔	1.5	82.0	丁烷	1.5	8.5
氰化氢	5.6	41.0	甲醛	7.0	73.0
乙烯	2.7	34.0	乙醚	1.7	48.0
苯	1.2	8.0	丙酮	2.5	13.0
甲苯	1.2	7.0	汽油	1.4	7.6
邻二甲苯	1.0	7.6	煤油	0.7	5.0
氯苯	1.3	11.0	乙酸	4.0	17.0
甲醇	5.5	36.0	乙酸乙酯	2.1	11.5
乙醇	3.5	19.0	乙酸丁酯	1.2	7.6
丙醇	2.1	13.5	硫化氢	4.3	45.0

　　粉尘爆炸性混合物的爆炸极限通常以每立方米混合气体中含若干克来表示。

　　粉尘混合物达到爆炸下限时,所含粉尘量已相当多,像云一样的形状存在,这样大的浓度通常只有在设备内部或在它的扬尘点附近才能达到。至于爆炸上限,因为太大,以致在大多数场合都不会达到,所以没有实际意义,例如糖粉的爆炸上限是 13.500 g/m^3。某些可燃性粉尘的爆炸特性见表2-5。

表 2-5　粉尘的爆炸特性

粉尘名称	爆炸下限 （g/m³）	自燃温度 （℃） （云状）	最小点燃 能量 （mJ）	最大爆炸 压力 （kgf/cm²）
铝(含油)	37~50	400	15	4.15
铁粉	153~204	439	20	2.53
镁	44~59	470	40	4.43
锌	212~284	530	900	0.89
炭黑	36~45	>690	35	3.1
硫黄	35	235	15	2.79
赤磷	48~64	360		
萘	28~38	575		
蒽	29~39	505		
松香	15	325	10	3.95
聚乙烯	26~35	410	30	5.63
聚苯乙烯	27~37	475	15	2.99
酚醛树脂	36~49	520	10	4.2
硬橡胶	36~49	360	30	4.01
有机玻璃粉	20	485	15	
烟煤	41~57	595	60	3.13

三、影响爆炸极限的因素

影响气体混合物爆炸极限的主要因素有:混合物的原始温度、原始压力、介质、着火源、容器的尺寸和材质等。

(一)原始温度

混合物的原始温度越高,则爆炸极限范围越大,即下限降低,上限升高。丙酮的爆炸极限与原始温度的关系如表 2-6 所示。

表2-6　丙酮的爆炸极限与原始温度

原始温度(℃)	下限(%)	上限(%)
0	4.2	8.0
50	4.0	9.8
100	3.2	10.0

(二)原始压力

混合物的原始压力对爆炸极限的影响比较复杂,一般压力增高,爆炸极限范围扩大;压力减小,爆炸极限范围缩小。

不同原始压力下甲烷的爆炸极限变化见表2-7。

表2-7　不同原始压力下甲烷的爆炸极限变化

原始压力(kgf/cm²)	下限(%)	上限(%)
1	5.6	14.3
10	5.9	17.2
50	5.4	29.4
125	5.7	45.7

从上面的数据可以看出,压力增大,上限的提高很显著,下限的变化却不显著,而且无规律。

(三)介质的影响

氯气中含氢、氢气中含氧都会增加爆炸的危险性。但如果爆炸性混合物中所含的惰性气体量增加,则爆炸极限的范围就会缩小,当惰性气体达到一定浓度时,混合物就不再爆炸,这是由于惰性气体加入混合物后,使可燃物分子与氧分子隔离,在它们之间形成不燃的"障碍物"。

(四)着火源

着火源的能量、热表面的面积、着火源与混合物的接触时间等,对爆炸极限均有影响。如甲烷对电压100 V、电流强度为1 A的电火花,无论在多大浓度下都不会爆炸。若电流强度为2 A,则爆炸极限为

5.9% ~ 13.6%,电流强度 3 A 时为 5.85% ~ 14.8%。各种爆炸性混合物都有一个最小的点燃能量(一般在接近反应的当量浓度时出现),某些物质的最小点燃能量见表 2-8。

表 2-8　某些物质的最小点燃能量

物质名称	浓度(%)	最小点燃能量(mJ)		物质名称	浓度(%)	最小点燃能量(mJ)	
		空气中	氧气中			空气中	氧气中
二硫化碳	6.52	0.015		丙烯	4.44	0.282	
氢	29.2	0.019	0.001 3	乙烷	6.0	0.31	0.031
乙炔	7.73	0.02	0.000 3	丙烷	4.02	0.31	
乙烯	6.52	0.096	0.001	乙醛	7.72	0.376	
环氧乙烷	7.72	0.105		丁烷	3.42	0.38	
甲基乙炔	4.97	0.152		四氢呋喃	3.67	0.54	
丁二烯	3.67	0.17		苯	2.71	0.55	
氧化丙烯	4.97	0.19		氨	21.8	0.77	
甲醇	12.24	0.215		丙酮	4.97	1.15	
甲烷	8.5	0.28		甲苯	2.27	2.50	

(五)容器的尺寸和材质

　　容器的尺寸和材质对物质的爆炸极限均有影响。容器、管子直径减小,则物质的爆炸极限范围缩小。当管径小到一定程度时,火焰便会熄灭。这是因为管径越小,则单位体积火焰所对应的冷却表面积越大,干式阻火器就是根据这种接触效应原理制成的。容器的材质对爆炸极限也有影响,例如氢和氟在玻璃容器中混合,甚至在液态空气的温度下于黑暗中也会发生爆炸;而在银制容器中,在常温下才能发生反应。

　　粉尘的爆炸下限也是不固定的,一般分散度越高、挥发物含量越大、火源越强、原始温度越高、湿度越低、灰分越少就越容易引起爆炸,粉尘爆炸的浓度范围也就越大。同一种物质的粉尘,颗粒越细,表面吸附的氧就越多,因而着火点就越低,爆炸下限也越小,越容易发生爆炸。

爆炸分类见图 2-2。

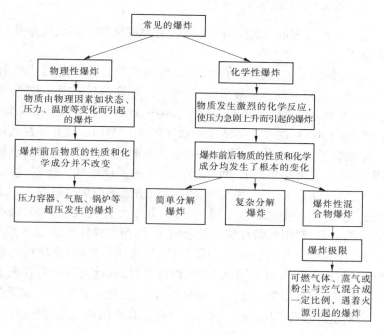

图 2-2 爆炸分类

第三节 防火防爆基本措施

防火防爆基本措施的着眼点应该放在限制和消除燃烧爆炸危险物、助燃物、着火源三者之间的相互作用上,防止燃烧"三要素"同时出现在一起,主要有着火源控制与消除、工艺过程的安全控制和限制火灾蔓延的措施等方面。不同的化工生产过程,其火灾爆炸危险程度是有差别的,为了使防火防爆措施更经济合理、可靠,切合生产实际情况,首先应该对生产过程的火灾爆炸危险性进行分类。

一、火灾爆炸危险性分类

化工生产过程的火灾爆炸危险性,主要可从物质的火灾爆炸危险性来分析。

另外,装置及工艺过程的火灾爆炸危险性与装置规模、工艺流程和工艺条件等也有关系。一般来说,对同一种危险物品来说,生产装置的规模大,火灾爆炸危险性也大。例如,年产 35 000 t 的顺丁橡胶装置,日产橡胶约 300 t,在装置中循环的油气高达 1 000 t。装置往往通过纵横交错的管道连成一体,一个部位发生火灾时,由于火焰高温或热辐射作用,就有可能引起邻近的可燃气体、液体的燃烧爆炸。所以,装置规模愈大,危险性愈大,一旦发生火灾爆炸所造成的损失也就愈大。工艺流程愈复杂,生产中物料所经过的物理、化学变化过程就愈多,副产物也就可能愈多,对工艺特性掌握就愈困难,因而危险性也增加。工艺条件苛刻,往往会增加火灾爆炸的危险性,如高压下操作,会使爆炸极限范围变宽;设备材料容易损坏,可燃物料泄漏的机会就增多;在压力下操作的生产系统,如果温度超过物料的自燃点,则一旦泄漏出来就会着火。有的生产过程,物料之间的配比就在爆炸极限的边缘,燃烧爆炸的危险性就更大了。

化工工人通过学习和了解化工生产过程的火灾爆炸危险性分类,可以群策群力帮助和督促企业领导落实有关安全技术措施,协助制定切实可行的安全规章制度和修订安全生产操作法,并自觉遵守这些规章制度,取得安全生产的主动权。目前,根据国家有关火灾爆炸危险性分类的规定,主要有生产的火灾危险性分类、爆炸和火灾危险场所分区分级以及工业建筑物和构筑物的防雷分类。

(一)生产的火灾危险性分类

生产的火灾危险性是按照在生产过程中使用或产生的物质的危险性进行分类的,生产的火灾危险性分为甲、乙、丙、丁、戊五类,以便在生产工艺、安全操作、建筑防火等方面区别对待,在采取必要的措施后,使火灾爆炸的危险性减到最小限度,并在一旦发生火灾时将灾害影响限制在最小的范围内。

（二）爆炸和火灾危险场所分区和爆炸性物质分级分组

1. 爆炸和火灾危险场所分区

根据爆炸性混合物出现的频度和持续时间,对爆炸危险场所进行区域等级划分,从而正确选择电气设备并对电气线路等采取防范措施,使爆炸性混合物和电气原因引起的着火源两者同时出现的机会减到最小程度。

爆炸危险场所按形成爆炸性混合物的物质状态,分为气体爆炸危险场所和粉尘爆炸危险场所两类。爆炸性气体、易燃或可燃液体的蒸气和薄雾与空气混合形成的爆炸性气体混合物的场所,按其危险程度的大小分为 0 区、1 区和 2 区三个区域等级;爆炸性粉尘和易燃纤维与空气混合形成的爆炸性混合物的场所,按其危险程度的大小分为 10 区和 11 区两个区域等级。

火灾危险场所根据火灾事故发生的可能性和后果,按危险程度及物质状态的不同分为 21 区、22 区和 23 区三个区域等级。

爆炸和火灾危险场所划分的具体内容见 CD90 A4—83 化工设计标准《化工企业爆炸和火灾危险场所电力设计技术规定》。

上述《化工企业爆炸和火灾危险场所电力设计技术规定》的使用与现行的《电力设计技术规范》爆炸、火灾危险场所电气装置篇中的规定有一个交替过程。《电力设计技术规范》将爆炸和火灾危险场所的等级,按其物质状态的不同和发生事故的可能性、危险程度,划分为气体爆炸性混合物场所、粉尘爆炸性混合物场所和火灾危险性场所三类。三类危险性场所又细分为八级,其中气体爆炸性混合物场所划分为 Q－1、Q－2、Q－3 三级;粉尘爆炸性混合物场所划分为 G－1、G－2 二级;而火灾危险性场所划分为 H－1、H－2、H－3 三级。上述三类八级的具体内容见《电力设计技术规范》爆炸、火灾危险场所电气装置篇。

在划分危险场所的区域等级时,应从危险物品的种类和数量、场所的空间范围、设备的配置、通风设施及爆炸性混合物持续时间和频繁程度等情况划定不同的区域等级。

2. 爆炸性物质的分级和分组

根据爆炸和火灾危险场所区域等级可确定选用防爆电气设备类

型,但单是选定类型是不够的,因为不同的爆炸性物质对电气设备防爆有不同的要求。为使所选用的防爆电气设备符合安全可靠、经济合理的原则,还应对爆炸性物质进行分级和分组。

为使防爆电气设备更好适应爆炸性物质的状态,首先把爆炸性物质分为三类:

Ⅰ类:矿井甲烷;

Ⅱ类:工厂爆炸性气体、蒸气、薄雾;

Ⅲ类:爆炸性粉尘、易燃纤维。

第Ⅰ类只有矿井甲烷一种,不需要进行分级,其组别按引燃温度确定;第Ⅱ类爆炸性气体(包括蒸气和薄雾)的分级,是在标准试验条件下,按其最大试验安全间隙和最小点燃电流比分为 A、B、C 三级,按点燃温度分为 T1、T2、T3、T4、T5、T6 六组;第Ⅲ类爆炸性粉尘(包括纤维和火药、炸药)按物理性质分为 A、B 两级,按点燃温度分为 T1 - 1,T1 - 2、T1 - 3 三组。

同样,在使用的交替过程中也应了解《电力设计技术规范》爆炸、火灾危险场所电气装置篇中的分级分组规定。在上述规定中,爆炸性混合物是按传爆能力分为 1、2、3、4 四级,这种分级适用于隔爆型电气设备;爆炸性混合物按最小点燃电流分为 Ⅰ、Ⅱ、Ⅲ 三级,这种分级适用于安全火花型电气设备;爆炸性混合物按自燃点的高低分为 a、b、c、d、e 五组。

(三)工业建筑物和构筑物的防雷分类

工业建筑物和构筑物按照生产性质与发生雷电事故的可能性和后果,分为第一类、第二类、第三类工业建筑物和构筑物。

二、着火源的控制与消除

在化工生产中,可能遇到的着火源有明火、火花和电弧、危险温度、化学反应热等,控制和消除这些着火源对于防止火灾爆炸是十分重要的,通常采用以下措施。

(一)严格管理明火

在化工生产中,大量的火灾爆炸事故是由明火引起的。为防止明火引起的火灾爆炸事故,生产和使用化学危险物品的企业,应根据规模大小和生产、使用过程中的火灾危险程度划定禁火区域,并设立明显禁火标志,严格管理火种。

1. 加热用火

加热易燃液体时,应尽可能避免采用明火而改用蒸气等加热。如果在高温反应或蒸馏操作中,必须使用明火或烟道气时,燃烧室应与设备分开建筑或隔离,封闭外露明火,并定期检查,防止泄漏。

装置中明火加热设备的布置,应远离可能泄漏易燃气体或蒸气的工艺设备和贮罐区,并应布置在散发易燃物料设备的侧风向。

2. 检修动火

检修动火主要指焊割、喷灯和熬炼用火等,应严加管理,建立动火审批制度。

3. 流动火花和飞火

包括电瓶车、汽车及其他机动车辆产生的火花、烟头火、烟囱飞火和穿着化纤衣服引起的静电火花等。电瓶车产生的火花激发能量是比较大的,因此在禁火区域,特别是易燃易爆车间和贮罐区等,都应当禁止电瓶车进入。在允许车辆进入的区域内,为了防止汽车、拖拉机排气管喷火引起的火灾,在排气管上必须装有火星熄灭器等安全措施。

化工企业要特别加强对吸烟的管理,在禁火区域和重要的资料室、档案室,应当禁止吸烟。由于烟头有随吸烟人流动的特点,带到其他化工生产地点,很易引起火灾爆炸事故,因此即使在批准动火的禁火地点,也要禁止吸烟。

为了防止烟飞火引起的火灾爆炸,炉膛内的燃烧要充分,烟囱要有足够的高度,必要时应装置火星熄灭器。在烟囱周围不能堆放可燃物品,也不准搭建易燃建筑物。

为避免化纤衣服产生静电火花引起火灾爆炸,在易燃易爆生产车间应禁止穿着不符静电安全要求的化纤工作服。

4. 其他火源

如高温表面、自燃引起的火灾等。为了防止易燃物料与高温的设备、管道表面相接触,可燃物的排放口应远离高温表面。高温表面的隔热保温层应当完好无损,并防止可燃物因泄漏、溢料、泼溅而积聚在保温层内。不准在高温管道和设备上烘烤衣服或放置易燃物品。

为了防止自燃物品引起的火灾,应将油抹布、油棉纱头等放入有盖的金属桶内,放置在安全地点,并及时处理。

(二)避免摩擦撞击产生火花和危险温度

机器的轴承等转动部分的摩擦,铁器的相互撞击或铁器工具打击混凝土地坪等,都可能产生火花或危险温度。避免摩擦撞击产生火花和危险温度的措施有:

(1)设备的轴承转动部分应保持良好的润滑,及时添油以保持一定的油位;安装时轴瓦间隙不能太小,轴瓦用有色金属,有利于消除火花;经常消除附着的可燃油垢。

(2)安装在易燃易爆厂房内的、易产生撞击火花的部件,如鼓风机上的叶轮,应采用铝合金,铍铜锡或铍镍合金;撞击工具用铍铜或镀铜的钢制成;不能使用特种金属制造的设备,应采用惰性气体保护或真空操作。

(3)为了防止铁器随物料进入设备内部发生撞击起火,可在粉碎机、提升机等设备前,安装磁铁分离器,以吸离混入物料中的铁器。当没有磁铁分离器时,易燃易爆危险物质如碳化钙的破碎,应采用惰性气体保护。

(4)搬运盛有可燃气体或易燃液体的铁桶、气瓶时要轻拿轻放,严禁抛掷,防止相互撞击。

(5)在易燃易爆场所,不准穿带铁钉的鞋子,以免与地面、设备摩擦撞击产生火花。

(三)消除电气火花和危险温度

电气火花和危险温度引起的火灾爆炸是仅次于明火的第二位原因,因此要根据爆炸和火灾危险场所的区域等级和爆炸性物质的性质,对车间内的电气动力设备、仪器仪表、照明装置和电气线路等,分别采用防爆、封闭、隔离等措施。

(1)防爆电气设备类型。为了适应化工生产防爆要求,防止电气设备经常出现的火花、电弧和危险温度,设计出结构和防爆性能不同的八种类型。

各种防爆电气设备类型标志如下：

隔爆型　　　　　d

增安型　　　　　e

本质安全型　　　ia;ib

正压型　　　　　p

充油型　　　　　o

充砂型　　　　　q

无火花型　　　　n

特殊型　　　　　s

防爆电气设备在标志中除了表示类型外，还标出适用的分级分组。防爆电气标志一般由三部分组成。第一部分表示设备防爆类型，用小写字母表示；第二部分表示所能适应爆炸性物质的类和级，用罗马数字和大写字母表示；第三部分表示所能适应的按自燃点确定的爆炸性物质的组别，用大写字母 T 和阿拉伯数字表示。例如 d II BT3 表示适用于 II 类（工厂用）B 级 T3 组气体爆炸性混合物的隔爆型电气设备；ia II AT5 表示适用于 II 类 A 级 T5 组气体爆炸性混合物的本质安全型电气设备。

（2）防爆电气设备选型。防爆电气设备的选型原则是安全可靠、经济合理。防爆电气设备在 0 级区域只准许选用 ia 级本质安全型设备和其他特别为 0 级区域设计的特殊型电气设备，气体爆炸危险场所防爆电气设备选型进行。

防爆电气设备类型选定后，所选用的防爆电气设备的级别和组别，不应低于该爆炸危险场所内爆炸性混合物的级别和组别，当存在有两种或两种以上爆炸性混合物时，应按危险程度较高的级别和组别选用。

（3）防止电气设备的危险温度。为了防止电气设备过热产生高温引起火灾爆炸事故，电气设备和线路除必须符合《电气装置安装工程施工及验收规范》外，在易燃、易爆场所严禁使用开放式电热设备、普通行灯和电钻等能产生电火花和危险温度的设备。同时，禁止用电热烘箱烘烤易燃、易爆物品。输送易燃、易爆物料的管道应与电气设备和线路保持一定的距离,以防止物料泄漏时喷到电气设备和电线上起火爆炸。

(四)导除静电

静电对化工生产的危害很大,但往往为人们所忽视,将在第六章"化工静电安全"中详细介绍。

(五)防止雷电火花

雷电是带有足够电荷的云块与云块或云块与大地间的静电的放电现象。雷电放电的特点是电压高,达几十万伏;时间短,仅几十微秒;电流大,可达几百千安。因而在雷电电流流过的地点,可使空气加热到极高温度,产生强大的压力波。化工企业往往由此而引起严重的火灾爆炸事故。因此,防雷保护也是化工生产防火防爆的重要内容。

(1)雷电分类。根据雷电的产生和危险特点的不同分为直击雷、静电感应雷和电磁感应雷、雷电波侵入三种。

(2)防雷措施的总要求。第一、二类工业建筑物和构筑物应有防直击雷、防雷电感应和防雷电波侵入的措施;第三类工业建筑物和构筑物应有防直击雷和防雷电波侵入的措施;不属于第一、二、三类的工业建筑物和构筑物,不装设防直击雷装置,但应采取防止雷电波沿低压架空线侵入的措施。

(3)防雷装置。完整的防雷装置应包括接闪器、引下线和接地装置三部分。

接闪器　又称受雷装置。常用的接闪器有避雷针、避雷线、避雷带、避雷网。

引下线　为接闪器与接地装置的连接线。一般由金属导体制成,常用的有扁钢、圆钢。

接地装置　是向大地泄放雷电流的装置,包括接地体和接地线两部分。

避雷器　是一种专门防雷装置,主要用作防止高电压侵入室内的安全措施,常用的有阀型避雷器和管型避雷器。

防雷装置要经常检查,引下线与各连接点要牢固可靠,雷雨季节前还要对接地电阻做一次检查,应符合规定的范围,防雷装置的接闪器与接地体之间如果有断开的地方,不仅失去防雷作用,而且会成为一个引雷装置,将会引起严重的雷击事故。

三、工艺过程的安全控制

(一)采用安全合理的工艺过程

1. 按物质的危险性采取相应的措施

首先在生产过程中,通过工艺改革以火灾爆炸危险性较小的物质代替危险性大的物质,以减少火灾爆炸的危险性。

其次要根据不同性质物质采取相应措施并贯彻执行安全操作规程。例如,对机械作用比较敏感的、有爆炸危险的,要采取轻拿轻放等措施;对于遇空气能自燃、遇水燃烧爆炸的物质,要采取隔绝空气、防水防潮或采取通风、散热、降温等措施;两种性质互相抵触的物质不能混存,避免在反应过程以外相遇;遇酸碱能分解爆炸的物质,要防止与酸碱接触;具有很强氧化能力的物质,要避免与油脂、有机物、硫黄等易燃、可燃物相遇;对易发生聚合的物质,必须添加阻聚剂,超过存放期要及时处理,以防阻聚剂失效引起爆聚而发生爆炸。

在生产工艺过程中,不仅要按照物质的不同性质采取相应措施,而且要注意废气、废渣、废水排放时可能由于性质抵触的物质相遇发生火灾爆炸事故。

2. 系统密闭及负压操作

易燃气体、液体蒸气和粉尘的生产设备、管道,如果有跑、冒、滴、漏,则很可能与空气混合形成爆炸性混合物,所以设备应尽可能密闭不漏;对于在负压下生产的设备,应防止吸入空气。为了保证设备的密闭性,在安装前后应进行耐压和气密性试验;输送易燃气体或液体的管道也应密闭不漏;管道连接,除检修所必需外,应尽量少用法兰。

负压操作可以防止系统中易燃气体向外逸散,但在负压操作中,特别是打开阀门时,要防止外界空气通过孔隙进入系统而形成爆炸性混合物。在打开阀门之前,采用惰性气体保护的方法,可以避免形成爆炸性混合物。

3. 生产过程的连续化和自动控制

生产过程的连续化不但可以提高劳动生产率,同时也简化了操作管理,便于实现自动控制,有利于安全生产。

随着自动化程度提高,系统的安全可靠性也将提高。但即使是自动控制,仍然需要操作人员发出指令,并要防止误操作。因此,对操作人员的责任心和应变能力提出更高的要求。

4. 惰性介质保护

化工生产中常用的惰性气体有氮、二氧化碳、水蒸气及烟道气。惰性气体作为保护性气体常用于以下几个方面:

(1)易燃固体物质的粉碎、筛选处理及其粉尘的输送。

(2)易燃、易爆物料管道、设备在进料前用惰性气体进行置换,以排除系统中原有的空气,防止形成爆炸性混合物。

(3)易燃液体不准用压缩空气压送,应采用惰性气体充压输送。

(4)在易燃、易爆物质的生产装置需要动火检修时,用惰性气体进行吹扫和置换。

(5)用于灭火的惰性气体,通过管线与有火灾爆炸危险的设备、贮罐等连接起来,一旦发生火灾时作为扑救之用。

此外,在有爆炸危险场所的电器、仪表,采用充氮正压保护,发生跑料事故时用惰性气体稀释。

5. 通风

通风是防止燃烧爆炸混合物形成的重要措施之一。采取通风措施时,如空气中有易燃、易爆气体,则不应循环使用。在有可燃气体的厂房内,排风设备和送风设备应有独立分开的通风机室。排除可燃气体和粉尘时,应避免排风系统和除尘系统产生火花。电气设备应符合防爆要求,以免引起火灾爆炸事故。同时,通风管道不宜穿过防火墙等防火分隔物,以免发生火灾时,火势顺着管道通过防火分隔物而蔓延。

此外,还要做好通风设备的维护保养工作。在冬季不要将百叶窗等堵死,妨碍自然通风,从而增加火灾爆炸危险性。

(二)化工操作中的工艺参数控制

化工生产操作过程中,正确控制各种工艺参数,防止超温、超压和溢料、跑料是防止火灾爆炸事故极其重要的方面。

1. 温度控制

化学反应速度与温度有密切关系，为防止温度过高或过低而发生事故，操作中应注意掌握以下几个方面：

（1）控制升温速度。升温速度过快，会引起剧烈反应而导致压力升高或冲料，引起易燃、易爆物质的燃烧爆炸，所以每一个反应的升温速度应该严格控制。

（2）防止加料温度过低。每一个化学反应均有一个适当的反应温度。加料时温度过低，加入的物料不起反应而累积起来，当温度提高后，会使反应突然加剧，反应产生的热量超过设备的传热能力，引起超温超压而发生事故。

（3）防止搅拌中断。搅拌可以加速传热和传质，使反应物料温度均匀，防止局部过热。反应时一般应先投入一种物料，再开动搅拌，然后按规定的投料速度投入另一种物料。如果先把两种反应物料投入反应锅内，再开动搅拌时，就有可能引起两种物料剧烈反应而造成超温超压。生产过程中如果由于停电、搅拌器脱落而造成搅拌中断时，应立即停止加料，并采取有效降温措施，降温后采用人工转动搅拌器或开数转后立即停止搅拌，同时观察温度上升情况，逐步恢复搅拌。对因搅拌中断可能引起事故的反应装置，除采用双路电源供电外，还要密切注意反应器内搅拌器运转情况，搅拌器上电动机的电流变化，以便及时发现异常情况，防止事故发生。

（4）防止干燥温度过高。某些易燃和易分解物如发泡剂 H、偶氮二异丁腈、过硫酸钾及重氮盐等是很不稳定的，干燥温度过高很易引起火灾爆炸。因此，要严格控制干燥温度，防止局部过热造成事故。某些对热敏感的物料，其生产设备的加热面要低于物料液面，以避免局部过热而分解，引起火灾爆炸。

（5）防止易燃、易爆物料渗入保温层。易燃、易爆物料，特别是硝基化合物、重氮化合物、酚盐类化合物等渗漏到保温层中，遇高温加热很易发生火灾爆炸。因此，一方面要加强管理杜绝溢料，另一方面在保温材料外面采用金属薄片包裹或喷以涂层密封，以防止易燃、易爆物料渗入保温层。

2. 投料控制

主要是控制投料速度、配比、顺序、原料纯度以及投料量。

(1)投料速度。对于放热反应,加料速度不能超过设备的传热能力。如果加料速度太快,将会引起温度猛升,使物料分解而造成事故,如果加料速度突然减小,反应温度降低,一部分反应物料因温度过低而不反应,升温后反应加剧,容易引起超温超压而发生事故,所以要严格控制投料速度。

(2)投料配比。对反应物料的浓度、体积或质量、流量等都要准确分析和计量。对连续化程度较高的、危险性较大的生产,在刚开车时要特别注意投料的配比,尤其是临近爆炸极限的配比,更应经常分析含量,并尽量减少开、停车次数。

投料配比不当,还会生成危险的过反应物。如三氯化磷的生产是将氯气通入黄磷,通氯过量则会生成极易分解的五氯化磷而造成爆炸事故,因此要严格按配比投料。

(3)投料顺序。化工生产必须按照一定的顺序投料。例如,氯化氢的合成,应先通氢后通氯;三氯化磷生产中,应先投磷后通氯,否则极易发生爆炸事故。

(4)控制原料纯度。许多化学反应,由于反应物料中含有过量杂质,以致引起燃烧爆炸。如用来产生乙炔的电石,其含磷不得超过0.08%,因为电石中的磷化钙遇水后生成易自燃的磷化氢,可能导致乙炔–空气混合物的爆炸。因此,对生产原料、中间产品及成品应有严格的质量检验制度,以保证原料纯度。

(5)控制投料量。投入化工反应设备或贮罐的物料都有一定的安全容积,带有搅拌器的反应设备要考虑搅拌开动的液面升高;贮罐、气瓶要考虑温度升高后液面或压力的升高。投料太多,如超过安全容积系数,往往会引起溢料或超压。

投料过少也可能发生事故。一种情况是投料量太少,温度计够不着液面,使温度出现假象,导致判断错误而引起事故;另一种是投料量太少,使加热设备的夹套或蛇管加热面暴露在气相中,黏附在气相加热面上的物料,经过浓缩、蒸干后发生分解,从而引起爆炸。因此,根据不同的设备容器,控制一定的投料量,也是化工操作中必须严格掌握的重要方面。

3. 防止跑料、溢料和冲料

化工生产中发生跑料、溢料主要是粗心大意和误操作造成的。如放料阀未关闭就进料,进料进满还未及时切断料源,都会造成跑料和溢料。一旦易燃液体大量跑料、溢料,很可能会引起火灾爆炸事故,所以进料前要对各种阀门仔细检查,放料阀门一定要关好,进料时要密切注意液面上升情况是否正常,并及时关闭进料阀门。

化工生产中的溢料和冲料,除了因反应中产生泡沫引起溢料,通过在搅拌轴上加装打泡器或加入消泡剂加以解决外,多数是投料速度太快或升温太猛而引起的。因此,严格根据操作规程进行投料和升温,是可以避免发生溢料和冲料事故的。

如果在化工生产中由于设备或操作等发生冲料事故,可燃气体和易燃液体蒸气扩散到空间,与空气混合可能形成爆炸性混合物,很易引起火灾爆炸。所以,化工操作工不但要学会正确控制各工艺参数,而且要有处理各种不正常情况的应变能力。

当发生易燃液体大量跑料、冲料时,首先要设法切断料源,及时汇报。在这同时要防止一切可能发生的火花,如立即停止邻近扩散区域内的明火作业;妥善地处置电气设备(对可燃物尚未扩散到的区域,先行切断电源以及在扩散区域内切断防爆电气设备电源是正确的,至于扩散区域内的非防爆电气设备,一般以保持原来状态为好,这样虽然存在危险,但比因切断电源时产生电火花引起爆炸的可能性小);制止一切机动车辆进入扩散区域;防止撞击、摩擦产生火花。

4. 紧急情况停车处理

当发生突然停电、停汽、停水的紧急情况时,装置就需要紧急停车处理。在自动化程度不高的情况下,紧急停车处理主要靠现场操作人员,所以要求操作人员必须沉着、冷静,正确判断和排除故障;要求调度人员在指挥时准确、果断。

(1)停电。如全部装置断电,应及时报告和联系,按调度指令或紧急停车安全规定进行处理。一般情况下,要立即停止加料,注意温度和压力变化,保持必要的物料流通,随时准备紧急排放。在处理紧急停车的同时要防止突然来电的可能,对紧急停车后不应立即启动的设备,其电源都要切断。

(2)停水。突然停水时要注意水压和各部位的温度变化,以水作冷却介质的反应要立即停止加料,密切注意反应温度和压力的变化,必要时采取紧急排放措施。对用水冷却的运转设备要注意设备温度,温度过高时要紧急停车。

(3)停汽。停汽后加热装置温度下降,应根据温度变化采取相应措施,以防止熔融的固体物料凝结堵塞在设备或管道中。及时关闭蒸汽与物料系统相连通的阀门,以防物料倒流入蒸汽系统。

总之,平时要加强反事故演习训练,努力掌握紧急处理的知识和本领,以保证系统的正确处理,防止事态扩大。

(三)安全保护装置

(1)信号报警。在化工生产中,信号报警装置可以在出现危险状态时警告操作者,便于及时采取措施消除隐患。发出的信号一般有声、光等,通常都与测量仪表相联系,当反应温度、压力、液位等超过正常值时,报警系统就会发出信号。

(2)保险装置。信号装置只能提醒人们注意已发生的不正常情况或故障,但不能自动地排除故障。而保险装置在发生危险状况时,则能自动地消除不正常状况。如锅炉、压力容器上装设的安全阀和爆破片;燃气锅炉在炉膛熄火时,自动切断气源装置和防止高压窜入低压的泄压排放,紧急切断和事故排放槽等安全装置。

(3)安全联锁。安全联锁是对操作顺序有特定安全要求、防止误操作的一种安全装置,有机械联锁和电气联锁装置。例如需要经常打开的带压反应器,开启前必须将器内压力排除,经常频繁操作容易造成疏忽,为此可将打开孔盖与排除器内压力的阀门进行联锁。

除上述外,还要经常保持生产场所的清洁、整齐,物料、工具等要放在规定的地方,保持扶梯、平台、通道的畅通无阻,以利紧急情况时的抢救和撤离。

四、限制火灾蔓延的措施

限制火灾蔓延也是防火防爆的主要措施。限制火灾蔓延首先要控制可燃物，尽可能减少生产车间内易燃易爆原料的存放量，一般以一天生产需要量为宜，工艺装置内也不宜大量储存各种可燃物料。为限制火灾蔓延和减少爆炸造成的损失，还要从工艺装置布局、建筑结构、防火分割、安全阻火装置和厂房防爆等方面采取措施。

（一）隔离、露天布置

合理布局是限制火灾蔓延和减少爆炸造成损失的重要措施。装置与装置、装置与贮罐、仓库以及生产区与生活区之间应留出一定的安全距离；为减小易燃气体积聚，宜将生产装置内的设备布置在露天、敞开式和半敞开式的建筑物或构筑物内，有火灾爆炸危险的甲、乙类生产的设备、建筑物和构筑物，宜布置在装置的边缘，其中有爆炸危险的设备、厂房必须采用防爆结构；明火设备的布置，应远离可能泄漏可燃气体、蒸气的工艺设备和贮罐等；在同一座厂房内有不同生产类别时，其中危险性大的部分宜用防火墙隔开。总之，要根据火灾危险性类别、生产特点和工艺流程，分区布置，做到安全合理，有利于防火灭火。

（二）阻火装置

阻火装置是防止外部火焰窜入有火灾爆炸危险的设备、容器、管道或阻止火焰在设备和管道间的蔓延，主要有阻火器、安全液封、阻火闸门等。

1. 阻火器

阻火器是利用管子直径或流通孔隙减小到某一程度，火焰就不能蔓延的原理制成的。常用在容易引起火灾爆炸的高热设备和输送可燃气体、易燃液体蒸气的管线之间，以及可燃气体、易燃液体的排气管上。阻火器有金属网、砾石和波纹金属片等形式。金属网和砾石阻火器的构造、安装如图2-3所示。

阻火器的内径大小和外壳长度是根据管道的直径决定的，阻火器内径一般取安装阻火器的管道直径的4倍。

金属网阻火器是由若干层具有一定孔径的金属网组成的。对一般

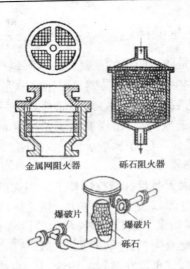

金属网阻火器　　砾石阻火器

爆破片

爆破片

砾石

图2-3　金属网及砾石阻火器安装图

有机溶剂采用每平方厘米 210 ~ 250 孔四层金属网已足够,但实际使用时常做成 10 ~ 12 层。

砾石阻火器内常填入 3 ~ 4 mm 砾石,也可充入小型瓷环填料,砾石阻火比金属网阻火效果好。

2. 安全液封

安全液封阻火的基本原理是由于液体封在进出气管之间,在液封两侧的任何一侧着火,火焰都将在液封处被熄灭,从而阻止火焰蔓延。安全液封一般装在压力低于 0.2 MPa(表压)的气体管线与生产设备之间,常用的安全液封有敞开式和封闭式两种。

水封井是安全液封的一种,设置在石油化工企业有可燃气体、易燃液体蒸气或油污的污水管网上,水封井的水封高度不宜小于 250 mm。

3. 阻火闸门

阻火闸门是为了防止火焰沿通风管道蔓延而设置的。跌落式自动阻火闸门在正常情况下,受易熔金属元件的控制而处于开启状态,一旦温度升高,易熔金属被熔断,闸门在本身重量作用下可自动跌落而关闭管道。通风管道内阻火闸门阻火器的安装方法见图2-4。

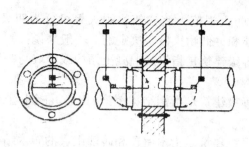

图2-4 通风管道内阻火闸门阻火器的安装方法

自控阻火阀门一般安装在岗位附近,便于控制。

4. 火星熄灭器

火星熄灭器也叫防火帽。根据其熄火的基本方法主要有以下几种:使带有火星的烟气由小容积进入大容积,造成压力降低、气流减慢从而使火星熄灭;将体积、质量大的火星颗粒沉降下来,而不从烟囱飞出;设置障碍、改变烟气流向、增加火星所走的路程,而使火星熄灭或沉降;设置网格或叶轮,将较大的火星挡住或将火星分散开,以加速火星的熄灭;用喷水或水蒸气使火星熄灭。

火星熄灭器一般安装在产生火星的设备排放部位,如邻近易燃易爆生产车间有飞火排出可能的烟囱、机动车辆的排气口等处。

此外,装在油罐和大型常压可燃物料贮罐顶部、起到贮罐内外压力平衡调节的贮罐呼吸阀,是保证贮罐安全的主要装置。但是从呼吸阀排出的大量易燃易爆混合气体,一旦遇到火种极易引起火灾爆炸。因此,必须在贮罐呼吸阀进出口安装阻火器,组成一套完整的贮罐安全装置。

散发有可燃气体或蒸气的甲、乙类生产厂房设置的管沟和电缆沟,应有防止可燃气体沉积和含有易燃可燃液体的污水流渗沟内的措施;进入变配电室、自控仪表室的管沟和电缆沟的入口以及穿墙孔洞,应予以填实密封。

（三）建筑耐火等级

耐火等级高低是按建筑物耐火程度大小来划分的。为了限制火灾蔓延和减少爆炸损失,化工生产厂房必须有一定的建筑耐火等级,根据

我国《建筑设计防火规范》,将建筑物耐火等级分为四级,它是由建筑构件的燃烧性能和最低耐火极限决定的。一般来说:

一级耐火等级建筑是指钢筋混凝土结构或砖墙与钢筋混凝土结构组成的混合结构。

二级耐火等级建筑是指钢结构屋架、钢筋混凝土柱或砖墙组成的混合结构。

三级耐火等级建筑是指木屋顶和砖墙组成的砖木结构。

四级耐火等级建筑是指木屋顶、难燃烧体墙壁组成的可燃结构。

厂房的建筑耐火等级是由生产的火灾危险性类别决定的。

(四)防火分隔

1. 防火分隔物

在建筑物内设置耐火极限较高的防火分隔物,能起到阻止火势蔓延的作用。防火分隔物主要有防火墙和防火门。易燃、可燃液体贮罐或贮罐组设置的防火堤也是防火分隔物。

防火墙是用以在平面上划分防火区段的结构。防火墙应直接砌筑在基础或钢筋混凝土框架梁上,不开门窗,或开门窗但必须有防火门窗封闭的且具有 4 h 以上的耐火极限。从防火墙的位置分为内墙防火墙、外墙防火墙和室外独立的防火墙三种。内墙防火墙是把房屋划分成防火单元的内墙,可以阻止火势在建筑物内部发展蔓延;外墙防火墙是在两幢建筑物间因防火间距不足而设置的无门窗外墙;室外独立的防火墙是因建筑物间防火间距不足而设置的独立墙,用以遮挡辐射热、火焰和冲击波的影响。

防火门通常用在防火墙上,防火门可分为非燃烧体防火门和难燃烧体防火门,其开启形式有悬吊在过梁上的闸板门、侧向水平的推拉门和安装铰链的平开门三种。

防火堤是防止易燃、可燃液体贮罐发生火灾时燃烧的液体向外流淌的防护措施。地上和半地下的易燃、可燃液体贮罐或贮罐组应设置防火堤。防火堤内的有效容积应为其中最大罐地上部分的容积。防火堤高度应比按有效容积计算的高度至少为 0.2 m,一般以 1~1.6 m 为宜。防火堤内侧基脚线至罐外壁的距离不应小于贮罐的半径。在贮罐组内必要时应设置分隔堤。

2. 防火间距

为了防止火灾向邻近建筑蔓延和减少爆炸所造成的损失,比较切实可行的办法就是设置防火间距。石油化工厂总平面布置的防火间距与邻近建筑设施的防火间距,不应小于 GB 50160—2008《石油化工企业设计防火规范》表 V－2 和表 V－13 的规定。

(五)厂房防爆

减少爆炸所造成损失的有效措施是泄压,使爆炸瞬间产生的压力,由建筑物的泄压设施向外排出,以保证建筑结构不会受到重大破坏。轻质屋顶、轻质墙体和易于脱落的门窗等均可作为泄压面积使用。根据实践经验,泄压面积和厂房容积之比采用 $0.05 \sim 0.10$ m^2/m^3,对一般的爆炸危险混合物的爆炸是适用的;但对爆炸威力较强的爆炸危险混合物的爆炸,泄压面积与厂房容积之比可采用 0.2 m^2/m^3;对丙酮、汽油、甲醇、乙炔、氢气,因其爆炸威力更大,爆炸下限较低,所以防爆泄压面积还应尽量超过 0.2 m^2/m^3。

轻质结构一般以每平方米小于 120 kg 为准,作为泄压面积的门窗一定要向外开。

防爆厂房的布局和结构要求:

(1)为了便于泄压,有爆炸危险的甲、乙类生产部位宜设在单层厂房靠外墙处或多层厂房最高层靠外墙处。

(2)厂房中危险性大的部位和危险性小的部位,应用防火墙隔开,利用外廊和阳台进行联系;在防火墙上必须开门时宜设置错开的门斗。

(3)生产和使用性质相同的爆炸性物质,应尽可能集中在一个区域,对性质不同的危险物质的生产应分开设置。

(4)具有爆炸危险的装置,不应设在地下室或半地下室内。

(5)有爆炸危险的甲、乙类生产厂房内,不应设置办公室、休息室等辅助房间。

(6)散发较空气重的可燃气体或易燃液体蒸气的甲类生产车间和有粉尘、纤维爆炸危险的乙类生产车间,宜采用不发火地面。不发火地面可采用橡胶、塑料、菱苦土、木地板、橡胶掺石墨和沥青混凝土等材料。

(7) 有可能积聚可燃粉尘、可燃纤维车间的内表面,应进行粉刷或油漆处理,做成容易清扫且不易积灰的内表面。

总之,只要人人重视和做好防火防爆工作,化工生产中的火灾爆炸事故是完全可以避免的。

思考题

1. 物质燃烧必须具备哪些条件?

2. 燃烧的类型有几种? 各有什么特点?

3. 什么叫爆炸性混合物? 影响爆炸极限的因素有哪些?

4. 你所在的车间或工段按生产的火灾危险性分类应属于哪一类?

5. 反应温度的高低、投料速度的快慢、投料顺序的先后以及投料量的多少,如不按工艺技术规程操作将产生什么后果并说明理由。

6. 易燃易爆物料外泄(冲料、跑料等)时应该如何处理?

7. 突然停电时应当怎样处理?

8. 限制火灾蔓延有哪些措施?

第三章 化工火灾扑救常识

为了更好地与火灾作斗争,国家为消防工作制定了"预防为主,防消结合"的正确方针。每一个化工企业的职工,必须掌握化工火灾扑救基本知识,以便及时有效扑灭各种火灾。本章将简要叙述灭火基本方法,各种灭火剂的性质、灭火原理、适用范围,常用灭火器的结构、性能、使用要点和火灾扑救须知等基本常识。

第一节 灭火基本方法

我们知道,通常只有在可燃物、助燃物、着火源三者同时具备,并达到一定条件下,才会发生燃烧。因此,一旦起火,设法破坏上述三个条件中的任何一个,火就可以熄灭。

基本的灭火方法有隔离法、冷却法、窒息法和化学反应中断法。

不同火灾应运用不同的灭火方法来扑救,有时是通过使用不同的灭火剂来实现的。灭火剂是能够有效地破坏燃烧条件、中止燃烧的物质。不同类型的火灾,应选用不同的灭火剂。因此,不仅要掌握各种灭火方法,还要了解各种灭火剂的性质、灭火原理及其适用范围。

一、隔离法

隔离法就是将火源与火源附近的可燃物隔断,中断可燃物质的供给,使火势不能蔓延。这样,少量的可燃物烧完后,同时使用其他灭火方法,使火焰很快熄灭。

用隔离法灭火的具体措施如下:

(1)用妥善的方法,迅速移去火源附近的可燃、易燃、易爆、助燃等物品。

(2)封闭建筑物上的孔洞,改变或堵塞火灾蔓延途径。

（3）关闭可燃气体、液体管道的阀门，减少或切断可燃物进入燃烧区域。

（4）围堵、阻拦燃烧着的液体流淌。如大型油罐周围的防火堤，就是用以围堵油品流淌的预防措施。

（5）在火势严重情况下，及时拆除与火源毗连的易燃建筑物。

但是，在转移可燃、易燃、易爆、助燃等物品或拆除毗连火源建筑物时，都必须有领导、有组织地进行，以免在转移或拆除时发生工伤事故或造成不必要的损失。

二、冷却法

冷却法就是用水等灭火剂喷射到燃烧着的物质上，降低它的温度。当温度下降到该物质的燃点以下时，火就熄灭。此外，用水喷洒在火源附近的可燃物上，使它不至于受火焰辐射热影响而扩大火势。如用喷射水流喷在储存可燃液体或气体的槽、罐上，以降低其温度，防止发生燃烧或变形爆裂，扩大火灾。

用于冷却的主要灭火剂是水，二氧化碳和泡沫灭火剂也有一定的冷却作用。

水是不燃液体。它具有很大的热容量，比热容为 $1\ kcal/(kg \cdot ℃)$，汽化潜热是 $539\ kcal/kg$。如果灭火时的初温是 $10\ ℃$，那么 $1\ kg$ 水达到沸点，然后变成水蒸气约吸收 $629\ kcal$ 热量。因此，水具有显著的冷却作用，能迅速冷却燃烧物，降低燃烧区及其附近温度，最终使燃烧停止。同时，$1\ kg$ 水在 $100\ ℃$ 和 1 个标准大气压下能生成 $1\ 673\ L$ 水蒸气。大量水蒸气能降低燃烧区内可燃气体和空气中氧的浓度，使燃烧区逐渐因缺少助燃的氧而减弱燃烧强度。此外，水还能稀释水溶性可燃、易燃液体（如乙醇等），降低其燃烧性能；雾状水能在某些不溶于水的液体表面上形成一层不燃的乳浊液；水能浸湿未燃烧的物质，使其难以燃烧；加压的水流喷射时，具有机械冲击作用，能冲到火源的深处，使火焰中断而熄灭。

总的来说，水的灭火性强，价格低廉，取用方便。所以，水是冷却法的主要灭火剂。

用于灭火时水的形状有直流水、开花水和雾状水之分。直流水和开花水可用于扑救一般固体物质的火灾,如煤、木制品、棉麻、橡胶、纸张等,还可扑救闪点在120 ℃以上、常温下呈半凝固状态的重油火灾。雾状水大大增加了其与燃烧物或火焰的接触面积,有利于水对燃烧物的浸透,故可用于扑救粉尘、纤维状物等固体燃烧物。但与直流水相比,开花水和雾状水的射程都较近,不能远距离使用。

三、窒息法

窒息法就是用不燃(或难燃)的物质,覆盖、包围燃烧物,阻碍空气(或其他氧化剂)与燃烧物质接触,使燃烧因缺少助燃物质而停止。

用窒息法灭火的具体措施是:用不燃或难燃的物质,如黄砂、干土、石粉、石棉布、毯、湿麻袋等直接覆盖在燃烧物的表面上。以隔绝空气,使燃烧停止;将不燃性气体或水蒸气灌入燃烧着的容器内,稀释空气中的氧,使燃烧停止;封闭正在燃烧的建筑物、容器或船舱的孔洞,使内部氧气在燃烧中消耗后,得不到新鲜空气的补充而熄灭。

在敞开的情况下,隔绝空气主要是使用各种灭火剂。用于窒息的主要灭火剂有泡沫、二氧化碳、水蒸气等。

(一)泡沫灭火剂

凡能够与水混溶,并可通过化学反应或机械方法产生灭火泡沫的灭火剂,统称为泡沫灭火剂。泡沫灭火剂主要用于扑救非水溶性可燃、易燃液体及一般固体火灾;特殊的泡沫灭火剂(如抗溶性泡沫)还可用于扑救水溶性可燃、易燃液体火灾。通常使用的灭火泡沫的发泡倍数为2~1 000,相对密度为0.001~0.5。由于它的相对密度远远小于一般可燃、易燃液体的相对密度,因而可以漂浮于液体的表面,在燃烧物表面形成泡沫覆盖层,使燃烧物表面与空气隔绝;同时,泡沫层封闭了燃烧物表面,可以遮断火焰的热辐射,阻止燃烧物本身和附近可燃物质的蒸发;此外,泡沫吸热蒸发产生水蒸气,因而有冷却燃烧物和降低燃烧物附近空气中氧浓度的作用。

泡沫灭火剂可以分为化学泡沫灭火剂和空气泡沫灭火剂两大类。化学泡沫是通过两种药剂的水溶液发生化学反应产生的,泡沫中所含的气体为二氧化碳。空气泡沫是通过空气泡沫灭火剂与空气在泡沫发生器中进行机械混合搅拌而生成的,空气泡沫中所包含的气体一般为空气。空气泡沫灭火剂有蛋白泡沫灭火剂、水成膜泡沫灭火剂、抗溶性泡沫灭火剂和高倍数泡沫灭火剂等。

(1)化学泡沫灭火剂。是由一定比例的酸性物质(硫酸铝)、碱性物质(碳酸氢钠)与少量泡沫稳定剂相互作用生成的膜状气泡群。其反应式如下:

$$Al_2(SO_4)_3 + 6NaHCO_3 == 3Na_2SO_4 + 2Al(OH)_3 + 6CO_2$$

$\quad$ 硫酸铝 $\quad$ 碳酸氢钠 $\quad$ 硫酸钠 $\quad$ 氢氧化铝 $\quad$ 二氧化碳

反应生成的胶状氢氧化铝使泡沫具有一定的黏性,这种泡沫的稳定性较好,但流动性较差。化学泡沫主要用于扑救油类等非水溶性可燃、易燃液体的火灾和木材、纤维、橡胶等固体引剂的火灾。

(2)蛋白泡沫灭火剂。空气泡沫中最普通的是蛋白泡沫灭火剂。它是一定比例的泡沫液、水和空气经过机械作用互相混合后生成的膜状气泡群。泡沫液是由动植物的硬蛋白质(如动物蹄角、豆饼等)经水解制成的。蛋白泡沫灭火剂是我国石油化工火灾扑救中应用最广泛的灭火剂之一,主要用于扑救各种不溶于水的可燃、易燃液体和一般可燃固体火灾。它用水将蛋白泡沫液吸入泡沫管枪,混合后喷射到燃烧区进行灭火。蛋白泡沫存在着流动性差、抵抗油污能力低、灭火缓慢、不能与干粉联合使用等弱点。为此,又研制成含有氟碳表面活性剂的氟蛋白泡沫灭火剂,其性能优于蛋白泡沫灭火剂。

(3)水成膜泡沫灭火剂。又称"轻水"泡沫灭火剂或氟化学泡沫灭火剂,是近年发展起来的一种新型高效泡沫灭火剂。它由一定比例量的氟碳表面活性剂、无氟表面活性剂、各种添加剂和水组成。它扑救石油产品的火灾是靠泡沫和水膜的双重作用,其中泡沫起主导作用。"轻水"灭火剂应用范围与蛋白泡沫灭火剂相同。

(4)抗溶性泡沫灭火剂。为了消除水溶性可燃、易燃液体的极性分子对灭火泡沫的破坏作用,在水解蛋白液中加入了金属皂(如辛酸辛胺络合盐),制成抗溶性泡沫灭火剂。它主要用于扑救甲醇、乙醇、丙酮、醋酸乙酯等一般水溶性可燃、易燃液体的火灾。

（5）高倍数泡沫灭火剂，它是以少量发泡剂、泡沫稳定剂、组合抗冻剂和水混合，通过高倍数泡沫发泡装置，吸入大量空气，可生成数百倍至上千倍的泡沫，因而称为高倍数泡沫。

大量泡沫可以迅速充满燃烧的空间，使燃烧物与空气隔绝。高倍数泡沫适用于火源集中、泡沫容易堆积的场合，如船舱、大型油池、地下建筑、室内仓库、矿井巷道、飞机库等。对扑救一般油类、木柴、纤维等固体物质引起的火灾也有效，它一般不适用于扑救水溶性可燃、易燃液体引起的火灾。

（二）二氧化碳灭火剂

二氧化碳的化学分子式为 CO_2，相对密度 1.529，比空气重，二氧化碳不可燃，也不助燃。灭火用的二氧化碳压缩成液体，灌装在钢瓶内，称为二氧化碳灭火器。当打开二氧化碳灭火器瓶阀时，由于二氧化碳汽化时的蒸发、吸热作用，使液体本身温度急剧下降，当温度下降到 -78.5 ℃时，就有细小的雪花状二氧化碳固体（又称干冰）出现。因此，从灭火器内喷射出来的是温度很低的气态和固态二氧化碳，能冷却燃烧物和降低燃烧区空气中的氧含量。当燃烧区域空气中氧含量低于 12% 或二氧化碳的浓度达到 30%～35% 时，绝大多数可燃物的燃烧都会熄灭。

二氧化碳不导电，逸散快，不留痕迹，对设备、仪器和一般物质不污损，适用于扑救电器、精密仪器，价值高的生产设备、档案馆等发生的火灾。

（三）水蒸气灭火剂

水蒸气的灭火作用主要是降低燃烧区域内的含氧量。当空气中水蒸气的含量达到 35% 以上时，就能使燃烧停止。水蒸气对于扑救易燃液体、可燃气体和可燃固体引起的火灾都有效，但用于敞开场所时效果较差。化工厂一般都有蒸汽锅炉，水蒸气的来源较为方便。因此，常用于一些贮罐、塔釜设备的固定灭火装置。

在有条件的工厂，氮气、烟道气（主要成分是二氧化碳和氮气）等也常用于窒息法灭火。但使用烟道气灭火时，必须先经火花捕集器消除火花，然后才能应用。

四、化学反应中断法

化学反应中断法又称抑制法,它是将抑制剂掺入燃烧区域,以抑制燃烧连锁反应进行,使燃烧中断而灭火。用于化学反应中断法的灭火剂有干粉、卤代烷烃等。

(一)干粉灭火剂

干粉是扑救石油化工等火灾的新型灭火剂。它由灭火基料和防潮剂、流动促进剂、结块防止剂等添加剂组成。常用的灭火基料有碳酸氢钠(俗称小苏打)、碳酸氢钾、磷酸盐等。

干粉灭火剂平时储存于干粉灭火器或干粉灭火设备中,灭火时用干燥的二氧化碳或氮气作动力,将干粉从容器中喷射出去,形成一股夹着加压气体的雾状粉流,射向燃烧区将火焰扑灭。干粉灭火剂主要用于扑救天然气和液化石油气等可燃气体、可燃和易燃液体以及一般带电设备发生的火灾。

(二)卤代烷烃灭火剂

卤代烷烃是以卤素原子取代烷烃分子中的部分或全部氢原子后得到的一类有机化合物的总称。通常用作灭火剂的多为甲烷或乙烷的卤代物。其命名原则是:用四个阿拉伯数字分别表示卤代烷烃中碳和卤族元素的原子数,而氢原子数不计,其顺序为碳、氟、氯、溴。常用的卤代烷烃灭火剂化学式及代号见表3-1。

表3-1　卤代烷烃灭火剂化学式及代号

代号	名称	分子式
1211	二氟一氯一溴甲烷	CF_2ClBr
1301	三氟一溴甲烷	CF_3Br
1202	二氟二溴甲烷	CF_2Br_2
2402	四氟二溴乙烷	$C_2F_4Br_2$

目前,国内生产和使用较多的卤代烷烃灭火剂为"1211"和"1301"。

卤代烷烃灭火剂的灭火原理,主要是通过干扰、抑制燃烧的连锁反应达到灭火目的,并有适量的冷却、窒息效果。虽然,卤代烷烃灭火剂与二氧化碳灭火剂的灭火原理不同,但是在应用上却有许多相似的地方。它们都是加压后储存于灭火器中,都具有良好的绝缘性能;灭火后都不留痕迹;它们的应用范围和使用方法基本相同。

第二节　常用灭火器

灭火器以前称灭火机,是一种用于扑灭初起火灾的轻便灭火工具。目前常用的灭火器有酸碱、泡沫、二氧化碳、干粉和"1211"、"1301"等五种灭火器类型。

一、酸碱灭火器

目前只有 MS 型手提式一种。

酸碱灭火器由筒身、瓶胆、筒盖、提环等组成,如图 3-1 所示。筒身内悬挂着用瓶夹固定的瓶胆,瓶胆内装的是浓硫酸。瓶胆口用铅塞封住瓶口,以防瓶内浓硫酸吸水稀释或同瓶胆外碱性药液混合,筒内装有碳酸氢钠水溶液。

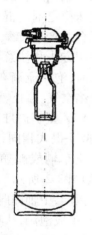

图 3-1　酸碱灭火器

使用时将筒身颠倒,两种溶液混合,生成大量的二氧化碳气体而产生压力,使筒内中和了的水溶液从喷嘴向外喷出。其主要的灭火作用是冷却燃烧物,降低温度以扑灭火焰。酸碱灭火器提往灭火地点时,必须保持器身垂直平稳,不能将灭火器扛在肩上或夹在腋下,以免在途中筒内药液混合后喷出,丧失灭火效能。到达火场时,一手握住提环,一手握筒的底边,然后颠倒筒身,上下摇晃几次,灭火剂即可喷出。倒转时不能将灭火器的底部和顶盖对着人体,以防发生意外事故。喷射时将灭火剂对准火势中部,然后再向周围喷射,如四周延烧危险性大,则应先向延烧边缘喷射,逐步缩小范围,最后将火扑灭。如果喷嘴堵塞,灭火剂不能喷出,应将器身平放在地上,用铁丝疏通喷嘴,注意筒底和顶盖不能对向有人的方向,并且不可打开器盖,否则器盖顶弹出可能伤人。酸碱灭火器适用于扑救竹、木、棉、毛、草、纸等一般可燃物质的初起火灾,不宜用于油类、忌水、忌酸物质和电气设备的火灾。

二、泡沫灭火器

泡沫灭火器有 MP 型手提式、MPZ 型手提舟车式和 MPT 型推车式三种。

MP 型手提式泡沫灭火器的构造和外形与 MS 型酸碱灭火器基本相同,其不同处就是瓶胆比较长。瓶胆内装硫酸铝水溶液,筒内装碳酸氢钠与泡沫稳定剂的混合液。当筒身颠倒时,两种药剂混合后产生二氧化碳,浓泡沫从喷嘴中喷出。其使用方法和注意事项与酸碱灭火器大致相同。灭火时,泡沫流淌在燃烧物表面上,盖住表面,达到隔绝空气、停止燃烧的目的。

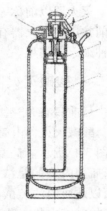

图 3-2　泡沫灭火器

MPZ 型手提舟车式泡沫灭火器结构基本上与 MP 型手提式相同,只是在筒盖上装有瓶盖机构,以防止车辆或船舶行驶时震动和颠簸而渗出药液,如图 3-2 所示。在使用时必须先将瓶盖机构向上扳起,中轴即向上弹出,开启瓶口,然后颠倒筒身,酸、碱两种溶液混合,生成泡沫,从喷嘴喷出。使用时注意事项与 MP 型相同。

MPT 型推车式泡沫灭火器,是用旋转手轮通过丝杆连接胆塞,将瓶口封闭,以防两种药液混合。使用时为两人操作,一人施放皮管,双手握住喷枪对准燃烧物;另一人按逆时针方向旋动手轮,开启胆塞,然后将筒身倒转,使拖杆触地,再将旋塞阀手柄扳直,使泡沫喷出。喷射时间为 3 min 左右,一次用完不能再关闭。用完后,要等 15 min 后才可打开盖子,以防止余气喷出发生事故。

泡沫灭火器适用于扑救油脂类、石油产品及一般固体物质的初起火灾。

三、二氧化碳灭火器

二氧化碳灭火器有 MT 型手轮式和 MTZ 型鸭嘴式两种。

MT 型手轮式二氧化碳灭火器由筒身(钢瓶)、启闭阀和喷筒组成，使用时先将铅封去掉，手提提把，翘起喷筒，再将手轮按逆时针方向旋转开启，高压气体即自行喷出。灭火时，人要站在上风向，手要握住喷筒木柄，以免冻伤。图 3-3 为 MT 型手轮式二氧化碳灭火器。

MTZ 型鸭嘴式二氧化碳灭火器的结构，如图 3-4 所示。使用时应先拔去闩棍(保险插销)，一手持喷筒把手，并紧压压把，气体即自动喷出，不用时将手放松即行关闭。其他与 MT 型相同。

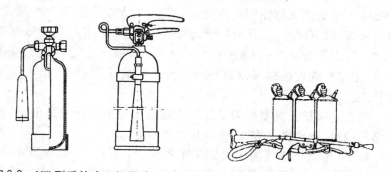

图 3-3 MT 型手轮式二氧化碳灭火器   图 3-4 MTZ 型鸭嘴式二氧化碳灭火器

二氧化碳灭火器主要适用于扑救贵重设备、档案资料、仪器仪表、电器设备及油脂等的火灾。

四、干粉灭火器

干粉灭火器有 MF 型手提式、MFT 型推车式和 MFP 型背负式三种。

MF 型手提式干粉灭火器(见图 3-5)筒身外部悬挂充有高压二氧化碳的钢瓶，钢瓶与筒身由器头上的螺母进行连接，在器头中有一穿针，当打开保险销、拉动拉环时，穿针即刺穿钢瓶口的密封膜，使钢瓶内高压二氧化碳气体沿进气管进入筒内。筒内装有干粉，并有一出粉管，

在出粉管下端安装一防潮堵。干粉
利用二氧化碳气体的压力,沿出粉
管经喷管喷出。

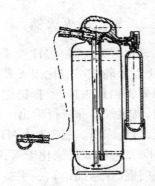

MFT 型推车式干粉灭火器按照
二氧化碳钢瓶安装位置不同,可分
为内装式和外装式两种。它主要由
喷枪、二氧化碳钢瓶、干粉贮罐、车
架、压力表和安全阀等六部分组成。

MFT 型干粉灭火器,由于结构
不同,使用方法也各有差异。

图 3-5　MF 型手提式干粉灭火器

MFT35 型干粉灭火器使用时将灭火器推至灭火地点附近上风向,后部
向着火源,取下喷枪,展开出粉管,再提起进气压杆,使二氧化碳气进入
贮罐。当表压升至 $7 \sim 11 \ kgf/cm^2$ 时放下压杆停止进气。接着,双手持
喷枪,枪口对准火焰根部,扣动板机(开关),将干粉喷出,由近至远将
火扑灭。

背负式喷粉灭火器是为了便于消防员使用而设计制造的,其特点
是结构简单、操作携带方便,可背起上楼或登高。

MFP9 型背负式喷粉灭火器由干粉罐、气瓶、气阀控制部分、出粉
口、外罩、出粉管、喷枪、拉环和背带组成。灭火时,将灭火器背负至火
场有效射程之内,一手握紧喷枪,使枪口稍低,对准火焰根部,另一手将
外罩下部的拉环拉下,粉雾即可喷出。

使用时一定要握紧喷嘴,再拉动二氧化碳钢瓶上的拉环,防止皮管
喷嘴因强大气流压力作用而乱甩伤人。用干粉灭火时,相距火源一般
为 $2 \sim 3 \ m$,并使粉雾覆盖燃烧面,效果较为显著。在扑救油类火灾时,
干粉气流不要直接冲击油面,以免油液激溅引起火灾蔓延。

干粉灭火器适用于扑救石油类产品、可燃气体和电器设备的初起
火灾。

五、"1211"和"1301"灭火器

"1211"灭火器有 MY 型手提式和 MYT 型推车式两种。

MY 型手提式"1211"灭火器主要由筒身(钢瓶)和筒盖两部分组成。筒身由无缝钢管或钢板滚压焊接而成。筒盖由压把、压杆、喷嘴、密封阀、虹吸管、安全销等构成。灭火剂量大的灭火器还配置有提把和橡胶导管,其外形如图3-6所示。灭火时,首先要拔掉安全销,然后握紧压把开关,压杆就使密封阀开启,于是"1211"灭火剂在氮气压力作用下,通过虹吸管由喷嘴射出。当松开压把时,压杆在弹簧作用下,恢复原位,阀门关闭,便停止喷射。

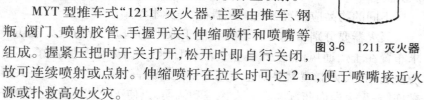

图3-6 1211 灭火器

MYT 型推车式"1211"灭火器,主要由推车、钢瓶、阀门、喷射胶管、手握开关、伸缩喷杆和喷嘴等组成。握紧压把时开关打开,松开时即自行关闭,故可连续喷射或点射。伸缩喷杆在拉长时可达 2 m,便于喷嘴接近火源或扑救高处火灾。

喷嘴有雾化型和直射型两种。灭火时取下喷枪,展开胶管,先打开钢瓶阀门,拉出伸缩喷杆,使喷嘴对准火源,握紧手握开关,将药剂喷向火源根部,并向前推进。将火扑灭后,只要关闭钢瓶阀门,则剩余药剂仍能继续使用。

"1211"灭火器适用于扑救油类、精密机械设备、仪表、电子仪器及文物、图书、档案等贵重物品的初起火灾。它的绝缘性能好,灭火时不污损物品,灭火后不留痕迹,并有灭火效率高、速度快的优点,但要防止回火复燃。使用时,灭火器应垂直放置,不可放平或颠倒使用。

"1301"灭火器目前国内只有 MYB 型手提式一种。

"1301"灭火剂与"1211"灭火剂是我国公安消防部门推荐的两种卤代烷烃灭火剂。"1301"灭火剂的空间气化分布性能很好,因而其灭火效能比 CO_2 高约 4 倍。它是卤代烷烃灭火剂中毒性最低的一种,也是在有人居住或工作的各类建筑物内准许使用的唯一的卤代烷烃灭火剂,因此"1301"正在逐步取代其他卤代烷烃灭火器。

MYB 型手提式"1301"灭火器结构、适用范围、使用要点与 MY 型手提式"1211"灭火器基本相同,但其可用于扑救有人工作的要害场所,如电子计算机房、文物馆等的火灾。

六、小型灭火器的设置和维护

化工企业设置小型灭火器的种类和数量,应根据场所的火灾危险性、物质的性质、可燃物数量、占地面积以及固定灭火设施对扑救初起火灾的可能性等因素综合考虑决定。在一般情况下,小型灭火器的数量按规定要求配置。小型灭火器的配置种类也要适当,例如,铝粉、镁粉附近不能配置二氧化碳灭火器,遇水燃烧物品附近不能配置酸、碱泡沫灭火器。

不同的物品应配置哪些灭火器材,详见本章第三节。

灭火器要分别布置在明显的和便于取用的地方,干粉灭火器还要求布置在干燥通风的地方,防止受潮和日晒;平时要妥善保管好,不要随便动用;灭火器喷嘴要防止堵塞;冬季要做好保暖工作,防止灭火器被冻结;灭火器内药剂要有专人检查和调换,以使灭火器始终处于良好状态。

七、固定、自动灭火装置

在化工企业中除要设置一定数量的灭火器以扑灭初起火灾外,在易燃车间、生产装置、仓库、贮罐等处还应根据规模和危险程度设置固定灭火装置。常用的固定灭火装置有自动喷水灭火、水蒸气或惰性气体灭火、泡沫灭火和干粉灭火等。因此,对车间、部门设置的固定灭火装置,也应了解其结构、性能和使用要点,以便及时有效地扑救火灾。

第三节　火灾扑救须知

一、扑救火灾的一般原则

(一)报警早,损失小

"报警早,损失小"这是人们在同火灾作斗争中总结出来的一条宝贵经验。由于火灾的发展速度很快,当发现初起火时,在积极组织扑救的同时,尽快用火警报警装置、电话等向消防队报警和领导汇报,使消防人员、车辆及时赶到现场,缩短灭火时间,减少损失。报警时要沉着冷静,及时准确,要说清楚起火的部门和部位,燃烧的物质,火势大小。如果是拨叫119火警电话向公安消防队报警时,还要讲清楚起火单位名称、详细地址、报警电话号码,同时指派人员到消防车可能来到的路口接应,并主动及时地介绍燃烧物的性质和火场内部情况,以便迅速组织扑救。

(二)边报警,边扑救

在报警的同时要及时扑灭初起之火。火灾通常要经过初起阶段、发展阶段、最后到熄灭阶段的过程。在火灾的初起阶段,由于燃烧面积小,燃烧强度弱,放出的辐射热量少,是扑救的最有利时机。这种初起火一经发现,只要不错过时机,可以用很少的灭火器材,如一桶黄砂、一只灭火器或少量水就可以扑灭。所以,就地取材、不失时机的扑灭初起火是极其重要的。

(三)先控制,后灭火

在扑救可燃气体、液体引起的火灾时,可燃气体、液体如果从容器、管道中源源不断地喷散出来,应首先切断可燃物的来源,然后争取灭火一次成功。如果在未切断可燃气体、液体来源的情况下,急于求成,盲目灭火,则是一种十分危险的做法。因为火焰一旦被扑灭,而可燃物继续向外喷散,特别是比空气重的液化石油气外溢,易沉积在低洼处,不易很快消散,遇明火或炽热物体等着火源还会引起复燃,如果气体浓度达到爆炸极限,甚至还能引起爆炸,很易导致严重伤害事故。因此,在气体、液体火灾的可燃物来源未切断之前,扑救应以冷却保护为主,积极设法切断可燃物来源,然后集中力量把火灾扑灭。

(四)先救人,后救物

在发生火灾时,如果人员受到火灾的威胁,人和物相比,人是主要的,应贯彻执行救人重于灭火的原则,先救人后疏散物资。要首先组织人力和工具,尽早、尽快地将被困人员抢救出来。在组织主要力量抢救人员的同时,部署一定的力量疏散物资、扑救火灾。在组织抢救工作时,应注意先把受到火灾威胁最严重的人员抢救出来,抢救时要做到稳妥、准确、果断、勇敢,务必要稳妥,以确保抢救的安全。

当化工生产装置发生火灾,特别是一些大型连续化生产装置的容器、管道中不断喷散可燃气体、液体时,是先救人还是先控制,则要根据具体情况具体对待。因为被困人员多留在火场一秒钟,就多增加一分危险,而不迅速控制火势,也会引起事故扩大,甚至导致次生灾害的发生。因此,只要火灾现场的火势大小还未完全封住抢救通路,救援被困人员还有一线希望时,救人和切断可燃物来源应同时进行;当火灾现场火势发展非常迅猛,把抢救通路完全封住,抢救人员强行进入会造成更大伤亡时,则应先切断或控制可燃物来源,当火势减弱到有可能进行抢救时,就要争取时间及早把被困人员抢救出来。总之,对化工生产装置发生的火灾,救人和控制火势是同样重要的,既要及早救人,又要迅速控制火势,同时还要避免增加不必要的伤亡。

(五)防中毒,防窒息

许多化学物品燃烧时会产生有毒烟雾。一些有毒物品燃烧时,如使用的灭火剂不当,也会产生有毒或剧毒气体,扑救人员如不注意很容易发生中毒。大量烟雾或使用二氧化碳等窒息法灭火时,火场附近空气中氧含量降低可能引起窒息。因此,在化工企业扑救火灾时还应特别注意防中毒、防窒息。在扑救有毒物品时要正确选用灭火剂,以避免产生有毒或剧毒气体,在扑救时人应尽可能站在上风向,必要时要佩戴面具,以防发生中毒或窒息。

(六)听指挥,莫惊慌

化工企业工艺流程比较复杂,易燃易爆物质较多,发生火灾时不能随便动用周边的物质进行灭火,因为慌乱中可能会把可燃物质当作灭火的水来使用,反而会造成火势迅速扩大,也可能会因没有正确使用而白白消耗掉现场灭火器材,变得束手无策,只能待援。因此,发生火灾时一定要保持镇静,采取迅速正确的措施扑灭初起火。这就要求平时加强防火灭火知识学习,积极参加消防训练,制订周密的灭火计划,才能做到一旦发生火灾时不会惊慌失措。此外,当由于各种因素,发生的火灾在消防队赶到后还未被扑灭时,为了及时有效地扑救火灾,必须听从火场指挥员的指挥,互相配合,积极主动地完成扑救任务。

总之,要按照"积极抢救人命,及时控制火势,迅速扑灭火灾"的基本要求,及时、正确、有效地扑救火灾。

二、化学危险物品火灾扑救

扑救化学危险物品火灾,如果灭火方法不恰当,就有可能使火灾扩大,甚至导致爆炸、中毒事故发生。所以,必须注意运用正确的灭火方法。

(一)易燃和可燃液体火灾扑救

液体火灾特别是易燃液体火灾发展迅速而猛烈,有时甚至会发生爆炸。这类物品发生的火灾主要根据它们的相对密度大小,能否溶于水和哪一种方法对灭火有利来确定。

一般来说,对比水轻又不溶于水的有机化合物,如乙醚、苯、汽油、轻柴油等引起的火灾,可用泡沫或干粉扑救。当初起火时,燃烧面积不大或燃烧物不多时,也可用二氧化碳或"1211"灭火器扑救。但不能用水扑救,因为当用水扑救时,因液体比水轻,会浮在水面上随水流淌而扩大火灾。

能溶于水或部分溶于水的液体,如甲醇、乙醇等醇类,醋酸乙酯、醋酸丁酯等酯类,丙酮、丁酮等酮类发生火灾时,应用雾状水或抗溶性泡沫、干粉等灭火器扑救。当初起火或燃烧物不多时,也可用二氧化碳扑救。如使用化学泡沫灭火时,泡沫强度必须比扑救不溶于水的易燃液体大 $3 \sim 5$ 倍。

不溶于水、相对密度大于水的液体,如二硫化碳等着火时,可用水扑救,但覆盖在液体表面的水层必须有一定厚度,方能压住火焰。

敞口容器内易燃液体着火,不能用砂土扑救,因为砂土非但不能覆盖液体表面,反而会沉积于容器底部,造成液面上升以致溢出,使火灾蔓延扩展。

(二)易燃固体火灾扑救

易燃固体发生火灾时,一般都能用水、砂土、石棉毯、泡沫、二氧化碳、干粉等灭火器材扑救。但粉状固体如铝粉、镁粉、闪光粉等,不能直接用水、二氧化碳扑救,以避免粉尘被冲散在空气中形成爆炸性混合物而可能发生爆炸。如要用水扑救,则必须先用砂土、石棉毯覆盖后才能进行。

磷的化合物、硝基化合物和硫黄等易燃固体着火,燃烧时产生有毒和刺激性气体,扑救时人要站在上风向,以防中毒。

(三)遇水燃烧物品和自燃物品火灾扑救

遇水燃烧物品如金属钠等的共同特点是遇水后能发生剧烈的化学反应,放出可燃性气体而引起燃烧或爆炸。遇水燃烧物品引起的火灾应用干砂土、干粉等扑救,灭火时严禁用水、酸碱灭火器和泡沫灭火器扑救。遇水燃烧物中,如锂、钠、钾、铷、铯、锶、钠汞齐等,由于化学性质十分活泼,能夺取二氧化碳中的氧而起化学反应,使燃烧更猛烈,所以也不能用二氧化碳扑救。磷化物、保险粉等燃烧时能放出大量有毒气体,扑救时人应站在上风向。自燃物品起火时,除三乙基铝和铝铁熔剂不能用水扑救外,一般可用大量的水进行灭火,也可用砂土、二氧化碳和干粉灭火器灭火。因为三乙基铝遇水产生乙烷,铝铁熔剂燃烧时温度极高,能使水分解产生氢气。所以不能用水灭火。

(四)氧化剂火灾扑救

大部分氧化剂火灾都能用水扑救,但对过氧化物和不溶于水的液体有机氧化剂,应用干砂土或二氧化碳、干粉灭火器扑救,不能用水和泡沫扑救。这是因为过氧化物遇水反应能放出氧,加速燃烧;不溶于水的液体有机氧化剂一般相对密度都小于1,如用水扑救时,会浮在水上面流淌而扩大火灾。粉状氧化剂火灾应用雾状水扑救。

(五)毒害物品和腐蚀性物品火灾扑救

一般毒害物品着火时,使用水及其他灭火器灭火,但毒害物品中氰化物、硒化物、磷化物着火时,如遇酸能产生剧毒或易燃气体。因此,不能用酸碱灭火器扑救,只能用雾状水或二氧化碳等灭火。

腐蚀性物品着火时,可用雾状水、干砂土、泡沫、干粉等扑救。硫酸、硝酸等酸类腐蚀品不能用加压密集水流扑救,因为密集水流会使酸液发热甚至沸腾、四处飞溅而伤害扑救人员。

当用水扑救化学危险物品,特别是扑救毒害物品和腐蚀性物品火灾时,还应注意节约水量和水的流向。同时注意尽可能使灭火后的污水流入污水管道。因为有毒或有腐蚀性的灭火污水四处溢流会污染环境,甚至污染水源。同时,减少水量还可起到减少物资的水迹损失。

三、电气火灾扑救

电气设备发生火灾时,为了防止触电事故,一般都在切断电源后才进行扑救。

(一)断电灭火

电气设备发生火灾或引燃附近可燃物时,首先要切断电源。切断电源时除要防止触电和电弧灼伤外,还应注意以下几点:

(1)切断电源的位置要选择适当,防止切断电源后影响扑救工作的进行。

(2)切断电源时应尽快拉脱总开关,在拉脱闸刀(隔离开关)时要防止带负荷拉闸刀,并应用绝缘操作棒或戴绝缘橡胶手套操作。

(3)剪断低压线路电源时,应使用绝缘胶柄钳等绝缘工具;相线和零线应在不同部位处剪断,防止发生线路短路;剪断电源的位置应在电源方向有支持物的附近,防止导线剪断后跌落在地上造成接地短路或触电危险。

电源切断后,扑救方法与一般火灾扑救相同。

(二)带电灭火

有时在危急的情况下,如等待切断电源后再进行扑救,就会有使火势蔓延扩大的危险,或者断电后会严重影响生产。这时为了取得扑救的主动权,就需要在带电的情况下进行扑救。

带电灭火时应注意以下几点:

(1)必须在确保安全的前提下进行,应用不导电的灭火剂如二氧化碳、"1211"、"1301"、干粉等进行灭火。不能直接用导电的灭火剂如直射水流、泡沫等进行喷射,否则会造成触电事故。

(2)使用小型二氧化碳、"1211"、"1301"、干粉灭火器灭火时,由于其射程较近,要注意保持一定的安全距离。

(3)在灭火人员穿戴绝缘手套和绝缘靴、水枪喷嘴安装接地线情况下,可以采用喷雾水灭火。

（4）如遇带电导线落于地面，则要防止跨步电压触电，扑救人员需要进入灭火时，必须穿上绝缘鞋。

此外，对有油的电气设备如变压器、油开关着火时，也可用干燥的黄砂盖住火焰，使火熄灭。

思考题

1. 基本的灭火方法有几种？各种灭火方法中使用的主要灭火剂是哪些？

2. 手提式酸碱灭火器一般用来扑救哪些火灾？使用中应该注意些什么？

3. 试述泡沫、二氧化碳、干粉和"1211"灭火器的适用范围和使用中的注意事项。

4. 火灾扑救的一般原则是哪几条？

5. 怎样扑救易燃和可燃液体火灾？

6. 如何扑救遇水燃烧物品的火灾？

7. 扑救电气火灾的安全事项有几条？

第四章 压力容器安全

在化工生产中,有些反应必须在一定的压力和温度下才能进行:有些反应可利用增加压力来加快反应速度,提高效率。因此,化工企业中的塔(如合成塔、分馏塔)、釜(如高压釜、聚合釜)、器(如缓冲器、分离器)、槽(如贮槽、槽车)、罐(如硫化罐)、锅(如消毒锅)等,大多为压力容器。

压力容器是承受压力、具有爆炸危险、必须严加管理的特种设备。为此,国务院、劳动人事部、化学工业部先后颁发了《压力容器安全监察规程》、《蒸汽锅炉安全监察规程》、《锅炉压力容器安全监察暂行条例》及其实施细则、《液化石油气汽车槽车安全管理规定》、《液化气体铁路槽车安全管理规定》、《化工厂设备维护检修规程》、《气瓶安全监察规程》和《溶解乙炔气瓶安全监察规程》(试行)等规程、条例和规定。对设计、制造、安装、使用、检修、检验以及事故报告等方面,作出了明确规定。化工压力容器不但数量众多,而且工作条件复杂,介质危险性大,一旦发生事故,后果更为严重。

过去几年中,化工行业发生的压力容器爆炸事故起数占全国压力容器爆炸事故总数的40%。为了实现化工安全生产,更应该加强压力容器的管理。学习和掌握压力容器安全技术管理的基本知识,对化工工人来说不仅十分必要,而且非常迫切。

哪些容器是压力容器?压力容器怎样进行分类?如何正确操作和维护保养?为什么要定期进行检验?定期检验的内容是哪些?使用和贮运气瓶应该注意些什么?这些问题正是本章叙述的内容。

在学习本章的过程中,可结合观看化学工业部组织摄制的《压力容器科学管理》、《气瓶的安全使用》、《液氯钢瓶爆炸》和《化工企业安全生产的事故》等安全科教影片进行讨论。

第一节　压力容器基本概念

一、压力与压力来源

(一)压力及其单位

压力是工程上的习惯用语。确切地讲,应叫压力强度或压强,它是均匀地垂直作用于单位面积上的力的量度。

压力的单位是由力和面积的单位决定的。根据我国最近颁布的法定计量单位,压力的单位是帕斯卡(简称帕,符号为 Pa)。1 Pa 等于 1 N/m^2,即等于 0.000 010 2 kgf/cm^2。单位帕很小,工程上常用它的 10^6 倍,即兆帕(MPa)作为压力的基本单位。1 MPa 等于10.2 kgf/cm^2。

在物理学中压力的单位采用物理大气压。物理大气压又称标准大气压,1 标准大气压等于 760 mmHg,或等于 1.033 2 kgf/cm^2。

目前,工程上常用的压力单位是工程大气压。工程大气压又称公制大气压。1 工程大气压等于 1 kgf/cm^2。压力有表压和绝压(绝对压力的简称)之分。表压就是压力表上显示的压力,它是从当地的气压算起的,所以它是相对压力,绝压是从绝对真空算起的压力。压力容器停止运行、排空物料后,容器上压力表的指针回到零位,这时表压等于零,绝对压力等于当地大气压,工程上表压用符号 at 表示,如表压为 8 kgf/cm^2 可写成 8 at。绝压用 ata 表示或在单位后面加上(绝对)字样,如 9 kgf/cm^2(绝对)或 9 ata。在工程技术书中,不加注(绝对)的压力,即指表压。表压、绝压和当地大气压三者关系是:绝压 = 表压 + 当地大气压。

在工程计算中为简化起见,一般取当地大气压为 1 kgf/cm^2,兆帕、工程大气压、标准大气压、毫米汞柱和磅/英寸^2 等压力单位之间的换算关系见表 4-1。

表 4-1　压力单位换算表

兆帕 （MPa）	千克力/厘米^2 （kgf/cm^2）	标准大气压 （atm）	毫米汞柱 （mmHg）	米水柱 （mH$_2$O）	磅/英寸^2 （b/in^2）
1	10.2	9.87	7 500	102	145.1
0.098 1	1	0.967 8	735.56	10	14.223
0.101 3	1.033 2	1	760	10.332	14.696
0.000 133	0.001 36	0.001 316	1	0.013 6	0.019 3
0.009 81	0.1	0.096 8	73.56	1	1.422
0.006 89	0.070 3	0.068	51.716	0.703 1	1

（二）压力来源

容器的压力来源可分为来自容器外和产生于容器内两类。

（1）压力来自容器外。常用压力容器的压源大多来自器外。气体压力的压源一般是气体压缩机和蒸汽锅炉，液体压力的压源是加压泵。工作介质为压缩气体、蒸汽和加压液体的容器，通常情况下，它可能达到的最高压力不会高于压缩机、锅炉和泵的出口压力。如果工作压力小于压缩机、锅炉或加压泵的出口压力，则在容器的进口管道上装设减压阀。

（2）压力产生于容器内。容器内介质受热或发生体积增大的化学反应或物理变化，便产生压力。因容器内介质发生体积增大的化学反应而产生压力的大小，主要取决于参加反应物质的数量、反应速度以及反应完成的程度。容器内液体或固体如受热（如周围环境温度的影响、器内其他物料发生反应放出热量等）而蒸发、升华或分解，体积增大，因受容器容积的限制便产生压力或使原有的压力增大。产生压力的大小或压力增大的速度，取决于温度高低和温度上升的速度。例如，液氯贮槽的压力，当温度为 0 ℃时等于 2.7 kgf/cm^2；温度升高到 30 ℃，压力增大为 7.85 kgf/cm^2。再如固体聚甲醛，1 kg 的体积约为 0.7 L。若受热"解聚"变为甲醛气体，在标准状态下（即 1 标准大气压、0 ℃时）体积为 746 L，即体积增大 1 065 倍，在容器内受容器容积的限制将产生很高的气体压力。生产中由于误操作或设备渗漏等,液体(如化工生产中大量使用的水)与高温物料相遇,便急剧汽化而产生压力。同样的道理,两种沸点不同、具有一定温度的液体混在一起,若高沸点液体的温度超过另一种液体沸点时,低沸点液体也会剧烈汽化,产生压力。

(三)压力与温度的关系

在密闭容器里,一定量气体的压力随温度升高而增大,随温度下降而减小。表4-2为常用压缩气瓶在15 ℃、150 kgf/cm² 压力的条件下,随温度升高瓶内压力的测定值。如果容器内是液化气体,并有足够大的气相空间,则温度升高,器内压力也上升。

表4-2　常用压缩气瓶在不同温度下的压力　　　　（kgf/cm²）

温度(℃)	氧	氢	氮	甲烷	一氧化碳	氨	氖	氩
15	150	150	150	150	150	150	150	150
45	172	167	171	180	171	165	166	171
65	186	177	185	200	185	176	177	186

液氯、液氨不同温度下的饱和蒸气压见表4-3。假如容器内装满了液化气体,没有气相空间,或充装过量,只留下很小的气相空间,则温度上升时,容器内压力将急剧上升。

表4-3　液氯、液氨不同温度下的饱和蒸气压(标准大气压)

液体	0 ℃	10 ℃	20 ℃	30 ℃	40 ℃	50 ℃	60 ℃
液氯	3.64	4.96	6.57	8.60	11.14	14.14	17.59
液氨	4.24	6.08	8.47	11.52	15.34	20.06	25.78

二、压力容器分类

根据《压力容器安全监察规程》的规定,压力容器是同时具备下列三个条件的容器,即最高工作压力(P,不包括液柱静压力)大于或等于1 kgf/cm²、容积(V)大于或等于25 L、$P \times V \geqslant 200$ L·kgf/cm²。

压力小于 1 kgf/cm² 的容器;压力大于 1 kgf/cm²、但容积小于 25 L 的容器以及压力大于或等于 1 kgf/cm²、容积也大于或等于 25 L,但是压力和容积的乘积小于 200 L·kgf/cm² 的容器,都不列入《压力容器安全监察规程》所监察的范围之内。以上这些容器有的作为常压容器,有的作为装置的附件。从安全生产的角度来说,也应做好安全管理工作。如浴室加热水箱,正常情况下,箱孔盖是不准紧固在箱上的,因而箱内压力不会达到 1 kgf/cm²。假如管理不善,将盖牢牢地封住箱子,则要发生爆炸,造成人员伤亡、浴室炸塌,这样的事故不仅发生过,而且不止一次。

化工企业压力容器很多,采取分类、分级管理是用好、管理好压力容器的一个好办法。压力容器一般按压力、用途以及从安全监察角度进行分类。

(一)按压力分类

按照容器最高工作压力(P)的高低,将压力容器分为低压、中压、高压和超高压四类,见表4-4。

表4-4　压力容器按压力分类

分类	低压	中压	高压	超高压
kgf/cm²	$1 \leqslant P < 16$	$16 \leqslant P < 100$	$100 \leqslant P < 1\,000$	$P \geqslant 1\,000$

注:P 为最高工作压力。

在生产和生活中,高压、低压的概念是随所指对象而变化的。家用煮饭、蒸馒头的高压锅(又叫压力锅)实际上压力并不高。当锅上的安全阀起跳时,锅内的压力还不到 0.5 kgf/cm²。乙炔管道的工作压力大于 1.5 kgf/cm² 时,称为高压乙炔管道。划分气瓶高低压的分界线是 125 kgf/cm²,凡设计压力小于 125 kgf/cm² 的称低压气瓶;凡设计压力等于或大于 125 kgf/cm² 的称高压气瓶。

(二)按用途分类

压力容器按用途分为反应容器、换热容器、分离容器和贮运容器。

反应容器:主要用来完成介质的物理或化学反应的容器。如反应器、聚合釜、合成塔、变换炉、蒸煮锅等。

换热容器:主要用来完成介质热量交换的容器。如热交换器、硫化罐、消毒锅等。

分离容器:主要用来完成介质的流体压力平衡、气体净化、分离等的容器。如缓冲器、贮能器、吸收塔、过滤器、干燥器、分离器等。

贮运容器:主要用来盛装生产和生活用的原料气体、液体、液化气体等。如各种形式的贮罐、公路槽车、铁路槽车等。

(三) 从安全监察角度分类

从安全监察的角度分类,简单地说就是根据容器的危险因素及其发生事故时可能造成的后果大小进行分类。压力高、容积大、容器内进行物理或化学反应、介质具有易燃或剧毒特性、危险性大、一旦发生事故可能造成的后果严重的容器,列入第三类。从设计、制造、安装、使用、检修、改造到检验等各个环节,从安全上提出的要求就比第一、第二类容器更高、更严。具体分类如下:

一类容器　介质为非易燃或无毒的低压容器,以及介质为易燃或有毒的低压分离容器和换热容器,属于一类容器。

二类容器　中压容器:剧毒介质且 $P \times V < 2\,000$ L· kgf/cm^2 的。低压容器:易燃或有毒介质的低压反应容器和贮运容器以及内径小于 1 m 的低压废热锅炉,属于二类容器。

三类容器　以下容器均属于三类容器:高压容器;超高压容器;剧毒介质的中压容器;易燃或有毒介质且 $P \times V \geqslant 5\,000$ L· kgf/cm^2 的中压反应容器;易燃或有毒介质且 $P \times V \geqslant 50\,000$ L· kgf/cm^2 的中压贮运容器;剧毒介质且 $P \times V \geqslant 2\,000$ L· kgf/cm^2 的低压容器;中压废热锅炉以及内径大于 1 m 的低压废热锅炉。

用于划分压力容器类别的介质毒性和易燃性的界限,不同于工业卫生中关于毒物毒性划分。根据 1981 年国家劳动总局颁发的《压力容器安全监察规程》。其具体界限如下:

进入人体量小于 50 g,即会引起肌体严重损伤或致死的物质,划为剧毒介质。如光气、氢氰酸、氢氟酸、碳酰氟等。

进入人体量等于或大于 50 g,即会引起人体正常功能损伤的物质,划为有毒物质。如氯、氨、乙炔、甲醇、硫化氢、氯乙烯、一氧化碳、二氧化硫、二硫化碳等。

凡与空气混合后形成爆炸性混合物,其爆炸下限<10%,或爆炸上下限之差>20%的物质和闪点<28℃的物质,划为易燃介质。如甲烷、乙烷、丙烷、丁烷、乙烯、丙烯、丁烯、丁二烯、环丙烷、环氧乙烷、一甲胺、一氧化碳以及氢气,等等。

三、钢材的机械性能

钢材受到外力的作用时,有抵抗变形和断裂的能力,这种能力称为钢材的机械性能。常规机械性能主要有强度、塑性、韧性和硬度。高温机械性能还包括抗蠕变性能、持久强度和热疲劳性能等,低温机械性能还包括脆性转变温度等。

本节只简要介绍强度、塑性、韧性、持久强度和脆性转变温度。

(一)强度

强度是反映材料抵抗变形和断裂的能力,它有静强度和疲劳强度之分。静强度是钢材在缓慢加载的静力作用下,抵抗变形和断裂的能力。疲劳强度是在交变载荷作用下,经过数万次循环交变载荷而不产生裂纹或断裂的能力。所谓交变载荷是指载荷(通俗的说法是作用力)的方向或大小交替变化着的,即对材料一会儿拉伸,一会儿压缩;作用于材料的外力一会儿大,一会儿小。常用的强度指标有屈服极限(σ_s)、抗拉强度(σ_b)和疲劳极限等。在压力容器设计或验算中,用得最多的是屈服极限和抗拉强度。它们是在专门的试验机上,对钢材试样进行反复多次试验后得到的。

(1)屈服极限。屈服极限又称屈服点、屈服强度。钢材试样进行拉伸试验时,随着拉力增大,试样伸长(称为变形),拉力减小,试样变形也减小;拉力等于零,试样恢复到原来的长度。在上述这个阶段,变形与拉力大小成正比,这种变形称弹性变形。当所加的拉力增大到某一值时,出现下述的现象:即使拉力保持这一值不变,材料却会继续伸长(变形),这时我们就称材料屈服了。开始发生屈服现象的应力(又可叫内力,数值上等于所加的拉力除以试样的横截面面积)叫做材料的屈服极限。材料出现屈服现象后,外力卸去,试样并不能回复到原来的长度,而比原长长了一点,这增长的部分(变形),称为塑性变形。有些钢材在拉伸试验中,屈服现象不明显,则以塑性变形量达到 0.2% 的应力作为该钢材的屈服强度,以符号 $\sigma_{0.2}$ 表示。碳素钢 A_3R 钢板的屈服极限为 2 200 ~ 2 400 kgf/cm^2,低合金钢 16MnR 的屈服极限为 2 900 ~ 3 500 kgf/cm^2。

(2)抗拉强度。抗拉强度又称强度极限,它是材料在拉伸试验中,从加力到断裂时所能达到的最大名义应力值。在数值上等于拉断前试样所承受的最大拉力除以试样的原始横截面面积。如 A_3R 钢板的抗拉强度等于 3 800 kgf/cm^2,16MnR 为 4 800 ~ 5 200 kgf/cm^2。如果分别用 16MnR 和 A_3R 制作直径和壁厚都相同的容器,则用 16MnR 制作的容器所能承受的内压要比用 A_3R 的大。

(二)塑性

塑性是指材料在外力作用下产生塑性变形的能力。材料塑性指标有延伸率(用 σ_5 或 σ_{10} 来表示)、断面收缩率和冷弯等。材料的塑性指标,虽然并不反映在强度计算上,但与制造中的冷加工(如冲压成型、卷板等)及焊接等关系密切。材料塑性差在机械加工或焊接过程中易产生裂纹,甚至发生脆性断裂。因而,材料的塑性直接影响到压力容器使用中的安全。为了保证容器的安全运行,对钢材塑性有严格的要求。如压力容器用钢的延伸率 σ_5 不得低于 14%,低压焊接钢瓶的钢材,σ_5 应大于或等于 19%。

(三)韧性

韧性又叫冲击韧性,它表示材料抵抗冲击载荷的能力。材料的韧性用锤击有一定形状缺口试样的冲击功来表示。

(四)持久强度

我们知道,常温(一般指 20 ℃)下钢材的变形只与外力有关,与时间没有关系。但是在高温下,钢材的变形不仅和作用力大小有关,而且和时间也有关。在高温下如果对钢材施加一定的外力,钢材就产生相应的变形;外力大小保持不变,随着时间的流逝变形却缓慢地、不断地增大,材料在高温下出现的这种现象叫做蠕变。常用的碳素钢,当温度高于 400 ℃时,就会出现蠕变。

　　材料高温强度指标是蠕变限和持久强度。对压力容器而言,一般用持久强度作为高温强度计算的基础。它是在一定工作温度下、经历十万小时后,不引起蠕变破坏的最大应力,用符号 $\sigma_{\mathrm{d}}^{\mathrm{t}}$ 或 $\sigma_{10}^{5\mathrm{t}}$ 表示。

(五)脆性转变温度

　　高温压力容器要防止蠕变,低温(我国习惯上指设计温度小于 -20 ℃)压力容器突出的问题是脆性破裂。钢材做冲击试验时,冲击功的大小与试验时温度有关。在其他条件不变的情况下,当温度降低到某一范围时,钢材的冲击值急剧减小;当温度低于该温度范围的下限时,材料呈完全脆性(即稍受冲击,材料就粉碎)。我们把这一温度称为钢材的脆性转变温度,即表示钢材由塑性转变为脆性的临界温度。对低温容器除试样切应变对钢材的要求外,还要求在设计温度下的冲击值不小于 $2.5\ \mathrm{kgf}\cdot\mathrm{m/cm^2}$。

四、压力容器的破坏形式

　　压力容器的破坏形式有五种,即塑性破坏、脆性破坏、疲劳破坏、蠕变破坏和腐蚀破坏。

(一)塑性破坏

　　(1)塑性破坏特征。破坏后具有明显的塑性变形是塑性破坏的主要特征。一般容器破坏后的容积比破坏前大得多。圆筒形容器破坏后大都呈两头小、中间大的鼓形(见图 4-1)。裂口呈撕裂状,不齐平。断口没有闪烁的金属光泽而是暗灰色。断口处的壁厚显著减薄。塑性破坏时,一般不产生碎片。只有在容器内介质发生剧烈化学反应、短时间里释放巨大能量而导致爆破时,会产生较多的碎片。导致容器爆破的压力和按实测壁厚计算得出的爆破压力是相接近的。

　　(2)塑性破坏原因。引起容器塑性破坏的原因主要是实际压力超过了容器材料所能承受的限度。而造成这种情况大致有:超压运行;超温或局部过热;容器因腐蚀而减薄;误操作或粗心大意,使高压系统介质窜入低压系统、液体与高温物料相遇而急剧汽化、性质相抵触的化学物质互相接触发生剧烈的放热反应以及反应温度失控而反应猛烈;槽、

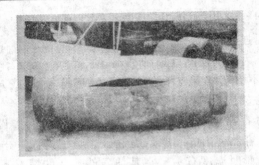

图 4-1　水压爆破试验的气瓶

罐或气瓶等充装液化气体时过量等。

(二) 脆性破坏

图 4-2 为脆裂后的球形容器。容器发生脆性破坏几乎没有塑性变形。如果将碎块拼拢,则容器的周长和容积同爆破前没多少差别。破坏时大多裂成碎块,常有碎片飞出。脆性破坏断口较齐平,断面有晶粒状的金属光亮。这种破坏和生铁、玻璃及陶瓷等脆性材料的破坏相似,故称为脆性破坏。脆性破坏多数发生在低温或温度较低的情况下,破坏时容器内的实际压力总是远小于根据壁厚计算所得的爆破压力。

图 4-2　脆裂后的球形容器

脆性破坏的根本原因是材料塑性和韧性的显著下降,而引起材料塑性和韧性下降的因素是很多的。例如,使用温度低于材料的脆性转变温度;由于裂纹、夹渣等缺陷引起局部应力的高度集中;加载速率过快,或受到外力的冲击;应力腐蚀以及材料中含磷或硫等"有害元素"量过高等。

(三)疲劳破坏

金属疲劳断口容器发生疲劳破坏时没有明显的塑性变形。断口具有显著的宏观特征,是疲劳破坏的主要特征(见图4-3)。疲劳断口一般用肉眼即可看到两个不同的区域:疲劳裂纹产生和扩展区、最后断裂区。疲劳裂纹通常产生于开孔处、焊缝与焊缝交接处、封头板边处、未焊透处以及能造成应力集中的部位,然后在交变载荷作用下裂纹向前扩展,故在裂纹扩展区常常可以看到像贝壳一样的花纹,比较平滑,有时还会光亮得如同细瓷断口。最后断裂区呈粗粒的结晶状。疲劳破坏使容器开裂、泄漏而失败,不会飞出碎片。破坏时容器承受的压力并没有超过最高允许的工作压力。

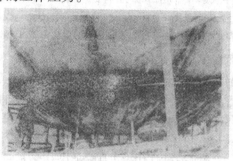

图4-3 金属疲劳断口

交变载荷长期作用是导致疲劳破坏的根本原因。在生产中使压力容器受到交变载荷的情况,大致有以下几种:开停车过于频繁;运行中压力上下波动幅度较大;工作温度发生周期性变化,如升温、降温,或由于结构、安装不良,在正常温度升降时容器不能自由地伸缩。

(四)蠕变破坏

高温、受力经历较长时间是钢材发生蠕变破坏必不可少的条件。蠕变破坏时,一般具有明显的塑性变形。另外,钢材内部在组织上发生一系列的变化。造成蠕变破坏的原因,主要是设计时选材不当或运行中操作不当而造成局部过热和超温、超压。

(五)腐蚀破坏

在生产中常常遇见下列现象:钢铁生锈,氨合成塔内壁出现氧鼓包,压力管道尤其是转弯部位、阀门阀芯受介质冲刷而减薄或起沟槽,不锈钢接触海水或含氯化物多的溶液,过了一段时间后稍受敲击便粉碎,离心式水泵的叶轮上出现凹穴,等等。这种由于环境(大气、土壤、海水、腐蚀介质等)的作用而引起金属材料的破坏(穿孔、起沟槽、减薄等)或变质(强度下降、产生裂纹、变脆等)的现象,称为腐蚀。

金属腐蚀按破坏类型可分为均匀腐蚀、局部腐蚀(如晶间腐蚀、孔蚀、应力腐蚀等)。下面简单介绍几种腐蚀破坏形式。

(1)均匀腐蚀破坏。一般讲,均匀腐蚀使容器壁厚减薄,导致强度不足而发生塑性破坏。

(2)局部腐蚀破坏。局部腐蚀有的使容器穿孔而泄漏;有的因腐蚀产生的点坑处出现应力集中,在交变载荷作用下,成为疲劳裂纹的起始处,经较长时间而发生疲劳破坏;也有因较大面积的局部腐蚀,导致容器强度不足而发生塑性破坏。

(3)应力腐蚀破坏。应力腐蚀是局部腐蚀的形式之一,在应力和腐蚀联合作用下,使材料内部产生裂纹,导致材料塑性和韧性下降,从而发生脆性破坏(见图 4-4)。应力腐蚀一般并不引起金属材料外表的变化,因而不易察觉;化工压力容器大多具备较高应力和介质腐蚀这两个条件,因此在上述腐蚀破坏中,应力腐蚀破坏是最危险的。

图 4-4　应力腐蚀裂纹的断面

第二节 压力容器安全使用

化工企业管好、用好、修好压力容器的工作可概括为抓住以下十个环节:设计制造,竣工验收,立卡建档,培训教育,精心操作,维护保养,定期检验,科学检修,事故调查和判废处理。我们在十个环节中应做到"督促"、"配合"和"尽责"六个字。对我们使用的压力容器、锅炉、槽车和气瓶,应该了解并督促有关部门做到竣工验收、入厂检验等工作。如果容器、锅炉、槽车和气瓶未经劳动部门审核批准,是没有压力容器锅炉制造许可证的单位生产的,则有权拒绝使用;如果压力容器等未经验收或验收不合格,我们也应当拒绝使用。这不仅是为了保障国家财产安全的需要,而且也是为了我们自身的安全和家庭幸福的需要。

我们要积极、主动地配合做好立卡建档、定期检验、事故调查和判废处理等各项工作。例如,二、三类压力容器应当建立技术档案,而在压力容器的技术档案中,包括容器的运行日志、检修记录、检验记录和故障及其处理措施等内容,这些要靠大家在日常生产活动中积累,靠我们每个工人的认真负责,才能保证这些资料的准确性、可靠性、科学性。再如压力容器的事故调查,没有我们的主动配合就很难弄清事故的经过、找出事故的真正原因。

培训教育、精心操作、维护保养和科学检修,则是每个职工应尽的职责。为了用好和修好压力容器,我们有权利和义务接受和参加安全培训教育,努力掌握生产工艺流程、压力容器基本结构和原理、安全操作要点、安全附件的作用、维护保养、异常情况的判别和处理以及事故预防等方面的知识和技能。下面就压力容器的操作、定期检验和保养等基本常识,简要进行介绍。

一、压力容器的安全操作

严格按照岗位安全操作规程的规定,精心操作和正确使用压力容器,是保证安全生产的一项重要措施。因为,即使压力容器的设计尽善尽美、科学合理,制造和安装的质量优良,如果操作不当同样会发生严重事故。因违反劳动纪律、失职而造成的容器爆炸事故,年年都有发生。

(一)精心操作,动作平稳

操作压力容器要集中精力,勤于监察和调节。操作应当平稳,在升压、升温或降压、降温时,都应该缓慢,不能使压力、温度骤升骤降。压力容器开始升压时,如果压力突然升高,使材料受到很高的加载速度,则材料的塑性、韧性就会下降,在压力的冲击下可能导致容器脆性破坏。升温和降温的速度缓慢,使容器各部位的温度大致相近,温差就小,材料因温差而产生的附加应力也小。反之,加热或冷却速度很大,则容器各部位的温差也大。由此而产生的温度应力就大,或降低了材料抵抗变形和断裂的能力,或使材料中原有的微裂纹很快扩展,缩短容器的使用寿命,甚至导致容器破坏。保持压力和温度的相对稳定,减小压力和温度的波动幅度,是防止容器疲劳破坏的重要环节之一。

在化工压力容器的操作中,阀门的启闭要特别谨慎。开车、正常运行和停车时,各阀门的开关状态以及开关的先后顺序不能搞错,必须按照岗位安全操作规程的规定进行操作。要防止憋压闷烧,防止高压窜入低压系统,防止性质相抵触的物料相混以及防止液体和高温物料相遇。生产中,由于阀门操作不当而发生的爆炸事故是为数不少的。

(二)禁止超压、超温、超负荷

压力容器的设计都是根据预定的最高工作压力、温度、负荷和介质特性,从而确定容器的材质、容积、壁厚和进出管径;确定安全附件的材质、规格及数量等。超压是引起容器爆炸的一个主要原因。超压有时并不立即导致容器爆炸,但是会使材料中存在的裂纹加快扩展速度,缩短了容器的使用寿命或为爆炸准备了条件。

材料的强度一般是随温度的升高而降低。超温使材料强度下降,因而产生较大的塑性变形(例如局部超温便能使容器产生鼓包),最终导致容器失效或爆炸。超温还往往是使容器发生蠕变破坏的主要原因。除此之外,严格控制化学反应温度也是预防燃烧、爆炸的一个重要措施。运行中是不准超过最高允许工作温度的,超过最低允许工作温度同样也是不准的,特别是低温容器或工作温度较低的容器。如果温度低于规定的范围,就可能导致容器脆性破坏。

超负荷会对容器产生不同的危害。有的加快了容器和管道的磨损;有的(如液化气体槽罐)充装过量后,温度稍有升高,压力急剧上升而发生爆炸,等等。

(三)巡回检查,及时发现和消除缺陷

压力容器的破坏大多有先期征兆,只要勤于检查,仔细观察,是能够及时发现异常现象的。因此,在容器运行期间应该定时、定点、定线进行巡回检查,认真、按时、如实地做好运行记录。在运行中检查的内容包括工艺条件、设备状况和安全附件。

在工艺条件方面,主要检查操作压力、温度、流量、液位等指标是否在操作规程规定的范围之内;介质的化学成分、水分、杂质含量等是否符合要求。

在设备状况方面,应该着重检查容器法兰等各连接部位有无泄漏;容器防腐蚀层或保温是否完好;有没有变形、鼓包、腐蚀等缺陷和可疑迹象;容器及连接管道有无振动、磨损。

在安全附件方面,主要检查安全阀、爆破片、压力表、液位计、紧急切断阀以及安全联锁、报警信号等是否齐全、完好、灵敏、可靠。

检查中发现的异常情况、缺陷问题应妥善处理。但是,当容器内部有压力时,不得对主要受压元件进行任何修理或紧固工作。

(四)紧急停止运行

压力容器在运行中,如果发生故障,出现下列情况之一,严重威胁安全时,操作人员应该立即采取措施,停止容器运行,并尽快向有关领导报告。

(1)容器的压力或壁温超过操作规程规定的最高允许值,采取措施后仍不能使压力或壁温降下来,并有继续恶化的趋势;

(2)容器的主要承压元件产生裂纹、鼓包、变形或泄漏等缺陷,危及容器安全;

(3)安全附件失灵、接管断裂、紧固件损坏,难以保证容器安全运行;

(4)发生火灾直接威胁到容器安全操作。

容器停止运行的操作,一般应切断进料,泄放容器内介质使压力降下来。对于连续生产的容器,紧急停止运行前务必与前后有关岗位做好联系工作。

二、压力容器的定期检验

化工压力容器不仅承受压力,而且还受到介质的腐蚀和压力、温度波动的影响。因此,在使用过程中,原来没有裂纹的会产生出裂纹等缺陷,原来已有的微小缺陷会扩展为超标缺陷。进行定期检验,及早发现并清除缺陷,确保安全运行,是压力容器安全使用中一个十分重要的环节。

(一)定期检验的周期和内容

压力容器每年至少进行一次外部检查;每三年进行一次内外部检查;每六年作一次全面检验。但是,遇到不同的情况,检验周期应当缩短或适当延长。当延长检验周期时,必须报请上级主管部门和劳动部门批准或备案。如果是介质腐蚀性强、运行中又发现严重缺陷的容器则要求每年至少作一次内外部检查;由于结构等的原因,无法作内部检查的容器,则应每3年作一次耐压试验;使用期满15年的容器,应每两年进行一次内外部检查;满20年的,则应每年作一次内外部检查,并根据检查情况确定全面检验的时间或作出能否继续使用的结论。还有,停止使用2年以上,需要恢复使用的容器、更换了衬里的容器以及在运行中发现有严重缺陷的容器,都必须提前作内外部检查,必要时提前作全面检验。这方面的具体规定还有很多,这里不作详细介绍。了解检验周期可督促有关的部门或有关领导,按照安全规定做好检验工作。定期检验的内容如下。

(1)外部检查。主要是查容器的保温层、防腐层、设备铭牌是否完好;有无裂纹、变形、鼓包、泄漏;安全附件是否齐全完好,灵敏可靠否;容器及其连接管道有无振动和摩擦;容器基础有无下沉、倾斜;紧固螺栓是否齐全、完好,螺栓留在螺母外的部分是不是符合安全要求;运行的压力、温度、流量等参数符合不符合规程规定;运行日志、检修记录以及故障和故障处理措施等是否齐全,等等。

（2）内外部检查。除了外部检查的全部项目外,还应查容器内部的焊缝、内壁表面有无裂纹、腐蚀;衬里是否变形、开裂等。对筒体、封头等选择多处进行测厚,对高压容器的主螺栓应逐个作表面探伤,等等。

（3）全面检验。除内外部检查的全部项目外,还应对容器焊缝进行无损探伤和做耐压试验。

（二）耐压试验

由于容器大多用水来进行耐压试验,所以习惯上把耐压试验叫做水压试验。耐压试验有较大的危险性,因为试验压力一般高出最高工作压力的1/4以上。如果容器允许的最高工作压力为 8 kgf/cm²,那么试验压力为 10 kgf/cm²。参加耐压试验工作的人员,应当服从统一指挥,掌握试验过程中的安全注意事项,遵守有关安全规定。

（1）试验介质。若用水作试验介质,则水质要洁净。不锈钢容器进行水压试验时,还要求水中的氯根（又叫氯离子）含量不得超过 25 mg/kg。

（2）试验温度。试验介质的温度不能太低,也不能太高。太低不行,如果低于钢材的脆性转变温度,在试验中要发生脆性破坏,所以水温必须高于材料的脆性转变温度;若温度低于露点,试压过程中容器外壁会结露,对查漏将带来困难。试验介质的温度太高也不行,若高于介质的常压沸点,则渗漏出来的液体很快汽化,检漏不便。有时不用水而用可燃或易燃液体作试验介质,则温度不能高于它的闪点,否则一旦泄漏并遇有着火源就可能发生燃烧、爆炸。温度过高将使容器产生较大的附加应力,不利于安全,并可能烫伤工作人员。用水作介质时,对碳素钢、低合金钢容器,水温以 15 ℃左右为好,最低不得低于 5 ℃,最高不宜高于 70 ℃。对其他钢种,最低温度必须高于钢材的脆性转变温度;对进口容器,试验介质种类及其温度应严格按照规定。进行耐压试验时,除保持一定的介质温度外,试验场所的气温应高于 5 ℃,若低于 5 ℃时,需采取防冻措施。

（3）升压和降压。升压和降压都必须分级、缓慢地进行。压力升高到最高工作压力后,工作人员不准靠近或停留在容器附近,然后方可继续升压。压力从试验压力降到最高工作压力后,若无异常方可进行检查工作。检查时,不要用铁锤敲击容器。

(4)异常情况处理。耐压试验中,若发现有异常响声(可能是局部破裂)、压力下降(可能有渗漏)、油漆剥落或加压时压力表指针不动(材料可能屈服了)、压力表指针来回不停地摆动(大多是容器内的空气未排尽)或加压装置发生故障等异常情况,应立即停止试验,卸压查明原因,根据具体情况决定是否继续进行试验。

(5)气压试验。气压试验的危险性比水压试验大得多。如果在同样大小的压力下容器发生爆炸,气体介质的爆炸威力比水等液体介质大几百倍、几千倍甚至几万倍。以空气和水作试验介质为例,经过计算在不同的爆破压力下,空气的破坏威力与水的比值,见表4-5。

表4-5 空气和水在不同爆炸压力下爆炸威力之比

爆炸压力(绝对)(kgf/cm^2)	2	5	11	51	151	321	401
空气爆炸威力为水的倍数	41 040	13 181	6 270	1 570	583	288	234

因此,用气体作为试验介质进行耐压试验时,更应该小心谨慎。除了设计图纸上规定必须用气体代替液体来进行耐压试验的容器,其他压力容器一律不准用气体作为耐压试验介质。气压试验压力,对低压容器,为最高工作压力的1.2倍,中压容器为1.15倍。

气压试验时所用的气体一般为洁净、干燥的空气、氮气或其他惰性气体。气体温度不得低于15 ℃,且不得低于材料的脆性转变温度。若容器内有残留的可燃气体或蒸汽存在,禁止用空气作试验介质,以防发生化学爆炸。在试验和检查过程中不得敲击和震动容器。此外,升降压速度应更缓慢一些,控制更严些。进行气压试验前,要做好防护措施,以防万一爆炸时人员遭到伤害。

(6)合格标准容器经耐压试验,若无泄漏,无可见的变形,修理改造过的部位无超标缺陷,测定容器的残余变形率没有超过规定,则试验合格。

三、压力容器的维护保养

做好维护保养,使压力容器经常处于完好状态,不但延长了容器的使用寿命,而且有利于安全生产、文明生产,有利于节约能源。压力容器的维护保养,一般包括防止腐蚀、消除跑冒滴漏和做好停运期间的保养工作。

(一)防止腐蚀

化工压力容器内部受工作介质的腐蚀,外部受大气、海水或土壤的腐蚀。目前大多采用防腐层来防止腐蚀,如金属涂层、无机涂层、有机涂层、金属内衬和搪玻璃等。检查和维护防腐层的完好,是防止容器腐蚀的关键。如果容器的防腐层自行脱落或受碰撞而损坏,腐蚀介质和材料直接接触,则很快就发生腐蚀。在日常的巡回检查和一年一次的外部检查中,发现防腐层破坏,即使是局部的,也应该采用修补等办法,妥善处理。灰尘、油污、潮湿和有腐蚀性的物质,若积附在容器、管道及阀门等的上面,易引起腐蚀,应该及时清除,保持容器等外表面的洁净和干燥。

(二)消除跑冒滴漏

生产设备的跑、冒、滴、漏,不仅浪费化工原料和能源,污染环境,恶化劳动条件,影响我们的健康,而且往往造成容器、管道、阀门和安全附件的腐蚀。跑、冒、滴、漏严重时还会引起燃烧、爆炸或急性中毒。做好日常的维护保养和检修工作,正确选用连接方式、垫片材料、填料,等等,及时消除跑、冒、滴、漏,消除振动和摩擦,保持保温层的完好无损,是实现安全生产和文明生产的保证。

(三)停运期间的保养

临时或长期停运的容器,都应加强维护保养。在日常生活中,大家都有这样的经验:刀不用易锈。化工设备处在经常运行之中,腐蚀的情况一般要比停运的轻。有些容器恰恰是在停用期间因腐蚀而损坏的。因此,要做好停运期间的保养工作。

容器停用,要将内部的介质排空放净。对腐蚀性的介质,要经排放、置换或中和、清洗等技术处理。进行上述技术处理时,注意防止容器的"死角"内积存腐蚀性物质,并将锈蚀物、油垢等杂质清除干净。
然后要保持容器的洁净和干燥。根据停用时间的长短以及设备和环境
的具体情况,有的需在容器的内外表面涂刷油漆等保护层;有的在容器
内用专用器皿盛放吸潮剂。停运容器要定期检查,及时更换失效的吸
潮剂。发现油漆等保护层脱落或刮落时,应及时补上,使保护层经常保
持完好无损。

第三节　压力容器安全附件

　　要确保压力容器的安全运行,必须从设计、制造、安装,运行、检验
等方面加强安全技术管理,从根本上采取措施,消除或尽量减少那些可
能引起容器破坏的因素。与此同时,还必须根据容器的用途、工作条
件、介质性质等具体情况,装设必要的安全附件,以提高压力容器的可
靠性和安全性。压力容器的安全附件主要有安全阀、爆破片、易熔塞、
压力表、温度计、液位计、紧急切断阀和紧急排放装置等。本节仅介绍
安全阀、爆破片和压力表的工作原理、简单结构、维护保养和定期检验
等方面的基本知识。

一、安全阀

(一)安全阀的作用原理和结构

　　杠杆式和弹簧式安全阀是工业生产中最常用的两种安全阀。它们
是利用杠杆与重锤或弹簧弹力的作用,压住容器内介质。当介质压力
超过杠杆与重锤或弹簧弹力所能维持的压力时,阀芯被顶起,介质向外
排放,器内压力迅速降低;当器内压力小于杠杆与重锤或弹簧所能维持
的压力后,阀芯再次和阀座闭合。

　　重锤单杠杆式安全阀和弹簧式安全阀的结构,见图4-5 和图4-6。
杠杆式安全阀主要由阀体、阀座、阀芯、阀杆、杠杆和重锤等组成。弹簧
式安全阀与杠杆式所不同的是用弹簧代替了杠杆和重锤。

　　杠杆式安全阀靠移动重锤的位置,或变换重锤的质量来调整安全
阀的开启压力。它具有结构简单、调整方便、比较准确,作用于阀芯上

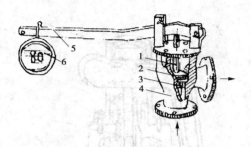

1—阀杆;2—阀芯;3—阀座
4—阀体;5—杠杆;6—重锤
图4-5　重锤单杠杆式安全阀

的力不会因阀芯升高而增大以及适用于温度较高场合等优点。因此,以往使用得比较普遍,特别是在工作温度较高的压力容器和蒸汽锅炉上。但是,杠杆式安全阀也存在不少缺点,如结构比较笨重,难以用于高压容器之上。又因为重锤的重力和阀内介质压力的作用力在工作时接近平衡状态,重锤又作用在一根长杆上,受外界影响容易产生振动,导致泄漏。杠杆式安全阀的另一个缺点是回座压力比弹簧式的低,对持续生产不利。

　　弹簧式安全阀借助调整螺丝(或调整螺母)来调节开启压力。它结构紧凑,轻便,灵敏度也较高,安装位置不受严格限制,对外界振动不敏感,所以除用于固定式容器上外,还用于移动式的压力容器上。弹簧式安全阀的缺点是作用阀芯上的弹力随着阀开启高度的变化而变化。阀芯升高,弹簧的压缩量增大,作用在阀芯上的力也增大,故不利于安全阀的迅速开启。另外,弹簧如受长期高温的影响,则弹力会减小,用于温度较高的场合时,为了考虑弹簧的隔热和散热,使结构复杂化。没有隔热和散热措施的弹簧安全阀,不宜用在温度较高的场合。

　　选用安全阀时,必须根据介质的压力、温度和腐蚀特性正确选择压力等级、工作温度和阀芯等部件的材质。此外,每只安全阀都有额定的排放能力,若容器安全泄放量(为确保容器不发生超压爆炸而要求安全阀排放出的器内介质数量)超过了安全阀的排放能力,超压时即使安全阀动作,压力也不会迅速下降,不能保证容器的安全。因此,决不

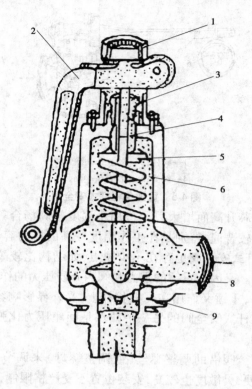

1—阀帽;2—提升手柄;3—调整螺丝;
4—阀杆;5—上压盖;6—弹簧;
7—压盖;8—阀芯;9—阀座
图4-6　弹簧式安全阀

能不经技术部门的检查、计算和认定,随意地将一个容器上的安全阀移
装到另一个容器上去使用。

　　(二)安全阀的安装和使用

　　(1)直接连接,垂直安装。安全阀与容器应直接连接,安装在容器
的最高位置。如果安全阀和容器之间用短管连接的话,那么短管的内
径必须不小于安全阀的进口直径,为的是尽量减小阻力,确保安全阀迅
速排放、泄压。安全阀与容器之间原则上不准再装任何阀门,这是因为

装了别的阀门后,一旦处于关闭状态,安全阀便失去作用。以往有些企业由于安全阀泄漏等缘故擅自在安全阀和容器之间加装切断阀,容器内超压时切断阀却关着,安全阀不起作用而发生了爆炸事故,教训深刻。

假如容器内介质是易燃、剧毒或黏稠性物质,为了便于更换、清洗安全阀,可以加装截止阀。不过,必须做到两点:其一,截止阀的结构不能妨碍安全阀正常动作,截止阀的通径不得小于安全阀通径;其二,运行中确保截止阀处在全开位置,并加铅封或上锁,使他人无法将截止阀关上。安全阀,特别是杠杆式安全阀应垂直安装,保持阀杆、阀芯和阀座的同心度,有利于阀芯和阀座良好闭合。

(2)防止腐蚀,安全排放。安全阀排放管(又叫泄放管)若积聚凝液或雨水,便易腐蚀,故运行中要保持排放管的泄液管通畅,及时排除积液。要保持安全阀清洁干净,防止油垢、灰尘以及其他脏物堵塞和产生腐蚀。要检查用来固定排放管的支架是否牢靠,防止安全阀排放时因排放管晃动而倾倒。要经常检查排放管的静电导除措施的完好状况,如有异常,及时汇报。

(3)铅封完好,定期试排。按照规定,安全阀经检验合格后应加上铅封,目的是防止重锤被人移动,调整螺丝被人拧动。重锤位置移动了或调整螺丝拧紧拧松了,就改变了安全阀的开启压力。或者超压时,安全阀不动作而发生爆炸事故;或者在正常工作压力下安全阀也动作,影响生产。所以,要经常检查铅封是否完好,重锤或调整螺丝是否有人动过。为了防止阀芯和阀座粘牢,用于空气、水蒸气或排放时不会造成危害的其他介质的安全阀,应定期做手提排放试验。进行试验时,站位要得当,动作应缓慢,事前须和上下工序联系。手提排放试验的时间间隔,并没有统一的规定,应当根据运行工况和介质性质来确定。

(4)消除泄漏,定期检验。由于脏物黏附;阀芯、阀座因腐蚀产生沟槽;阀芯和阀座不同心以及弹簧受外界温度等影响而弹力减小等原因,安全阀便产生泄漏。运行中发现安全阀泄漏应及时更换或检修。千万不要用移动重锤或拧紧调整螺丝、加大对阀芯的作用力的办法,来消除泄漏。这样做在大多数情况下既不能达到消除泄漏的目的,又使安全阀失去超压保护的作用。安全阀应按规定进行定期检验，一般每年至少检验一次。

二、爆破片

（一）爆破片的作用原理

爆破片的别名很多，如爆破膜、爆破板、防爆膜等。装上了爆破片的容器，如果发生超压、膜片自行破裂，介质迅速外泄，压力很快下降，容器得到保护。爆破片的特点在于结构极为简单，动作非常迅速。与安全阀相比，它受介质黏附积聚的影响较小；在膜片破裂之前能保证容器的密闭性；排放能力不受限制。但是，膜片一旦破裂，在换上新的爆破片之前，容器一直处于敞开状态，生产不得不中断，这是爆破片最根本的缺点。

爆破片一般用于下列场合：

（1）存在爆燃及异常反应而压力骤增、安全阀由于惯性来不及动作的场合；

（2）剧毒介质或昂贵介质，不允许有任何泄漏的场合；

（3）运行中会产生大量沉淀或粉状黏附物，妨碍安全阀动作的场合；

（4）气体排放口径过小（如小于 12 mm）或过大（如大于 150 mm），并要求全量泄放或排放时要求无阻碍的场合。

（二）爆破片的使用

爆破片选用什么材料，膜片用多厚，采用何种结构型式，都是经过专门的理论计算和试验测试而决定的，不要认为反正有个圆片片装上就行了。膜片用得厚了，超压不破裂，不起保护作用；用得薄了，正常压力下便自行破裂，造成物料外泄，生产中断。不同材料的膜片，即使厚度一样，膜片破裂的压力是不同的，因此爆破片切不可随意选用。运行中应经常检查爆破片法兰连接处有无泄漏，爆破片有无变形。由于特殊情况，在爆破片同容器之间装有切断阀时，则要检查该阀的开闭状态，务必保持全开。有伴热设施的爆破片，还应检查其运行是否正常。

通常情况下，爆破片应每年更换一次。发生超压而未爆破的爆破片应该立即更换。更换下来的爆破片要交给企业的有关科室,他们将对膜片进行检查和做爆破试验,从而积累数据和经验,不断改进设计和制造工艺,提高爆破片的性能。

三、压力表

(一)压力表的工作原理和结构

压力表又叫压力计,是用来测量气体和液体压力的仪表。压力表的种类很多,按它的作用原理和结构,可分为液柱式、电量式、弹性元件式和活塞式四大类。

(1)液柱式压力计利用液体静压力作用的原理,根据液柱高度差来确定被测介质的压力值。它有 U 形管、单管和斜管等几种形式。液柱式压力计结构简单,使用方便,测量准确。因受液柱高度的限制,只适用于测量很低的压力或负压,在压力容器上一般不使用。

(2)电量式压力计。利用某些物质在不同压力下产生电量不同的特性,按电量变化来确定所测的压力值。它有电阻式、电容式、压电式和电磁式等多种形式,可用来测定变化很快和超高压的压力。

(3)弹性元件式压力表。利用弹性元件的弹性力与被测压力平衡的原理,根据元件变形程度来确定被测的压力值。它有单弹簧管式、多圈弹簧管式、波纹平膜式、薄膜式和波纹筒式等多种形式。弹性元件式压力表结构坚固,不易泄漏,具有较高的准确度,对使用条件要求不高,但使用中必须经常检查,并不宜用于测定频率较高的脉动压力。

目前,工厂中使用最广泛的是弹簧管式压力表。按照弹簧管变形量的传递机构不同,分为扇形齿轮式和杠杆式两种。图 4-7(a)是带有扇形齿轮传动机构的单弹簧管式压力表的结构,(b)是带有杠杆传动机构的单弹簧管式压力表的结构。

压力表在运行中,介质(或隔离液)进入弹簧弯管,受介质压力的作用,椭圆形截面的弯管就有膨胀成圆的趋势,从而使弯管向外伸展,压力越高,弯管变形越大。弯管变形向外伸展,通过带铰轴的塞子和拉杆带动扇形齿轮,于是和扇形齿轮啮合的小齿轮和同轴的指针也转动,指示刻度盘上的数值。油丝用来消除扇形齿轮和小齿轮间的间隙。弯

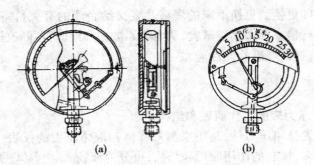

(a)　　　　　　　　　　(b)

图 4-7　压力表的结构

管的另一端牢固地焊在支座上,支座则固定在表壳之内,用接头和压力容器连接。杠杆式压力表运行中,弯管通过拉杆带动弯曲杠杆,从而转动指针。这种弹簧管式压力表可得到更高的准确度,而且耐震,但指针只能在 90°的范围内转动。

(二)压力表的选用和安装

压力表应该根据被测压力的大小、安装位置的高低、介质的性质(如温度、腐蚀性等)来选择精度等级、最大量程、表盘大小以及隔离装置。用于低压容器的压力表,其精度应不低于 2.5 级;中压的不低于1.5 级;高压、超高压的不低于 1 级。压力表精度级是以压力表允许误差占表盘刻度极限值(即最大值)的百分数来表示的。精度 1.5 级的压力表,它的允许误差为表盘刻度极限值的 1.5%。假如容器最高工作压力为 8 kgf/cm², 选用了量程为 0 ~ 16 kgf/cm²、精度 2.5 级的压力表,则压力表刻度盘的极限值是 16 kgf/cm², 允许误差为 ±0.1 kgf/cm²。又如最高工作压力为 100 kgf/cm², 选用量程为 0 ~ 250 kgf/cm²、精度级分别为 1 级和 2.5 级的压力表,那么允许误差因精度级不同而不同,1 级的为 ±2.5 kgf/cm², 2.5 级的达 ±6.25 kgf/cm², 显然后者的误差太大了。

最大量程和表盘直径选择得合适,可减少肉眼观察的偏差,减小压力表的误差,延长压力表使用寿命,有利于安全生产。压力表的量程通常为最高工作压力的 1.5 ~ 3 倍,最好为 2 倍。例如,最高工作压力是 8 kgf/cm², 选择量程为 0 ~ 16 kgf/cm² 的压力表;最高工作压力为 20

kgf/cm²,则选择 0~40 kgf/cm²。这样,在运行中压力表的指针处在表盘刻度的中间,观察方便,因观察产生的偏差可减小。量程若选得过小,同样精度级下压力表的允许误差是减小了,但因工作压力和表的最大值接近,运行中弹簧管一直处在变形最大的状态,易产生永久性变形(即塑性变形),使压力表失效。反之,量程选得过大,则运行中指针离开零位很近,观察不便,由观察带来的偏差就大;在精度级相同时,压力表的误差也大,不利于安全生产。表盘直径在不妨碍操作和检修的前提下,尽可能选大一点为好,一般不宜小于 100 mm。如果压力表安装位置与操作岗位相距较远,则表盘直径更应选大一点,以便操作人员的观察。

装设压力表的场所应有足够的照明,安装位置要便于观察,并要防止受高温辐射和振动,防止低温冻结。高温辐射会造成弹性元件失效;振动能加快表内齿轮的磨损变形,使油丝紊乱,指针松动,轴承损坏,缩短压力表的使用寿命;低温冻结将导致压力表不能如实指示器内的压力,引起事故。

为了现场校验和调换的方便,应在压力表同容器连接的管路上安装三通旋塞(或针形阀)。三通旋塞上应有启闭的标志。工作介质为高温或具有腐蚀性时,要在弹簧管式压力表与容器的连接管路上,装上存液弯管或隔离装置,使高温或腐蚀介质不和弹簧弯管直接接触。介质的腐蚀特性不同,选用不同的隔离液。例如,氨、水煤气的隔离液用变压器油,氧气用甘油,重油用水,硝酸用五氯乙烷,而氯化氢用煤油。

(三)压力表的使用和校验

根据容器允许的最高工作压力,在表面刻度盘上画条红线,以示警戒。应当指出,红线不准画在表盘玻璃上,因为一则会产生很大的视差,二则表盘玻璃会转动,红线位置也随玻璃转动而变动,往往导致事故。启用蒸汽系统等高温介质的压力表,应利用三通旋塞先使高温介质冷凝,积聚冷凝液体,随后使冷凝液和弹簧管接触,防止高温介质直接进入弹簧管。

运行中要保持压力表洁净,表盘上玻璃清晰明亮。为了防止连接管堵塞,压力表应定期吹洗。经常观察压力表指针的转动和摆动是否正常,若同一容器装有两只压力表,则应当经常核对。压力表按规定做定期校验,一般是每 6 个月校验一次,校验合格的压力表应该封印。

压力表若发生下列情况之一时,应该停用换新:

(1)容器卸压后压力表指针回不到零位,指针偏离零位的数值超过了压力表规定的允许误差;

(2)表盘玻璃破碎或表盘刻度模糊不清;

(3)超期未做校验;

(4)表内漏气或指针剧烈跳动等影响压力表准确度的缺陷。

第四节　气瓶安全

气瓶是使用普遍、流动性大的"压力容器",前面所讲的压力容器安全使用的原则,基本上适用于气瓶。同时,随着气体工业的迅猛发展,现在,人们无论是在生产领域,还是在生活领域,几乎都离不开气瓶。它使用范围之广、数量之多、流动之大和所处环境之恶劣,是其他特种设备所不能比拟的。气瓶充装介质又存在燃烧、爆炸、腐蚀、毒害等危险性,具有移动和重复使用的特点,一旦发生爆炸或泄漏,往往并发火灾和中毒,乃至引起灾难性事故的发生,给人民生命财产和国民经济的发展带来严重损失,对社会安全造成巨大影响,使它在充装、使用和贮运方面另有某些特殊的安全要求。

一、气瓶的安全充装

在生产使用过程中,气瓶事故发生的原因是多方面的,在充装环节引发的气瓶事故占了很大的比例。在这些气瓶事故中,主要是由于错装、混装、超装造成的。为此,《特种设备安全监察条例》《气瓶安全监察规程》和《气瓶安全监察规定》等各种法规条例都强调对充装单位进行充装许可的审查和批准,对充装站管理体系、安全管理制度、人员素质和仪器设备也做了明确的规定。

1979 年温州电化厂的液氯钢瓶爆炸等众多的钢瓶事故,不断提醒我们必须要切实加强钢瓶的管理工作,不断完善并严格执行安全工作制度,加强安全管理力量、加强对职工的培训教育,确保操作人员的专业知识和技能符合工作要求,并持证上岗。要坚持"七不充装"的规定,严格执行气瓶充装前检查制度,认真做好充装前检查记录,严禁未经检查合格的气瓶进入充装台,确保不错装、不混装、不超装和充装质量的可追踪检查。

（一）钢瓶充装前检查

充气单位在气瓶充装前应由专职检查员负责逐只进行检查,检查出的问题必须妥善处理,否则严禁充装。以防止一切不符合要求和规定的气瓶投入充装,排除不安全因素,保证气瓶在充装和使用过程中的安全。气瓶充装前检查的主要项目有:

（1）气瓶是否由国家特种设备安全监察部门批准持有制造许可证的制造厂所生产,否则不予充装。

（2）进口气瓶必须经国家特种设备安全监察部门指定的检验单位检验合格,否则不予充装。

（3）发现停用后需要复检的气瓶,应做出记号,转交气瓶定期检验站,按规定办理。

（4）气瓶材质是否适应欲充装气体性质的要求。发现气瓶材质不适应欲充装气体的要求的不予充装使用。

（5）盛装永久气体和高压液化气体的气瓶是否是焊接的结构形式。按《气瓶安全监察规程》的规定,高压气瓶的瓶体,必须采用无缝结构。

（6）在检查中还要注意用户自行改装的气瓶。有些用户由于缺乏气瓶安全使用知识,擅自改变瓶内充装介质。如不认真检查就有酿成事故的可能。

（7）气瓶原始标志是否符合规程和标准的规定,钢印字迹是否清晰可辨。

（8）气瓶是否在规定的定期检验有效期限内,其检验标志是否符合规定。过期气瓶,不得充装使用。

（9）检查气瓶原始标志或检验标志上标出的公称工作压力或水压试验压力是否符合欲装气体规定的充装压力要求。

（10）气瓶外表的漆色、字样、字色、字环等标志是否符合 GB 7144《气瓶颜色标记》的规定。

（11）气瓶安全附件是否齐全并符合技术要求。

（12）气瓶瓶阀的材质、结构型式和出气口连接形式是否符合欲充装气体性质的规定,其锥形尾部连接螺纹的剩余牙数是否符合技术要求。

（13）盛装氧气或强氧化性气体气瓶的瓶阀和瓶体是否沾染油脂;溶解乙炔气瓶的瓶阀出气口有无炭黑或焦油等异物。

（14）气瓶内有无剩余压力,剩余气体与欲装气体是否相符合。

（15）新投入使用或经定期检验、更换瓶阀或因故放尽气体后首次充气的气瓶,除压缩空气气瓶外,均应做记号,转交有关工序,按规定对气瓶内气体进行置换或真空处理。

（16）用手摇晃或滚动气瓶,凭手感判断永久气体气瓶内有无过量积水或撞击内壁的物体存在。

（17）对于有残液出现的气瓶,应根据欲充装气体性质的规定分析瓶内残液性质或称量残液积存是否超过规定,超过规定的要转交有关部门进行抽真空处理。

（18）瓶体有无裂纹、严重腐蚀、明显变形、机械损伤以及其他能影响气瓶强度和安全使用的缺陷。

（19）通过音响检查气瓶是否存在隐蔽缺陷。

（20）非标准的异型钢瓶以及发现有火烧、烧伤迹象的一律判废。

（二）过量充装的危险性及预防措施

1. 过量充装的危险性

通过对气瓶爆炸事故的统计分析,导致气瓶物理性爆炸的主要原因是过量充装;造成气瓶化学性爆炸的主要原因是物料倒灌。严格按照《气瓶安全监察规程》规定的充装系数充装的气瓶,通常情况下瓶内介质的压力总是小于气瓶的设计压力的。瓶内介质为液氯、液氨、液化石油气等低压液化气体时,则其压力等于对应温度下的饱和蒸气压。假如充装过量或满液,则温度上升时,压力骤增。经试验测定和理论计算,液氯、液氨的满液钢瓶,温度升高 1 ℃,瓶内压力增加 10～20 个大气压。满液钢瓶只要温度上升5~10 ℃,钢瓶就会屈服变形或发生爆炸。通过计算,0 ℃时满液的液氯钢瓶,不同温度下瓶内的压力,见表4-6。

表4-6　0 ℃满液液氯钢瓶不同温度下的压力

液氯温度(℃)	0	5	10	15	20	25	30	35	40
瓶压(kgf/cm²)	2.7	71	131	184	240	275	325	356	373

从表4-6中可以看出,0 ℃时满液的液氯钢瓶,温度尚未升高到10 ℃,可能已爆炸了。

2. 预防超装的措施

化工系统中的氯碱厂、合成氮厂、染料厂、硫酸厂、制冷剂厂、农药厂、石油化工厂等企业,不仅使用钢瓶,而且大多是气体充装的单位,对防止气瓶过量充装问题,应予以高度重视。防止过量充装应该做到以下几点。

(1)专人负责,精心操作。气体充装工作应由专人负责。充装人员要定期接受安全教育并参加培训考核。充装时集中思想,正确计量,不可擅自离开岗位。

(2)抽尽余液,核实瓶重。来瓶充装前必须逐只检查,抽尽余液,核实瓶重,莫将余液当瓶重。

(3)按瓶立卡,认真记录。凡来厂充装的钢瓶要逐只建立卡片,充装时认真做好记录,以便核对、查找。

(4)计量磅秤,定期校验。用于液化气体充装计重的磅秤,至少每3个月校验一次。选用磅秤的最大称量值宜为常用质量值的1.5~3倍。

(5)复磅制度,必须坚持。充装完毕的钢瓶,应指定专人负责复磅,逐只核对皮重、总重、液化气体实际充装量。发现超装务必及时泄压。

(6)自动计量,超装报警。尽可能采用先进的技术手段,实现自动充装、计量,超装自动报警并自动切断气源。

使用气瓶的单位,对来自充装单位的满瓶也应复验。一发现充装过量,务必尽快采取措施(如立即通知充装单位派人来厂,或尽快泄压等),妥善处理。

二、气瓶的安全使用

气瓶使用时的安全要求如下:

(1)不得擅自更改气瓶的钢印和颜色标记。

(2)气瓶使用前应进行安全状况检查,对盛装气体进行确认。

(3)气瓶的放置地点,不得靠近热源,距明火 10 m 以外。盛装易起聚合反应或分解反应气体的气瓶应避开放射性射线源。

(4)气瓶立放时应采取防止倾倒措施。

(5)夏季应防止阳光暴晒。

(6)严禁敲击、碰撞,特别是乙炔瓶不应敲击、碰撞。

(7)盛装一般气体的气瓶,每 3 年检验一次。

(8)液化石油气瓶,使用未超过 20 年的,每 5 年检验一次;超过 20年的,每 2 年检验一次。

(9)盛装惰性气体的气瓶,每 5 年检验一次。

气瓶在使用过程中,发现有严重腐蚀、损伤或对其安全可靠性有怀疑时,应提前进行检验。

库存和停用时间超过一个检验周期的气瓶,启用前应进行检验。

使用气瓶要做到正确操作,禁止撞击;远离明火,防止受热;专瓶专用,留有余压;维护保养,定期检验。

(一)正确操作,禁止撞击

高压气瓶开阀时应缓慢开启,不要过快,防止高速产生高温,介质是可燃气体的钢瓶尤应注意,防止高速产生的静电作用而引起燃烧或爆炸。开或关瓶阀时,不能用铁扳手等敲击瓶阀和瓶体,以免产生火花或敲坏瓶阀。氧气瓶严禁沾染油脂,也不准用沾染油脂的手套、工具去操作氧气瓶。因为氧气遇到油脂就会发生燃烧。气瓶的瓶阀和减压器泄漏时,不能继续使用。气瓶禁止撞击,因为撞击损伤瓶体,碰落瓶体外的漆色,缩短瓶子的使用寿命;撞击好似使钢瓶受到冲击载荷,会恶化瓶体材料的机械性能,使材料变脆而发生脆性破坏;撞击还可能折断阀杆造成瓶内介质大量外泄或引起燃烧爆炸,或发生中毒事故。溶解乙炔钢瓶若受撞击,能触发化学性质活泼的乙炔分解爆炸。乙炔钢瓶使用时,严禁卧放。液氯钢瓶则应该使气相阀处在上方位置。

(二)远离明火,防止受热

前面已经讲过,温度升高瓶内的压力也随之升高。气瓶设计压力是按照正常情况下瓶内介质可能达到的最高温度,并考虑适当的安全裕量而确定的。因此,在使用中要防止气瓶受到明火烘烤,太阳暴晒以及蒸汽管、暖气片等热源使气瓶受热。气瓶与明火的距离一般应在 10 m 以上。乙炔钢瓶还不得靠近电气设备。冬天瓶阀冻结需要加快液化气体汽化时,严禁用明火烘烤,也不准用蒸汽直接喷射气瓶。可将瓶子移到较暖的场所,或用温水解冻,水温以控制在 45 ℃ 左右为宜,由于乙炔化学性质十分活泼,极易发生分解爆炸,所以用来解冻的温水温度,不得超过 40 ℃。

(三)专瓶专用,留有余压

为了防止性质相抵触的气体相混而发生化学爆炸,气瓶应专瓶专用,不能擅自改装他类气体。物料倒灌是造成化学爆炸的主要原因,为了防止倒灌,使用气瓶禁止用真空泵抽气,必须留有余压。气瓶留有余压,一可以防止倒灌,二方便了充装单位的检验。低压液化气瓶的余压,一般是在 $0.3 \sim 0.5 \ kgf/cm^2$ 的范围;高压压缩气瓶的余压,以保留 $2 \ kgf/cm^2$ 为宜,最低的不要低于 $0.5 \ kgf/cm^2$;溶解乙炔钢瓶的余压,按环境温度而定,一般不得低于表4-7 的规定值。

表 4-7　乙炔瓶内余压与环境温度的关系

环境温度(℃)	0	0~15	15~25	25~40
剩余压力(kgf/cm^2)	0.5	1	2	3

利用气瓶的气体作为原料,通入反应设备时,必须在气瓶与反应设备之间安装缓冲罐,缓冲罐的容积应能容纳倒流的全部物料。

(四)维护保养,定期检验

气瓶外壁上的油漆既是防止瓶体腐蚀的保护层,也是识别气瓶的标志。它表明瓶内所装气体的类别,以防误用或混装。因此,要经常保持瓶上漆色完好、字样清晰。若漆色脱落、字样模糊,就应按规定重新漆色,否则充装单位将拒绝充装。使用到期的气瓶应送经当地劳动部门批准的验瓶单位检验。气瓶定期检验的周期视所装气体的性质而有长有短。对空气、氢气、液化石油气等一般气体的钢瓶,为每 3 年检验一次;氯、氨、二氧化硫等腐蚀性气体的钢瓶,为 2 年检验一次;氮气和氩气等惰性气体的钢瓶,为 5 年检验一次。但是,如果发现气瓶有严重腐蚀或损伤时,应提前检验。气瓶瓶罐有裂纹、渗漏或明显变形;高压气瓶的容积残余变形率大于 10%;壁厚减薄,经强度校核不能按原设计压力使用的气瓶以及被火烧过的气瓶,原则上都应报废,不能继续使用。

三、气瓶的安全运输

装运气瓶应做到文明装卸,妥善固定;分类装运,禁止烟火;防晒防雨,悬挂标志。

(一)文明装卸,妥善固定

搬运气瓶要轻装轻卸,严禁滚、抛、甩、倒、撞,厂内搬运时宜用专用小车,因为气瓶是有爆炸危险的容器。不能用电磁起重机来搬运气瓶。装车时应横向放置,头朝一方,旋紧瓶帽,备齐防震圈,瓶子下面用三角木块等卡牢。车厢拦板要坚固牢靠,瓶子堆高不得超过车厢高度。乙炔钢瓶直立排放时,车厢高度不得低于瓶高的 2/3。以上规定都是确保运输过程中气瓶不倾倒、不跌落、瓶阀不受损坏的安全措施。

(二)分类装运,禁止烟火

关于化学危险物品贮运的常识,这里简单提一下。性质相抵触的气瓶(如助燃的氧气、氯气瓶与易燃的氢气、乙炔气和液化石油气瓶等)不得同车运输;氧气、氯气等强氧化性气体气瓶,不准和易燃品、油脂及沾有油脂的物品装在同一辆车上;乙炔瓶不能和易燃物品混在一起运送,以防万一易燃物品着火,乙炔受热爆炸。运输气瓶的车辆上禁止烟火,在车上要配备相应的灭火器材和防中毒、防化学灼伤的个人防护用具。装有液化石油气的气瓶,运输距离严禁超过 50 km。

(三)防晒防雨,悬挂标志

运输气瓶的车辆要有遮阳防雨设施,防止雨雪侵袭,防止太阳暴晒。炎热地区应该遵守当地政府关于夏令季节装运化学危险物品的有关安全规定,避免白天运送气瓶。气瓶属于化学危险品,运输气瓶的车辆应在车前悬挂黄底黑字(危险品字样)的三角旗。遵守公安、交通部门的有关危险品运输的安全规定或条例,例如,按指定的路线行车;在机关、居民密集处等地方不准停留,等等。

四、气瓶的安全储存

隔离储存,防止倾倒;分开堆放,防止腐蚀;定期检查,限期存放,是气瓶储存中的重要环节。

(一)隔离储存,防止倾倒

性质相抵触的气瓶必须分隔储存,不能混放在一起。储存不同种类气瓶的库房之间要用隔火墙完全隔开,以防气瓶万一泄漏,两种性质相抵触的气体相遇引起火灾、爆炸或中毒事故。氧气等强氧化性气体气瓶不能和易燃物品、油脂或沾有油脂的物品同室存放。

库内气瓶要妥善固定,竖放时应设置栏栅固定;卧放时(乙炔瓶宜保持直立位置)要用木块等卡牢;高压气瓶堆放不能高于5层,防止倾倒。旋紧瓶阀,以防泄漏;戴好瓶帽,保护阀杆,以防折断。库房之内必须留有通道。

(二)分开堆放,防止腐蚀

满瓶、空瓶一定要分开堆放,堆放处应有明显的标记或字样,以防相混。如果满瓶、空瓶混杂一起,就可能误将满瓶当空瓶,送往充装单位充装。这样不仅周转往返,浪费人力、物力,而且给充装单位留下重大隐患。万一充装单位一时疏忽,来瓶检验不严,把满瓶当空瓶而充装,势必要过量。钢瓶满液,温度稍稍升高就可能发生燃炸。

气瓶存放场所应保持良好通风,保持瓶体和存放场所的干燥。不要使气瓶受雨雪侵袭或遇到腐蚀性物质,防止气瓶腐蚀。

(三)定期检查,限期存放

库房内气瓶要定期检查,检查的重点是气瓶有无泄漏、腐蚀、倾倒。

发现泄漏,及时消除;若有腐蚀,妥善处理。乙炔、四氟乙烯等气体的化学性质十分活泼,久存会发生聚合或分解等的反应,发生事故。这类气体的气瓶,必须根据其化学特性,规定存放期限,到期及时处理。这类气瓶还不得存放在有放射线的场所,以免射线促使乙炔、四氟乙烯等气体的聚合、分解反应。乙炔钢瓶还不准放在橡胶等绝缘体上,以防静电引起事故。最后,储存气瓶的库房建筑应符合《建筑设计防火规范》的规定。气瓶库房不能设在地下室或半地下室,企业中的地下室或半地下室也不准储存气瓶。根据储存气瓶的种类、瓶内气体的危险特性,库房应配备相应的灭火器材和防中毒、防化学灼伤等防护器具。

第五章　用电安全

　　在国民经济中,电能已成为主要的动力源。生产和生活上都广泛用电,例如:用电作为动力,可以开动各种机器;把电能转换成热能,可用于熔炼、焊接、切割、干燥、金属热处理等;把电能转换成化学能,可用于电解、电镀、电化学加工等;电还可以用于医疗、通信、测量、计算等各个领域。电给人类带来光明,造福于人类。没有电的广泛应用,生产和生活的现代化都是不可能实现的。但是,如果应用不当,电不但会伤人,还会带来其他危害。这就是说,在用电的同时,必须考虑电气安全问题。我们每一个职工都应该懂得用电安全方面的知识。本章将简要介绍电流对人体的作用和用电安全常识。

第一节　电流对人体的伤害

一、电的基本知识

(一)电流

　　自然界存在两种性质不同的电荷,一种叫正电荷,另一种叫负电荷。电荷有规则地定向运动,就形成了电流,人们习惯规定以正电荷运动的方向作为电流的方向。电流用 I 符号表示,以安培作单位,简称安(A),1 安培(A) = 1 000 毫安(mA)。

(二)电压

　　带电物体具有电位,正电荷从高电位移向低电位。电路中任意两点之间的电位差称为两点间的电压,负载两端存在的电位差称为负载的端电压。电压(用符号 U 表示)的单位是伏特,简称伏(V),根据需要也可用千伏(kV)、毫伏(mV)。

(三)电阻

导体具有传导电的能力,但在传导电流的同时又有阻碍电流通过的作用,这种阻碍作用,称为导体的电阻(用符号 R 表示),单位是欧姆,简称欧(Ω)。不同的导体有不同的电阻,同一种导体的电阻与导体的长度成正比,与导体的横截面面积成反比。材料的导电性能用电阻系数(又称为电阻率,用符号 ρ 表示)来衡量。所谓电阻系数就是长度为 1 m、截面面积为 1 mm^2 的导线的电阻值。电阻系数愈小,材料的导电性能愈好。电阻系数的大小同温度有关。温度 20 ℃时,铜的电阻系数为 0.017 2 $\Omega \cdot mm^2/m$,铝为 0.028 3 $\Omega \cdot mm^2/m$,铁为 0.15 $\Omega \cdot mm^2/m$ 左右。由此可见,铜的导电性能比铝好,铝的导电性能比铁好。

(四)欧姆定律

在电路中,电流的大小与电路两端电压的高低成正比,而与电阻的大小成反比。

在电路中,一般情况下,导线本身的电阻总是比较小的,而负载部分(如灯泡、电动机、电热丝等)的电阻是全电路电阻的主要组成部分。如果导线断裂或电路打开,称为开路,电流等于零;如果两根导线相碰,电阻为零,称为短路,电流就变得很大,出现很大的短路电流。

(五)直流电和交流电

电流分直流电和交流电两种。直流电是指大小和方向始终保持不变的电流;交流电是指大小和方向随时间作周期性交变的电流。每秒钟交变的次数叫做频率。我国通常应用的交流电每秒钟交变 50 次,即重复 50 个周期,其频率即为 50 赫兹(Hz),这个频率,习惯上称为工频。工频交流电有单相电和三相电之分。一般电灯用的是单相交流电,电压为 220 V;电动机用的是三相交流电,电压为 380 V。

二、触电事故

触电一般是指人体触及带电体。由于人体是导体,人体触及带电体,电流会对人体造成伤害。电流对人体有两种类型的伤害,即电击和电伤。

（一）电击

电击是指电流通过人体造成人体内部伤害。由于电流对呼吸、心脏及神经系统的伤害，使人出现痉挛、呼吸窒息、心颤、心跳骤停等症状，严重时会造成死亡。

在低压系统（指 1 000 V 以下）中，在通电电流较小、通电时间不长的情况下，电流引起人的心室颤动是电击致死的主要原因；在通电时间较长、通电电流更小的情况下，窒息也会成为电击致死的原因。绝大部分触电死亡事故都是电击造成的。通常说的触电事故基本上是指电击而言的。按照人体触及带电体的方式和电流通过人体的途径，电击触电可分为三种情况。

（1）单相触电。

单相触电是指在地面上或其他接地导体上，人体某一部位触及一相带电体的触电事故。对于高压电，人体虽然没有触及，但因超过了安全距离，高电压对人体产生电弧，也属于单相触电。单相触电的危险程度与电网运行方式有关，一般情况下，接地电网的单相触电比不接地电网的危险性大。

（2）两相触电。两相触电是指人体两处同时触及两相带电体的触电事故，其危险性一般是比较大的。因这种情况下，加于人体的电压总是比较大的，可以达到 380 V。

（3）跨步电压触电。当带电体接地短路、电流流入地下时，会在带电体接地点周围的地面上形成一定的电场（即产生电压降）。此电场的电位分布是不均匀的，如果以接地点为中心画许多同心圆，同心圆的半径越大，圆周上的电位越低；反之，半径越小，圆周上电位越高。如果人的双脚分开站立，就会承受到地面上不同点之间的电位差（即两脚接触不同的电压），此电位差就是跨步电压。如果沿半径方向的双脚跨步距离越大，则跨步电压越高。由此引起的触电事故叫跨步电压触电。当跨步电压较高时，会使人双脚抽筋，倒在地上，这样就可能使电流通过人体的重要器官，而引起人身触电死亡事故。高压故障接地短路处，或有大电流（如雷电电流）流过的接地装置附近都可能出现较高的跨步电压。

(二)电伤

电伤是指电流对人体外部造成局部伤害,如电弧烧伤等。

三、电流对人体的作用

电流对人体的作用是指电流通过人体内部对于人体的有害作用。因为人体是导体,所以电流通过人体,会引起针刺感、压迫感、打击感、痉挛、疼痛乃至血压升高、昏迷、心律不齐、心室颤动等症状。电流通过人体内部,对人体伤害的严重程度与通过人体电流的大小、电流通过人体的持续时间、电流通过人体的途径、电流的种类以及人体的状况等多种因素有关,而且各因素之间,特别是电流大小与通电时间之间有着十分密切的关系。

(一)伤害程度与电流大小的关系

通过人体的电流越大,人体的生理反应越明显,感觉越强烈,引起心室颤动所需的时间越短,致命的危险越大。对于工频电流,按照通过人体的电流大小不同,人体呈现不同的反应,可将电流划分为以下三级。

(1)感知电流。引起人的感觉的最小电流称为感知电流。人对电流最初的感觉是轻微麻抖和轻微刺痛,试验证明,对于不同的人,感知电流也不同。成年男性的平均感知电流为 1.1 mA,成年女性的平均感知电流约为 0.7 mA。

(2)摆脱电流。摆脱电流是指人体触电以后能够自己摆脱的最大电流。成年男性的平均摆脱电流为 16 mA,成年女性约为 10.5 mA,儿童的摆脱电流比成年人要小。应当指出,摆脱电流的能力是随着触电时间的延长而减弱的。这就是说,一旦触电后不能摆脱电源时,后果将是比较严重的。

(3)致命电流。在较短时间内危及人的生命的最小电流为致命电流。电击致死主要是电流引起的心室颤动或窒息造成的。因此,可以认为引起心室颤动的电流就是致命电流。通常认为 100 mA 电流足以致人于死地。心室颤动引起的死亡是因为心室颤动阻碍心脏向大脑供血,大脑因缺氧而迅速死亡。

根据动物试验和统计分析得出的资料列入表5-1。表中,O是没有感觉的范围;A_1、A_2、A_3是一般不引起心室颤动、不致产生严重后果的范围;B_1、B_2是容易产生严重后果的范围。

表5-1 工频电流对人体作用的分析资料

电流范围	电流(mA)	通电时间	人的生理反应
O	0~0.5	连续通电	没有感觉
A_1	0.5~5	连续通电	开始有感觉,手指手腕等处有痛感,没有痉挛可以摆脱带电体
A_2	5~30	数分钟内	痉挛,不能摆脱带电体,呼吸困难,血压升高是可以忍受的微限
A_3	30~50	数秒到数分	心脏跳动不规则,昏迷,血压升高,强烈痉挛时间过长即引起心室颤动
B_1	50~数百	低于心脏搏动周期	受强烈冲击,但未发生心室颤动
		超过心脏搏动周期	昏迷,心室颤动,接触部位留有电流通过的痕迹
B_2	超过数百	低于心脏搏动周期	在心脏搏动特定的相位触电时,发生心室颤动,昏迷,接触部位留有电流通过的痕迹
		超过心脏搏动周期	心脏停止跳动、昏迷、可能致命的电灼伤

(二)伤害程度与电流通过人体时间的关系

电流通过人体的时间愈长,愈容易引起心室颤动,即电击危险性愈大。这是因为:

(1)通电时间愈长,能量积累增加,引起心室颤动的电流减小。

(2)心脏搏动周期中,约有0.1 s的间隙,这0.1 s对电流最为敏感。通电时间愈长,则必然与心脏最敏感的间隙重合,电击的危险性就愈大。

(3)通电时间愈长,人体电阻因紧张出汗等原因而降低,导致通过人体的电流进一步增加,电击的危险性亦随之增加。

(三)伤害程度与电流通过人体途径的关系

电流通过心脏会引起心室颤动,较大的电流还会使心脏停止跳动,因而使血液循环中断导致死亡。电流通过中枢神经或有关部位,会引起中枢神经系统强烈失调而导致死亡。电流通过头部可使人昏迷,若电流较大,会对脑产生严重损害,使人不醒而死亡。电流通过脊髓,会使人截瘫。这几种伤害中,以对心脏的伤害最为严重。因此,从左手到前胸的途径,由于经过心脏且途径又短,成为最危险的电流途径。从脚到脚的电流途径虽然伤害程度较轻,但很容易因剧烈痉挛而摔倒,乃至造成电流通过全身的严重情况。

(四)伤害程度与电流种类的关系

直流电、高频电流对人体都有伤害作用,但其伤害程度一般较25～300 Hz的交流电为轻。

(1)直流电对人体的作用。直流电的最小感知电流,男性约为5.2 mA,女性约为3.5 mA;平均摆脱电流,男性约为76 mA,女性约为51 mA。

(2)高频电流对人体的作用。电流频率不同,对人体的伤害程度亦不同。通常采用的工频电流,对于设计电气设备比较经济合理,但从安全角度看,这种电流对人体最为危险。随着频率偏离这个范围,电流对人体的伤害作用减小,如频率在1 000 Hz以上,伤害程度明显减轻。但也应当指出,高压高频电的危险性还是很大的,如6～10 kV、500 kHz的强力设备也有电击致死的危险。

(五)伤害程度与人体状况的关系

电流对人体的伤害程度与人体状况的关系表现在以下几方面:

(1)性别。电流对人体的作用,女性较男性为敏感。试验资料表明,女性的感知电流和摆脱电流比男性低1/3。小孩遭受电击要比成年人更为危险。

（2）体重。体重愈大、肌肉愈发达者的摆脱电流也比较大,心室颤动电流与体重成正比。

（3）人体的健康状况。人的身体健康状况好坏及精神状态是否正常,对于触电伤害的程度是不同的。患有心脏病、结核病、精神病、内分泌器官疾病及酒醉的人,触电引起的伤害程度更加严重。

（4）人体的电阻。在带电体电压一定的情况下,触电时,人体电阻愈大,通过人体电流就越小,危险程度也愈小;反之,则危险性就大。人体电阻并不是一个固定值。当人体皮肤外部的角质层完好无缺时,且处于干燥、洁净的情况下,人体电阻可达 4 万 ~ 10 万 Ω。如果当皮肤处于潮湿状态、受到损伤或沾附有导电性粉尘时,则人体电阻会下降到 1 $k\Omega$。当角质层全部破坏,可下降到 800 ~ 1 000 Ω。如果表皮损坏,则人体电阻可下降到 600 ~ 800 Ω。人体体内电阻约在 500 Ω（相当于在浴池中的情况）。

第二节　防止触电事故的措施

在化工生产过程中,所使用的物质许多是易燃易爆、易导电和腐蚀性强的物质,环境条件比较差,因此给用电增加了危险性。触电事故往往没有任何预兆,而且往往在短的时间内造成不可挽回的严重后果。但是,电也并不是不可捉摸的,它具有一定的规律。只要采取综合保护措施,触电事故是可以防止的。

一、触电事故的规律

根据对触电事故的分析,一般可以找到如下规律。

（一）低压触电多于高压触电

国内外的有关资料都表明,低压触电事故远多于高压触电事故。这主要因为:低压设备多,低压电网多,与人接触会多;低压设备简陋,管理不严,思想麻痹。据我国部分城市统计,近几年中发生触电事故死亡人数共达 1 594 人,其中低压触电人数 1 395 人,而高压触电人数只有 199 人（见表 5-2）。

表5-2 触电事故统计 （单位：人）

触电原因	合计	高压	低压	触电原因	合计	高压	低压
触电死亡总数	1 594	199	1 395	设备不合格	965	83	882
缺乏电器安全知识	1 370	183	1 187	维修不善	730	0	730
违反操作规程	1 158	163	995	偶然因素	35	2	33

（二）触电事故具有明显的季节性

国内外统计资料还表明，一年之中二、三季度触电事故较多，6～9月最集中。主要是因为，夏秋两季天气潮湿、多雨，降低了电气设备的绝缘性能；夏天天气炎热，人体多汗，皮肤电阻下降；衣着单薄，身体暴露部位较多，增加了触电的危险性。将低压触电死亡的1 395人按事故发生月份列入表5-3。由表可知，6～9月触电死亡1 046人，占全年低压触电死亡人数的75%。

表5-3 低压触电事故按月份统计 （单位：人）

月份	1	2	3	4	5	6	7	8	9	10	11	12
人数	11	25	35	85	97	160	475	284	127	60	24	12

（三）非电工多于电工

据资料统计，非电工触电死亡的约占3/4，主要是因为企业中非电工人员和青年工人大多缺乏安全用电知识。触电事故的原因很多，一般都是由于电气设备不符合安全要求；安装不合格；维护保养差或年久失修，绝缘损坏漏电；操作失误或违章作业；缺乏电气安全技术措施；制度执行不严以及现场混乱，等等。

二、防止触电事故的技术措施

为了防止触电事故，除在思想上提高对用电安全的认识，树立安全第一、精心操作的思想，以及采取必要的组织措施外，还必须依靠一些完善的技术措施，其技术措施一般有以下几方面。

（一）绝缘、屏护、障碍、间隔

（1）绝缘。即用绝缘的方法来防止触及带电体。应当指出，单独用涂漆、漆包等类似的绝缘来防止触电是不够的。

（2）屏护。即用屏障或围栏防止触及带电体。屏障或围栏除能防止无意触及带电体外，至少还应能使人意识到超越屏障或围栏会遇到危险，而不会有意识地触及带电体。

（3）障碍。即设置障碍以防止无意触及带电体或接近带电体，但不能防止有意绕过障碍去触及带电体。

（4）间隔。即保持间隔以防止无意触及带电体。凡易于接近的带电体，应保持在手臂所及范围之外。正常时使用长大工具者，间隔应当加大。

（二）漏电保护装置

漏电保护装置的作用主要是：当设备漏电时，可以断开电源，防止由于漏电引起触电事故。漏电保护装置可应用于低压线路和移动电具方面。应注意漏电保护装置只用作附加保护，不能单独使用。

（三）安全电压

根据生产和生活场所特点，采用相应等级的安全电压。我国安全电压采用（交流额定值）42 V、36 V、24 V、12 V、6 V。如在矿井、多导电粉尘等场所使用 36 V 行灯，特别潮湿场所或进入金属容器内应使用 12 V 行灯。

（四）保护接地和保护接零

保护接地和保护接零是防止人体接触带电金属外壳引起触电事故的基本有效措施。

（1）保护接地。所谓保护接地就是将电气设备在正常情况下不带电的金属部分与接地体之间做良好的金属连接。当电气设备的某相绝缘损坏或因事故而带电时，如果设备上没有接地装置保护，则设备外壳上将长期存在着电压，当人体触及这外壳时，就会造成触电事故。如按电压 220 V，人体电阻 1 000 Ω 计算，那么流经人体的电流将超过 200 mA，就会致人死亡。如果设备上有了良好的保护接地装置，则接地短路电流就能将 27.5 A 以下的熔丝熔断或自动开关动作，从而切断电源,断开故障。如果设备容量较大,即使不能熔断熔丝或切断电源,也可以大大减少通过人体的电流数值;控制接地装置的电阻在 4 Ω 以下,就可以把通过人体电流限制在最小范围内,从而达到防止触电或降低触电危险程度的目的。

(2)保护接零。所谓保护接零是将电气设备在正常情况下不带电的金属部分与系统中的零线做良好的金属连接。保护接零的作用是当电气设备发生碰壳短路时,经零线而成闭合回路。接零后碰壳短路变成单相导体间的短路,短路电流较大,能使保护电器装置如熔丝或自动开关可靠地迅速动作,切断电源,断开故障设备,从而达到防止人身触电危险的目的。

三、车间常用电器设备的安全要求

车间电器设备品种繁多,这里所涉及的只是几种最常见的、通用的电器设备,如电动机、保护电器、开关电器以及照明装置等。

(一)电动机、保护电器、开关电器

电动机是化工企业最常用的用电设备。它的种类很多,有直流电动机和交流电动机。交流电动机又可分为同步电动机和异步电动机。

为了保护安全,必须正确选用电动机。首先是按照工作环境选定适当的防护形式。例如,潮湿、多尘的环境或者户外,应选用封闭式电动机;易燃易爆的环境,应选用防爆式电动机等。

电动机的功率必须与生产机械载荷的大小及其持续和间断的规律相适应。电动机功率太小,势必造成电动机过负荷工作,导致电动机过热。过热不仅会加速绝缘老化,缩短电动机的使用年限,而且还可能由于绝缘损坏造成触电事故。因此,在运行时,必须保持电动机各部分的温度不超过最高允许温度和最大允许温升。最大允许温升即电动机最高允许温度与周围环境温度(一般定为 40 ℃)之差。

电动机运行时,除应当注意各部件温度不超过允许温升外,还应该注意有没有异常情况发生,如启动电动机时,听见嗡嗡叫声转不起来,可能是超负荷,或是机器卡住,或是线路发生故障;电动机出现强烈振动和音响;电动机发生绝缘烧焦气味、冒烟火(说明运转不正常,是电

动机烧毁的信号);三相电动机一相断电,仅剩两相运行时;电动机所传动的机械部分损坏时,等等。发现异常情况,操作人员应迅速将电源切断,再通知电工修理。

电动机等电器设备和线路视不同情况,还须有短路保护、过载保护和失压(欠压)保护等保护电器装置。短路保护是指线路或设备发生短路时,迅速切断电源,熔断器、电磁式过电流继电器和脱扣器都是常用的短路保护装置。过载保护是当线路或设备的载荷超过允许范围时,能延时切断电源的一种保护,热继电器和热脱扣器是常用的过载保护装置,熔断器可作照明线路或其他没有冲击载荷的线路及设备的过载保护装置。失压(欠压)保护是当电源电压消失或低于某一限度时,能自动断开线路的一种保护,其作用是当电压恢复时,设备不致突然启动,造成事故;同时,能避免设备在过低的电压下勉强运行而遭致损坏。发现保护电器动作,应找出原因后再启动设备,不要盲动。熔丝熔断,不能用铜丝、铁丝代替,应用容量相符的熔丝。

每台电动机应有单独的开关电器。开关电器的主要任务是接通和断开线路。在车间里面,开关电器主要用来启动和停止用电设备(多数是电动机),闸刀开关、铁壳开关、自动空气开关、减压启动器、变阻器、磁力启动器等都属于这类开关电器。启动大型设备的电动机,要按操作规程进行操作,防止启动时过载引起跳闸;启动一般设备的电动机时,不要用力过猛(尤其是按钮式开关),或者用锤、杆敲击来代替手动,以免损坏电器开关;生产中防止酸、碱等腐蚀性物质对电器设备和电线的腐蚀。

(二)照明装置

照明装置包括白炽灯、日光灯、新型电光源(例如碘钨灯、氙灯、荧光高压汞灯等)、开关、插座、挂线盒及附件,安装必须安全可靠,完整无损。

所装灯具、开关、插座等应适合环境的需要,如在特别潮湿、有腐蚀性和多灰尘场所,应采用防水(防潮)、防尘型灯具和密闭开关,室外装置应用密闭开关;在爆炸危险场所,应用防爆照明装置。

所有照明的金属管、支持物件及金属照明配电盘,均应接地。螺丝口灯头接线时,螺口灯头的螺纹,应接到中性线上,另一接触点即灯头底座中心弹簧卡,应经过开关接到相线上。灯泡旋上时要旋足,应使灯泡的金属头不外露。防止相线接错使螺壳带电,人体碰到后会引起触电。

吊灯必须装有挂线盒,每一只挂线盒可装电灯一盏(双管日光灯及特殊灯具除外)。电灯灯头离地高度应符合以下要求:潮湿及危险场所的灯头离地高度不应低于 2.5 m;一般车间不应低于 2 m;电灯灯头达不到上述要求时,无安全措施的车间照明和机床照明应用 36 V 以下的低压装置。

低压装置(12~36 V)的插座应与 110~220 V 的插座有区别,12~36 V 的插头应该无法插入 110~220 V 的插座内。

开关及插座的装置离地高度不应低于 1.3 m,如生产、生活需要,可将插座装低,但离地不应低于 15 cm。

白炽灯灯泡的功率不同,其表面温度亦不同,功率越大,表面温度越高,如 40 W 的灯泡,表面温度可达 50~60 ℃;100 W 的灯泡,可达 170~220 ℃;200 W 的灯泡,可达 160~300 ℃。因此,不能将白炽灯泡接近可燃物,以防火灾。

四、移动电具的安全使用

移动电具的种类很多,如各种手电钻、手提电砂轮、电风扇、移动式风机、移动式电动切割机、振荡器、行灯、拖线板、电焊机、电烙铁、电炉、电刨、电板头、电吹风、电刮刀、电剪刀等。

由于移动电具便于携带,使用方便,能减轻劳动强度,因此被企业广泛使用。但是,如果使用前不检查,使用不当,保管不好,维修不及时,随便装拆(把线接错),接地不良等,很容易发生触电等伤亡事故。要做到安全使用移动电具,一般应抓住以下几个环节。

(一)保管

企业一定要明确指定专人管理移动电具,负责保管、检查和借用。移动电具要随时保持干燥,表面清洁、完好。如借出的移动电具系保管不好而发生事故,由保管者负责。移动电具的送修,一定要严格执行收发登记手续,修好后的电具必须要有修理人签字和保管人验收签字。借用电钻等电具时,应将绝缘手套、绝缘垫子随同借出,如借用人不拿绝缘用具,则保管人不应借出电具。移动电具归还时,保管人应详细检查,外表是否清洁,插头、接线是否完整无损。

(二)检查

为确保移动电具的安全使用,应定期对电具进行检查,并要做好登记。电钻、拖线板、振荡器等电具应有专人(电工)每月检查一次。检查的内容一般包括:电具的绝缘电阻是否符合要求;引线、插头及插座是否损坏;接线头是否脱落,连接是否良好;接地线是否有效等。

电风扇在每年取出使用前,应逐台检验,绝缘电阻不应小于 0.5 MΩ;风扇开关、引线、插头、金属外壳接地等是否完好、正确。电风扇经检验合格后应有"检查合格,可以使用"的标记。

(三)使用

使用电钻必须戴绝缘手套,并穿上绝缘靴或站在绝缘垫子上,使用前应用验电笔检查一下有无漏电。调换钻头时,应将插头拔去。如发现过热或有麻电感,应立即切断电源进行检查,测量绝缘。如使用 36 V 以下的电钻或电钻外壳和手柄是绝缘的或有 1:1 隔离变压器或采用漏电保护装置等情况时,使用电钻可不用绝缘手套等用具。

低压行灯应有绝缘手柄和金属防护罩。使用低压行灯时,行灯变压器不应放在锅炉、加热器、蒸发器、水箱等金属容器内和特别潮湿的地方。变压器引线长度不得超过 2 m,其截面面积不小于 1 mm^2。不准将 220 V 普通电灯作为手提照明行灯,或随便拖来拖去使用,特别注意不要用螺丝灯头。因为绝缘电线经常拖动,不断地受到磨损,甚至受到潮湿、高热或腐蚀等,很容易造成触电。灯具也容易损坏而发生触电事故,在防爆车间,不应使用一般低压行灯,应使用防爆型低压行灯,移动电具的引线及插头部应完整无损,引线应采用三芯坚韧橡皮包线或塑料护套软线,引线中间不应有接头,电具的金属外壳应可靠接地。引线两头不能都装插头,禁止直接将线头捅入插座内使用。

搬动台风扇时,应先拔去电源插头。为确保安全,风扇的引线不要拖在地上,引线不宜过长。拖线板安装要牢固正确,引线也不宜过长。

雨天户外使用应有遮雨措施。

使用旋转设备时(如手提砂轮机),要注意运转方向,人应站在侧面。

五、用电安全注意事项

总结安全用电经验和以往事故教训,应当注意并遵守以下规定。

(一)做到"十不准"

▲任何人不准玩弄电气设备和开关。

▲非电工不准拆装、修理电气设备和用具。

▲不准私拉乱接电气设备。

▲不准使用绝缘损坏的电气设备。

▲不准私用电热设备和灯泡取暖。

▲不准擅自用水冲洗电气设备。

▲熔丝熔断,不准调换容量不符的熔丝。

▲不准擅自移动电气安全标志、围栏等安全设施。

▲不准使用检修中机器的电气设备。

▲不办手续,不准打桩、动土,以防损坏地下电缆。

(二)其他规定

操作电气设备的时候,应集中思想,防止操作失误而引起事故。使用电炉、电烙铁、电热棒等加热设备,人员不能离开,工作完毕后必须切断电源,拔出插头。电灯、日光灯不用时应关闭。发现破损的开关、灯头、插座应及时与电工联系调换,不要将电器电源线直接插入插座内。不要用金属件和湿手去扳开关。

需要临时用电装置,必须办理临时用电申请手续,经同意后方可装设,不能私自接装。临时线路装置使用期限一般规定为 3 个月,要指定电工装、拆、检查和管理。爆炸危险场所不准使用临时用电装置。变配电室和车间配电室内严禁吸烟,不准堆放杂物,保持室内通道和室外道路的畅通。电气设备附近和配电箱内不能放置杂物(如油桶、雨伞、食具、可燃物等)。

严禁在带电导线、带电设备及充油设备附近使用火炉或喷灯。暖气设备蒸汽管等不要靠近电线。在带电设备周围不能使用钢卷尺、皮卷尺(因其中有金属丝)进行测量工作。在带电设备及户外线路附近搬动长管子、梯子等长物件时,注意同带电部分保持一定的安全距离,不要误碰而引起触电及二次事故。

六、人身防雷常识

打雷是一种大气中激烈放电的现象。打雷时,出现耀眼的闪光,发出震耳的轰鸣。打雷的时间短(一次雷击时间约 60 ms),电流大(可高达几万至几十万安),电压高(可高达数十万至数百万伏)。化工企业如果没有可靠的防雷装置,建筑物、设备装置或人体遭到雷击,将会发生火灾、爆炸、触电死亡等严重的甚至毁灭性的灾害事故,造成巨大的损失。这里只简单介绍一下人身防雷常识。

打雷时,不要接近避雷针和避雷器。遇有高低压线被打断刮落在地时,不能走近离断线地点 8 m 的地段(以防跨步电压触电),更不能用手去拿断线。应守护现场,以免旁人误入触电,并设法通知电工修理。若误入上述地段,发现麻电时,不要惊慌,应即双脚并在一起,或用一只脚跳出该地段。

打雷时,应即停止露天高处作业,应尽量避免在外逗留;应尽量离开铁丝网、烟囱、孤独的树木附近;离开河边、池旁;离开没有防雷装置的小建筑物或其他设施。

打雷时,在户内应注意雷电波入侵的危险,应离开照明线(包括动力线、电话线、广播线、收音机和电视机电源线、引入室内的收音机和电视机天线以及与其相连的各种导体),以防止这些线路对人体的二次放电。调查资料说明,户内70%以上对人体二次放电的事故发生在相距 1 m 以内的场合。相距 1.5 m 以上尚未发现死亡事故。由此可见,打雷时人体最好离开可能传来雷电侵入波的线路和导体 1.5 m 以上。

第三节　触电急救

生产中,我们应当尽一切努力防止发生触电事故,但是,如果发生了触电事故,切不可惊慌失措,而应当采取正确的、果断的措施进行抢救,以防止小祸酿成大祸,避免发生严重的后果。因此,每一个职工都应该懂得触电急救知识。

触电急救的要点是动作迅速,救护得法。人触电以后,会出现神经麻痹、呼吸中断、心脏停止跳动等征象,外表上呈现昏迷不醒的状态。但不应该认为是死亡,而应该看作是假死,应迅速而持久地进行抢救。有触电者经 4 h 甚至更长时间的紧急抢救而得救的事例。有统计材料表明,从触电后 1 min 开始救治者,90% 有良好效果;从触电后 6 min 开始救治者,10% 有良好效果;而从触电后 12 min 开始救治者,救活的可能性很小。因此,发现有人触电,首先要尽快地使触电者脱离电源,然后根据触电者的具体情况,必须就地、争分夺秒地进行现场抢救。

人触电以后,可能由于痉挛或失去知觉等而紧抓带电体,不能自行摆脱电源。这时,使触电者尽快脱离电源是抢救触电者的首要因素。

对于低压触电事故,可采用如下方法使触电者脱离电源:如果触电地点附近有电源开关或插头,可立即拉开开关或拔出插头,断开电源;如果触电地点附近没有电源开关或插头,可用有绝缘的电工钳或有干燥木柄的斧头切断电线,断开电源;当电线搭落在触电者身上或被压在身下时,可用干燥的衣服、手套、绳索、皮带、木棒、竹竿、扁担、塑料棒等绝缘物作为工具,挑开电线或者拉开触电者,使触电者脱离电源。

对于高压触电事故,应立即通知有关部门停电,然后再采取措施抢救。

上述办法,应根据具体情况,以快为原则选择采用。在抢救过程中必须注意下列事项:救护人不可直接用手或其他金属及潮湿的物件作为救护工具,而必须使用适当的绝缘工具。救护人员最好用一只手操作,以防自己触电,并且要防止在场人员再次误触电源。不解脱电源,千万不能碰触电人的身体,否则将造成不必要的触电事故。要防止触电者脱离电源后可能的摔伤。特别是当触电者在高处的情况下,应考虑防摔措施。即使触电者在平地,也要注意触电者倒下的方向,注意防摔。

如果事故发生在夜间,应解决临时照明,以利抢救。

　　当触电者脱离电源后,应根据触电者的具体情况迅速对症救护。现场应用的救护方法主要有口对口人工呼吸法和胸外心脏挤压法。不能因打电话叫救护车等而延误抢救时间,即使在救护车上,也不能中止抢救。人工呼吸法和胸外心脏挤压法详见《化工工人安全卫生培训教材》工业卫生基础知识分册。

思考题

1. 电流对人体的有害作用与哪些因素有关?
2. 触电事故有什么规律?
3. 防止触电事故的技术措施有哪些?
4. 使用移动电具应注意哪些方面?
5. 用电"十不准"内容是什么?
6. 如何使触电者脱离电源? 应注意哪些问题?

第六章　化工静电安全

　　静电现象是一种常见的带电现象。在日常生活中,用塑料梳子梳头发或脱下合成纤维衣料的衣服时,有时能听到轻微的"嘛啪……"声,在黑暗中可见到放电的闪光,这些都是静电作用的结果。在工业生产中静电现象较为普遍,人们一方面利用静电进行某些生产活动(例如应用静电进行除尘、喷漆、植绒、选矿和复印等),另一方面又要防止静电给生产及人带来危害。化工、石油、纺织、造纸、印刷、电子等行业生产中,传送或分离中的固体绝缘物料、输送或搅拌中的粉体物料、流动或冲刷中的绝缘液体、高速喷射的蒸汽或气体都会产生和积累危险的静电。静电电量虽然不大,但电压很高,容易发生火花放电,从而引起火灾、爆炸或电击。为了防止静电危害,化工企业必须做好静电安全工作,开展安全培训和教育,使职工懂得静电产生的原理和静电的危害,掌握防止静电危害的基本措施。

第一节　静电的产生

　　静电并不是静止的电,是宏观上暂时停留在某处的电。一般它是相对于目前广泛使用的"流电"而言的。摩擦能够产生静电。但是,摩擦为什么能够产生静电? 各种物态的物质又是怎样带上静电的? 要回答上述问题,应当先作一些微观的分析。

一、双电层和接触电位差

　　试验证明,只要两种物质紧密接触后再分离,就可能产生静电。静电的产生是同接触面上形成的双电层和接触电位差直接相关的。
　　物质是由分子组成的。分子是由原子组成的,而原子是由原子核和其外围的若干电子组成的。电子带负电荷,在不同的轨道上绕原子核旋转。原子核带正电荷,且和它的外围电子所带负电荷的总和相等。因此,物质在一般情况下并不呈现电性。物质获得或失去电子便带电,获得电子的带负电,失去电子的带正电。

原子核对其周围的电子有束缚力,而且不同物质原子束缚电子的能力是不相同的。当两种物质紧密接触时,电子从束缚力小的一方转移偏向于束缚力大的一方。这时,在接触的界面两侧会出现数量相等、极性相反的两层电荷,这两层电荷就叫做双电层,它们之间的电位差就称为接触电位差。当这两种物质分离时,由于存在电位差,电子就不能完全复原,从而产生了电子的滞留,形成了静电。

金属与金属、金属与半导体、金属与电介质、电介质与电介质等固体物质的界面上部会出现双电层;固体与液体、液体与液体、固体或液体与气体的界面上,也会出现双电层。在特定情况下,同种物质之间也会出现双电层。

按照物质得失电子的难易,亦即按照物质相互接触时起电性质的不同,可把带正电的物质排在前面,把带负电的物质排在后面,依次排列下去,可以排成一个长长的序列,这样的序列叫做静电起电序列。下面介绍一种典型的静电起电序列。

(+)玻璃—头发—尼龙—羊毛—人造纤维—绸—醋酸人造丝—人造毛混纺—纸—黑橡胶—维尼纶—莎纶—聚四氟乙烯(-)

在同一静电起电序列中,前后两种物质紧密接触时,前者失去电子带正电,后者获得电子带负电。

根据静电起电序列选择适当的材料,采取合理的工艺,是控制静电产生的一个措施。

静电起电过程是一个复杂的过程,人们对于某些静电起电过程的认识还不十分清楚。双电层和接触电位差原理是解释静电起电现象时应用最普遍的原理。此外,还有吸附带电、电解起电、压电效应起电、感应起电和热电效应等原理,这里不作一一介绍。

二、不同物态的静电

(一)固体静电

一般情况下,固体静电可以用双电层和接触电位差理论来解释,如图 6-1 所示。

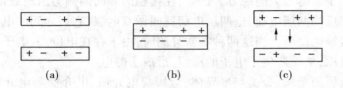

(a)　　　　　　　　(b)　　　　　　　　(c)

图 6-1　固体静电原理图

两种固体物质接触之前都是中性的,紧密接触时出现双电层,再分离时则分别带上正电荷和负电荷,即产生静电。两种固体物质相距 25×10^{-8} cm 以下时,即可以认为是紧密接触,分离时即可产生静电。摩擦是两种固体不断接触和分离的过程,因此是一种常见的静电产生方式。

粉体实际上是细小颗粒的固体,它产生静电也符合双电层和接触电位差的基本原理。与块状固体相比,粉体具有分散性和悬浮状态的特点。由于分散性,其表面积就大得多,与空气摩擦的机会也多,产生的静电也多。又因处于悬浮状态,粉体的颗粒与大地之间始终是绝缘的。因此,金属粉体也容易带有静电,对此要特别注意。

(二)液体静电

在化工生产中,液体的管道输送、过滤、搅拌、喷雾、喷射、飞溅、冲刷、灌注以及剧烈晃动等过程中,都可能产生危险的静电。尤其是电阻率较高的有机液体,最容易产生静电。

液体的带电现象,同样可以用"双电层"理论来解释。现以有机溶剂在管道中输送为例,分析一下液体在管道中流动时产生静电的过程,如图 6-2 所示,在管道内壁与被输送液物体相接触的界面上,液体迅速流动,与管壁摩擦、冲击,因而管壁界面上是一层正电荷,液体界面上极薄的一层内是负电荷,与其相邻的较厚的一层又是正电荷。正电荷随着液体流动形成所谓液流电流,又叫做流动电流。如果金属管道是接地的,管道上则不会积累静电;如果管道用绝缘材料制成或者是对地绝缘的,则在管道上就会积累危险的静电。严重者可由静电火花引起爆炸或火灾。

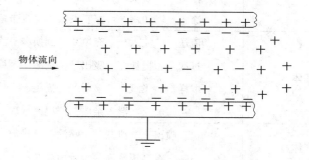

图6-2　液体在管道内流动时的静电

液体除在固体表面运动时产生静电外,由于吸附、电解等,液体在喷雾、冲刷等过程中也产生静电。

轻质油料及化学溶剂如汽油、煤油、酒精、苯等,容易挥发与空气形成爆炸性混合物,在这些液体的载运、搅拌、注入、排出等工艺过程中,由于产生静电火花引起爆炸和火灾的事例,在国内外是屡见不鲜的。

(三)气体静电

完全纯净的气体是不会产生静电的。但是,在化工生产中几乎所有作为原料或成品的气体,都含有少量的固态或液态颗粒的杂质,因此在压缩或排放气体时,气体在管道中高速流动或由阀门、缝隙外高速外喷时,由于气体中杂质的碰撞、摩擦等作用,都会产生静电。

综上所述,将物料状态和化工生产单元操作相结合,列出容易产生静电的单元操作和工作状态,见表6-1。

表 6-1　容易产生静电的单元操作和工作状态

物质状态	容易产生静电的单元操作和工作状态				
固体或粉体	摩擦	混合	搅拌	洗涤	粉碎
	切断	研磨	筛选	切剥	振动
	过滤	剥离	捕集	液压	倒换
	输送	卷绕	开卷	投入	包换
	涂布	印刷	穿脱衣服	皮带输送	
液体	流送	注入	充填	倒换	滴流
	过滤	搅拌	吸出	洗涤	检尺
	取样	飞溅	喷射	摇晃	检温
			混入杂质	混入水珠	
气体	喷出	泄漏	喷涂	排放	
	高压洗涤	管内输送			

三、影响静电产生和聚散的因素

"静电"其实并不是静止不动的,它的电荷总是通过多种途径产生、积累、泄漏以致消失。静电在它产生的同时伴随着泄漏,在这个复杂的过程中积累了静电荷。影响静电产生、泄漏和积累的因素很多,下面对几个主要因素作简单介绍。

(一)物质电阻率

物体产生的静电荷能不能积聚起来,在很大程度上取决于它的电阻率大小。物质电阻率是影响物体静电聚散的内在因素。

由电阻率高的物质组成的物体,它的导电性很差,物体上的电荷不容易流失,静电荷就能逐渐积聚起来。由电阻率小的物质组成的物体,电荷很容易从接触点返回原处,物体仍表现为中性,因此不容易积聚静电荷。

从实践可知,物质电阻率在 $10^5 \sim 10^8$ $\Omega \cdot cm$ 以下的,就是积聚了电荷,也可以很快消散,不易带静电。电阻率在 $10^{10} \sim 10^{15}$ $\Omega \cdot cm$ 的物质容易带静电,是我们防静电的工作重点。物质电阻率在 $10^8 \sim 10^{10}$ $\Omega \cdot cm$ 的,通常所带静电的电量不大。当电阻率大于 10^{15} $\Omega \cdot cm$ 时,物体就不容易产生静电,但是,一旦带有静电后就难以消除了。

(二)物体运动的速度

任何物体的绝缘电阻都不会是无限大的。因此,在静电产生的同时,存在着静电的泄漏,一般开始时,静电的产生多于静电的泄漏,静电就逐渐积累;当积累至一定程度后,产生与泄漏的静电量达到了平衡,保持为一动态稳定值,即达到饱和状态。

不同的物体达到静电饱和状态所需要的时间是不同的,一般不超过十几秒或几十秒钟。物体达到静电饱和状态所需的时间与物体运动速度有关,速度加快,时间缩短。因此,在生产过程中往往要控制物料运动的速度。

(三)空气的湿度

物体周围环境的空气湿度,对于物体静电的聚散有很大影响。吸湿性越大的物体(特别是绝缘体),受湿度的影响越大。当空气的相对湿度高于50% ~70%时,物体表面会形成很薄的一层水膜,使表面电阻率大大降低,从而加速静电的泄漏。如果周围空气的相对湿度低于40% ~50%,则静电不易逸散,而可能形成高电位。玻璃表面容易被水润湿而形成水分子薄膜,其表面电阻与湿度的关系见表6-2。石蜡、聚四氟乙烯等不易被水润湿,其静电受湿度影响较小。

表6-2　玻璃表面电阻与湿度的关系

相对湿度(%)	100	80	70	60	50	40
电阻相对值($\Omega \cdot cm$)	1	4	30	8×10^2	3×10^4	6×10^6

(四)"杂质"

"杂质"对物体静电的产生影响也很大。一般情况下,物体含有杂质时,会增加静电的产生。例如,液体内含有高分子材料(如橡胶、沥青)的杂质时,会增加液体静电的产生。液体内含有水分时,在液体流动、搅拌或喷射过程中会产生附加静电。液体的流动停止后,液体内水珠沉降过程还要延续相当长一段时间,沉降过程中也会产生静电。例如,油管或油槽底部积水,搅动后就容易产生静电。但是,也有的"杂质"能减少物体的静电,这些"杂质"具有较好的导电性或较强的吸湿性,可以加速物体静电的泄漏,抗静电剂就是利用这个原理。

第二节　静电的危害

在化工生产中,静电的危害主要有三个方面,即引起爆炸和火灾、给人以电击与妨碍生产。为了更好地了解静电的危害,首先分析一下静电的特点。

一、静电的特点

静电的危害是和静电的特点相联系的。静电与流电不同,从安全角度考虑,静电有以下特点。

(一)静电电压高

化工生产过程中所产生的静电,电量都很小,一般只是微库级到毫库级。但是,由于带电体的电容可以在很大范围内发生变化。根据电压 U 与电容 C 和电量 Q 之间的关系:

$$U = \frac{Q}{C}$$

可以看出,电量不变时,电压与电容成反比关系。电容大,电压低;电容小,电压高。

又根据两种物体接触距离 d 与电容 C 的关系:

$$\frac{C_1}{C_2} = \frac{d_1}{d_2}$$

当两个物体紧密接触时,距离 $d_1 = 25 \times 10^{-8}$ cm,分离时如果距离 $d_2 = 0.1$ cm,则电容之比为:

$$\frac{C_1}{C_2} = \frac{d_1}{d_2} = \frac{0.1}{25 \times 10^{-8}} = 4 \times 10^5$$

也就是说,物体由接触到分离时,电容减小为原来的四十万分之一,那么,根据电压与电容成反比的关系,电压则增加为原来的四十万倍。如原来的电压是 0.01 V,则可以达到 4 000 V。由此可见,静电电位是可变数,而且可以达到很高的数值。如橡胶带与滚筒摩擦可以产生上万伏的静电位。

(二)静电能量不大

静电能量即静电场的能量。静电能量 W 与其电压 U 和电量 Q 的关系如下:

$$W = \frac{1}{2}QU$$

虽然静电电压很高,但由于电量很小,它的能量也很小。静电能量一般不超过数毫焦尔,少数情况能达数十毫焦尔。静电能量越大,发生火花放电时表现的危险性也越大。

(三)尖端放电

电荷的分布与导体的几何形状有关,导体表面曲率越大的地方,电荷密度越大。因此,当导体带有静电后,静电荷就集中在导体的尖端,即曲率最大的地方。电荷集中,电荷密度就大,使得尖端电场很强,容易产生电晕放电。尖端放电是静电的一个特点,因为电晕放电可能发展成为火花放电,所以导体的尖端有较大的危险性。

(四)感应静电放电

静电感应可能发生意外的火花放电。如图 6-3 所示,带电体 A 与接地体 B 相隔甚远,两者之间本来不会发生火花放电。但是,若将导体 C 移入到 A、B 之间,则在该导体的 a 端和 b 端,分别感应出负电和正电,A 与 a 之间、B 与 b 之间只要有一处发生火花放电,则导体就成为孤立的带电体。该孤立带电体移动到其他导体附近时,还可能与其他导体之间发生火花放电。

在电场中,由于静电感应和静电放电,可能在导体(包括人体)上产生很高的电压,导致危险的火花放电。这是一个容易被人们忽视的危险因素。

(五)绝缘体上静电泄漏很慢

静电泄漏的快慢取决于泄漏时间常数,也就是取决于材料介电常

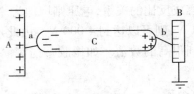

图6-3　静电感应

数和电阻率的乘积。因为绝缘体的介电常数和电阻率都很大,所以它们的静电泄漏很慢。这样就使带电体保留危险状态的时间也长,危险程度相应增加。

二、静电引起爆炸和火灾

在化工生产中,由静电放电火花引起的爆炸和火灾事故是静电最为严重的危害。从已发生的事故实例中可以看出,这种危害的严重性。无论是涉及固体、粉体的作业,还是涉及液体、气体的作业,都存在这种危害。

(一)运输

目前,化工企业大量使用槽车来装运苯、甲苯、汽油等有机溶剂。由于槽车行驶过程中的振动,溶剂与槽车罐壁发生强烈的摩擦,会产生大量的静电。并且槽车的橡胶轮胎与地面的摩擦,也是一个产生静电的过程,存在着静电起火的隐患。槽车的静电起火事故是较常见的。

例如,某电化厂一辆4 t槽车,装载了二硫化碳,在行驶途中突然起火燃烧。原因是二硫化碳在途中受到剧烈的晃动而产生了静电,由静电放电火花点燃了二硫化碳蒸气而发生燃烧。

(二)灌注

在灌注易燃液体的过程中,存在着两个产生静电的因素:一是液体与输送管道摩擦产生静电;二是液体注入容器时,因冲击和飞溅产生静电。所以,在灌注易燃液体时必须严格控制流速,防止静电的产生。

例如,某炼油厂向200 t油罐进油,先由1号输油管以2 t/h速度输送约50 t油后,又用2号管以12～13 t/h速度同时进油。约10 min后突然一声巨响,发生了爆炸,油罐的顶盖被炸飞,经奋力抢救8 min后才把火扑灭。

事故发生后经模拟试验,测得油面静电的电压高达数千伏。静电火花可能发生在断线的金属浮球与罐壁之间,成为罐内油气和空气形成的爆炸性混合物的着火源,引起了爆炸。

(三)取样

用对地绝缘的金属取样器,在贮有易燃液体的贮罐、反应釜等容器内取样时,由于取样器与液体的摩擦而产生静电,有时会对容器壁放电产生火花而发生危险。

例如,某直径约为 32 m、高 14.5 m 的大型苯贮罐,内装有半罐苯,操作人员用绝缘绳悬挂黄铜取样器,往罐内取样过程中发生爆炸。经分析认为是由于取样器在取样过程中搅拌而带电,上提至罐顶取样孔附近时,产生静电火花,引起爆炸。

(四)过滤

过滤是化工生产中常见的单元操作。过滤时被过滤物质与过滤器发生摩擦,会产生大量静电。如果不采取相应的措施,很容易发生燃烧爆炸事故。

例如,某化工厂聚丙烯经洗涤、干燥、羊毛袋过滤后,由于织物孔隙堵塞,过滤不畅,在振捣和清扫滤袋时发生爆炸。经分析是因滤袋与金属物件之间发生静电火花,先引燃进入袋内的粉体与空气的混合物,接着引燃大量粉体,造成爆炸。

又如,某试剂厂的实验室,采用滤纸、不锈钢漏斗和玻璃瓶过滤含有杂质的苯。在操作人员将装苯的铁桶向漏斗倒入苯(见图6-4)的过程中,曾发现有闪光现象,但没有引起重视,继续倒入苯进行过滤。突然在铁桶与漏斗之间起火,酿成了火灾事故。原因是过滤时产生静电,玻璃瓶是绝缘的,不能将静电导入大地,漏斗上的静电积累到一定量时,通过靠近的铁桶对人体放电,产生静电火花,点燃了苯蒸气。

(五)包装称量

原料、半成品和成品的收发都有一个称量包装过程。化工企业一般都采用磅秤进行计重称量。如果被称量的是一种易产生静电的物质,而磅秤又对地绝缘,那么,就有可能积累静电而产生危险。

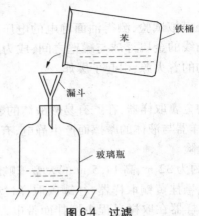

图 6-4　过滤

　　例如,某化工仓库,以 3 m/s 的速度经管道向放置于磅秤上的铁桶内灌注甲苯,没多久就发现桶内的甲苯燃烧起来,桶体急剧膨胀,幸亏桶内火因得不到足够空气的补充而窒息自灭(见图 6-5)。其原因是磅秤盖板下是陶瓷弹子,桶则处于对地绝缘状态。当往铁桶内灌注甲苯时,产生较高的静电电压,又无法泄漏所造成。模拟试验 2 s 测得的静电电压高达 2 000 V 以上,很可能是铁桶对进苯管道放电而引起燃烧。

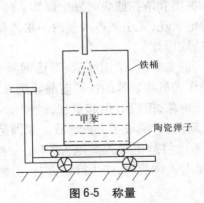

图 6-5　称量

(六)高速喷射

氢气、乙炔气等可燃气体和水蒸气在高压喷射时,均可能产生相当高的静电电位,有可能与接地金属或大地发生火花放电,造成火灾爆炸事故,如图 6-6 所示。

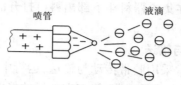

图 6-6　气体高速喷射产生静电

例如,某石油化工厂一 3 000 m³ 重油贮罐,准备改贮汽油,用水清洗后再用 1 in(2.54 cm) 蒸汽管向罐内喷射水蒸气,约 3 min 后突然发生巨响,油罐炸裂。原因是高速水蒸气喷射时产生大量的带电油水雾,放电引起了爆炸。

（七）研磨、搅拌、筛分或输送粉体物料

根据粉体起皂的原理,在研磨、搅拌和输送粉体时,粉体与管道和容器强烈碰撞与摩擦,会产生具有危险的静电。

例如,某染料化工厂用鼓风机经塑料管道风力输送粉状苯酐,至 1 m 钢板贮斗。操作开始不久,贮斗发生爆炸,贮斗钢板焊缝炸裂,如图 6-7所示。其原因是苯酐粉料经塑料管风送时,摩擦产生静电,可能是塑料管进贮斗口或带电苯酐粉料的放电。点燃苯酐料尘和空气的混合物而引起爆炸。

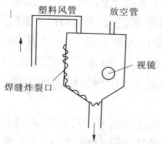

图 6-7　风送苯酐爆炸

目前,在化工企业中,用于包装工艺的粉料捕集器和环境保护工艺上经常使用的袋式集尘器所发生的火灾爆炸事故,不少是由静电放电火花引起的。

　　例如,某化工厂在邻苯二甲酸丙烯基树脂粉料制造工序中,用袋式集尘器收集成品。在集尘器料斗下部出料口打开的瞬间,发生了爆炸,3 人受伤,损失约 20 万元。

(八)胶带传动与输送

　　化工生产中经常采用胶带传动与输送,运行中三角皮带、输送胶带与金属皮带轮、托辊或轮子摩擦,能产生大量的静电。这些静电电位有时可高达几千伏、几万伏,如图 6-8 所示。

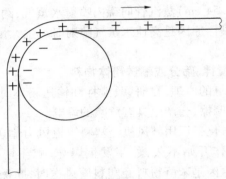

图 6-8　输送带静电放电图

　　在橡胶工业中,几乎离不开橡胶与机件摩擦的工艺,而橡胶和机件的摩擦可以带上 30 000 V 以上的静电位。如某胶带厂生产胶带的工艺过程中先经干燥,而后涂敷胶浆,就在涂敷胶料时,涂胶机起火发生火灾。起火的原因是胶带在传送和涂敷的过程中产生和积累了静电。低速运转时,静电电压为数千伏,高速时达数万伏,产生火花放电。由于胶浆中含有易燃溶剂,静电火花引燃易燃溶剂蒸气,导致了火灾事故。

(九)剥离

　　橡胶和塑料工业在生产过程中,经常需进行剥离作业。如将堆叠在一起的橡胶或塑料制品迅速分离,这是一个强烈的接触分离过程,由于橡胶和塑料制品电阻率较高,故剥离作业中会产生较高的静电电位。

　　有一家橡胶制品厂,将压制后的橡胶十几层相叠,包起来放入水中。第二天从水中取出,逐层剥离后浸放入油里。浸了没有几层就发生爆炸。事故发生后,测得剥离时静电电压高达 40 000 V。由此推知是静电火花引起的爆炸。

(十)人体带有静电的危害

在生产过程中,操作人员总是在活动的,在这些活动过程里,穿的衣服、鞋以及携带的工具与其他物体摩擦时,就可能产生静电。例如,穿塑料底鞋的人在木质地板或塑料地板上行走,人体静电可以高达数千伏以上。身穿化纤混纺衣料的衣裤,坐在人造革面的椅子上的人,在他起立时,人体静电位有时可高达 10 000 V 以上。而且,人体又相当于一个良导体在静电场中会感应起电,甚至成为独立的带电体。假如人体的对地电容按 200 PF 算,当人体静电电位为 2 kV 时,放电火花的能量就是 0.4 mJ,比一般油类蒸气与空气混合物的最小点燃能量 0.2 mJ 超出 1 倍。很早就有人发现,当携带静电荷的人走近金属管道和其他金属物体时,人的手指或脚会释放出电火花。

由于人体活动范围较大,而人体静电又容易被人们忽视,所以由人体静电引起的放电,往往是酿成静电灾害的重要原因之一。对此,值得引起重视。

三、静电电击

橡胶和塑料制品等高分子材料与金属摩擦时,产生的静电荷往往不易泄漏。当人体接近这些带电体时,就会受到意外的电击。这种电击是由于从带电体向人体放电,电流流向人体而产生的。同样,当人体带有较多静电荷时,电流橡胶从人体流向接地体,也会发生电击现象,见图6-9。

静电电击不是电流持续通过人体的电击,而是由静电放

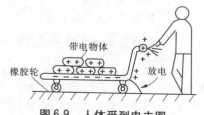

图6-9 人体受到电击图

电造成的瞬间冲击性电击。这种瞬间冲击性电击,不至于直接使人致命,大多数只是产生痛感和震颤。但是,在生产现场却可造成指尖负伤;或因为屡遭静电电击后产生恐惧心理,从而使工作效率下降。此

外,还可能由于电击,而引起手被轧进滚筒中,或造成高处坠落等二次伤害。

上海某轮胎厂在卧式裁断机上,测得橡胶布静电的电位是 20 000 V 到 28 000 V(测量时环境温度 15 ℃、相对湿度 31%)。当操作人员接近橡胶布时,头发会竖立起来。当手靠近时,会受到强烈的电击。人体受到静电电击时的反应,见表6-3。

表6-3　静电电击时人体的反应

静电电压(kV)	人体反应	说明
1.0	无任何感觉	
2.0	手指外侧有感觉,但不痛	发生微弱的放电响声
2.5	放电部分有针刺感觉,有些微颤样的感觉,但不痛	
3.0	有像针刺样的痛感	可看到放电时的发光
4.0	手指有微痛感,好像用针深深地刺一下的痛感	
5.0	手掌至前腕有电击痛感	由指尖延伸出放电的发光
6.0	感到手指强烈疼痛,受电击后手腕有沉重感	
7.0	手指、手掌感到强烈疼痛,有麻木感	
8.0	手掌至前腕有麻木感	
9.0	手腕感到强烈疼痛,以及手麻木而沉重	
10.0	全手感到疼痛和电流流过感	
11.0	手指感到剧烈麻木,全手有强烈的触电感	
12.0	有较强的触电感,全手有被狠打的感觉	

注:人体的静电容量为 90 PF。

四、静电妨碍生产

静电对化工生产的影响,主要表现在粉料加工、塑料、橡胶和感光胶片加工工艺过程中。

在粉体筛分时,由于静电电场力的作用,筛网吸附了细微的粉末,使筛孔变小,降低了生产效率。

在气流输送工序里,管道的某些部位由于静电作用,积存一些被输送物料,减小了管道的流通面积,使输送效率降低。

在球磨工序里,因为钢球带电而吸附了一层粉末,这不但会降低球磨的粉碎效果,而且这一层粉末脱落下来混进产品中,会影响产品的细度,降低产品质量。

在粉体计量时,由于计量器具吸附粉体,造成计量误差,影响投料或包装质量的正确性。

粉体装袋时,因为静电斥力的作用。使粉体四散飞扬,既损失了物料,又污染了环境。

在塑料和橡胶行业,由于制品与辊轴的摩擦或制品的挤压或拉伸,会产生较多的静电。因为静电不能迅速消散,会吸附大量灰尘,而清扫灰尘要花费很多时间,既浪费了工时,塑料薄膜还会因静电作用而缠卷不紧。

在感光胶片行业,由于胶片与辊轴的高速摩擦,胶片静电电压可高达数千至数万伏。如在暗室中发生静电放电的话,胶片将因感光而报废;同时,静电使胶卷基片吸附灰尘或纤维,既降低了胶片质量,还会造成涂膜不匀等。

随着科学技术的发展,化工生产中将普遍采用电子计算机,而静电的存在可能会影响到电子计算机的正常运行,致使发生误动作影响生产。

第三节 静电安全防护

防止静电引起火灾爆炸事故是化工静电安全的主要内容。为防止静电引起火灾爆炸所采取的安全防护措施,对防止其他静电也同样有效。

静电引起燃烧爆炸的基本条件有四个：①有产生静电的来源；②静电得以积累，并达到足以引起火花放电的静电电压；③静电放电的火花能量达到爆炸性混合物的最小点燃能量；④静电火花周围有可燃性气体、蒸气和空气形成的可燃性气体混合物。因此，如果采取适当的措施，消除以上4个基本条件中的任何1个，就能防止静电引起火灾爆炸。防止静电危害主要有以下7个措施。

一、场所危险程度的控制

为了防止静电危害，可以采取减轻或消除所在场所周围环境火灾、爆炸危险性的间接措施。如用不燃介质代替易燃介质，通风，隋性气体保护，负压操作等。在工艺允许的条件下，采用较大颗粒的粉体代替较小颗粒粉体，也是减轻场所危险性的一个措施。

二、工艺控制

工艺控制是从工艺上采取措施，以限制和避免静电的产生和积累，是消除静电危害的主要手段之一。

（一）控制流速

输送物料应控制流速，以限制静电的产生。输送液体物料时允许流速与液体电阻率有着十分密切的关系，当电阻率小于 10^7 $\Omega \cdot cm$ 时，允许流速不超过 10 m/s；当电阻率为 $10^7 \sim 10^{11}$ $\Omega \cdot cm$ 时，允许流速不超过 5 m/s；当电阻率大于 10^{11} $\Omega \cdot cm$ 时，允许流速取决于液体性质、管道直径和管道内壁光滑程度等条件。例如，烃类燃料油在管内输送，管道直径为 50 mm 时，流速不得超过 3.6 m/s；直径为 100 mm 时，流速不得超过 2.5 m/s。但是，当燃料油带有水分时，必须将流速限制在 1 m/s 以下。输送物料的管道应尽量减少转弯和变径。操作人员必须严格执行工艺规定的流速，不能图快而擅自提高流速。

（二）选用合适的材料

一种材料与不同种类的其他材料摩擦时，所带的静电电荷的数量和极性随其材料的不同而不同。可以根据静电起电序列，选用适当的材料匹配,使生产过程中产生的静电互相抵消,从而达到减少或消除静电的危险。

如氧化铝粉经过不锈钢漏斗时,静电电压为 –100 V,经过虫胶漆漏斗时,静电电压为 +500 V。采用适当选配,由这两种材料制成的组合漏斗,静电电压可以降低为零。

同样,在工艺允许的前提下,适当安排加料顺序,可降低静电的危险性。例如,某搅拌作业中,最后加入汽油时,液浆表面静电电压高达1 100 ~ 1 300 V。后来改变加料顺序,先加入部分汽油,后加入氧化锌和氧化铁,进行搅拌后加入石棉等填料及剩余少量的汽油,能使液浆表面电压降至400 V 以下。这一类措施的关键在于确定了加料顺序或器具使用的顺序后,操作人员不可任意改动。否则,会适得其反,静电的电位不仅不会降低,相反还会成倍增加。

(三)增加静止时间

化工生产中将苯、二硫化碳等液体注入容器、贮罐时,都会产生一定的静电荷。液体内的电荷将向器壁及液面集中并可慢慢泄漏消散,完成这个过程需要一定的时间。

如向燃料罐注入重柴油,装到 90% 时停泵,液面静电位的峰值常常出现在停泵以后的 5 ~ 10 s 内,然后电荷就很快衰减掉,这个过程持续时间为 70 ~ 80 s。由此可知,刚停泵就进行检测或采样是危险的,容易发生事故。应该静止一定的时间,待静电基本消散后才进行有关的操作。操作人员懂得这个道理后,就应自觉遵守安全规定,千万不能操之过急。

静止时间应根据物料的电阻率、槽罐容积、气象条件等具体情况决定,也可参考表6-4 的经验数据。

表6-4 静电消散静止时间 （单位:min）

物料电阻率($\Omega \cdot cm$)	物料容积	
	< 10 m³	10 ~ 50 m³
$10^8 \sim 10^{12}$	2	3
$10^{12} \sim 10^{14}$	4	5
$>10^{14}$	10	15

(四)改进灌注方式

为了减少从贮罐顶部灌注液体时的冲击而产生的静电,要改变灌注管头的形状、改进灌注方式。经验表明,T形、锥形、45°斜口形和人字形注管头,有利于降低贮罐液面的最高静电电位。为了避免灌注过程中液体的冲击、喷射和溅射,应将进液管延伸至近底部位,或有利于减轻贮罐底部积水和沉淀物搅动的部位。几种比较合理的灌注方式,见图6-10。

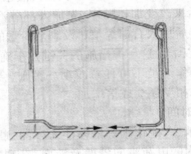

图6-10　合理的灌注方式

三、接地

接地是消除静电危害最常见的措施。在化工生产中,以下工艺设备应采取接地措施。

(1)凡用来加工、输送、储存各种易燃液体、气体和粉体的设备必须接地。如过滤器、混合器、干燥器、升华器、吸附器、反应釜、贮槽、贮罐、传送胶带、液体和气体等物料管道、取样器、检尺棒等,应该接地。如果管道是绝缘材料制成的,应在管外或管内绕以金属丝、带或网,并将金属丝等接地。

输送可燃物料的管道要连接成一个整体,并予以接地。管道的两端和每隔200~300 m,均应接地。平行管道相距10 cm以内时,每隔20 m应用连接线相互连接起来;管道与管道、管道与其他金属构件交叉时,若间距小于10 cm,也应互相连接起来。

(2)倾注溶剂的漏斗、浮动罐顶,工作站台、磅秤等辅助设备,均应接地。

（3）汽车槽车在装卸之前,应与储存设备跨接并接地(见图6-11);装卸完毕,应先拆除装卸管道,然后拆除跨接线和接地线。

油轮的船壳应与水保持良好的导电性连接,装卸油时也要遵循先接地后接油管,先拆油管后拆接地线的原则。

（4）可能产生和积累静电的固体和粉体作业设备,如压延机、上光机、砂磨机、球磨机、筛分器、捏和机等,均应接地。

静电接地的连接线应保证足够的机械强度和化学稳定性,灌接应当可靠,操作人员在巡回检查中,勤检查接地系统是否良好,不得有中断之处。接地电阻应不超过规定值(现行有关规定为100 Ω)。

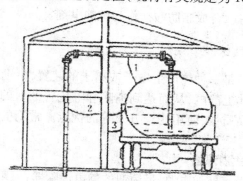

1,2—跨接线接管道;3—跨接线接金属结构

图6-11　汽车槽车跨接示意图

四、增湿

存在静电危险的场所,在工艺条件许可时,宜安装空调设备、喷雾器等办法,以提高场所环境空气的相对湿度,消除静电危害。用增湿法消除静电危害的效果较显著。例如,某粉体筛选过程中,相对湿度低于50%时,测得容器内静电电压为40 kV;采取增湿措施后,相对湿度为65%～70%时,静电电压降低为18 kV;相对湿度为80%时,电压为11 kV。从消除静电危害的角度考虑,相对湿度保持在70%以上较为适宜。

五、抗静电剂

抗静电剂具有较好的导电性或较强的吸湿性。因此,在易产生静电的高绝缘材料中,加入抗静电剂,使材料的电阻率下降,加快静电泄漏,消除静电危险。

抗静电剂的种类很多,有无机盐类,如氯化钾、硝酸钾等;有表面活性剂类,如脂肪族磺酸盐、季铵盐、聚乙二醇等;有无机半导体类,如亚铜、银、铝等的卤化物;有高分子聚合物类,等等。

在塑料行业,为了长期保持抗静电性能,一般采用内加型表面活性剂。在橡胶行业,一般采用炭黑、金属粉等添加剂。在石油行业,采用油酸盐、环烷酸盐、合成脂肪酸盐作为抗静电剂。

六、静电消除器

静电消除器是一种能产生电子或离子的装置,借助于产生的电子或离子中和物体上静电,从而达到消除静电危害的目的。静电消除器具有不影响产品质量、使用比较方便等的优点。常用的静电消除器有以下几种。

(一)感应式消除器

这是一种没有外加电源、最简便的静电消除器,可用于石油、化工、橡胶等行业。它由若干支放电针、放电刷或放电线及其支架等附件组成。生产物料上的静电在放电针上感应出极性相反的电荷,针尖附近形成很强的电场,当局部场强超过 30 kV/cm 时,空气被电离,产生正负离子,与物料的电荷中和,达到消除静电的目的。

(二)高压静电消除器

这是一种带有高压电源和多支放电针的静电消除器,可用于橡胶、塑料行业。它是利用高电压使放电针尖端附近形成强电场,将空气电离来达到消除静电的目的。使用较多的是交流高压消除器。直流高压消除器由于会产生火花放电,不能用于有爆炸危险的场所。

在使用高压静电消除器时,要十分注意绝缘是否良好,要保持绝缘表面的洁净,定期清扫和维护保养,防止触电事故。

(三)高压离子流静电消除器

这种消除器是在高压电源作用下,将经电离后的空气输送到较远的需消除静电的场所。它的作用是在人距离放电器 30~100 cm 时有满意的消电效能,一般取 60 cm 比较合适。使用时,空气要经净化和干燥,不应有可见的灰尘和油雾,相对湿度应控制在 70% 以下。放电器的压缩空气进口处的正压不能低于 0.5~1 kgf/cm²,此种静电消除器采用了防爆型结构,安全性能良好,可用于爆炸危险场所。如果加上挡光装置,还可用于要求严格防光的场所。

(四)放射性辐射静电消除器

这是利用放射性同位素使空气电离,产生正负离子去中和生产物料上的静电。放射性辐射静电消除器距离带电体愈近,消电效应愈好,距离一般取 10~20 mm,其中采用 α 射线不应大于 4~5 cm,采用 β 射线不宜大于 40~60 cm。

放射性辐射静电消除器结构简单,不要求外接电源。工作时不会产生火花,适用于有火灾和爆炸危险的场所。使用时要有专人负责保养和定期检修,避免撞击,防止射线的危害。

静电消除器的选择应该根据工艺条件和现场环境等具体情况而定。操作人员要做好消除器的维护保养工作,保持消除器的有效工作,不能借口生产操作不便而自行拆除或挪动位置。

七、人体的防静电措施

主要是防止带电体向人体放电和人体带静电所造成的危害,具体有以下几个措施:

(1)采用金属网或金属板等导电性材料遮蔽带电体,以防止带电体向人体放电。操作人员在接触静电带电体时,宜戴用金属线和导电性纤维混纺的手套、穿防静电工作服。

(2)穿着防静电工作鞋。防静电工作鞋的电阻为 10^5~10^8 Ω,穿着后人体所带的静电荷可通过防静电工作鞋泄漏掉。防静电工作鞋的效果可以从表6-5中看出。

表6-5　　不同鞋子与静电电压的关系　　（单位：kV）

鞋	未穿袜	穿厚尼龙袜	穿较薄毛袜	穿导电性袜
胶底运动鞋	20	20	21	21
皮鞋（新）	5.0	8.5	7.0	6.0
静电鞋（107Ω）	4.0	5.5	5.0	6.0
静电鞋（106Ω）	2.0	4.0	3.5	3.0

（3）在易燃场所入口处，安装硬铝或铜等导电金属的接地走道，操作人员从走道经过后，可以导除人体静电。同时，入口门的扶手也可以采用金属结构并接地，当手接触门扶手时，可导除静电。

（4）采用导电性地面是一种接地措施，不但能导走设备上的静电，而且有利于导除积聚在人体上的静电。导电性地面是指用电阻率 10^6 $\Omega \cdot cm$ 以下的材料制成的地面。

思考题

1. 静电是如何产生的？有些什么特点？

2. 在化工生产中，静电造成的最大危害是什么？在哪些过程中会发生这种危害？

3. 防止静电危害有哪几个主要措施？

第七章　机械伤害的预防

　　化工生产是通过大量设备、管道来进行的,现代化工生产更是以机械化、自动化水平高为其特点,而这些机械设备又都是由人去操纵的。在这样性能迥异、数量众多的设备进行生产活动的现场,如果我们对其性能和危险性不了解,或防护措施不当,或工作时操作者精神不集中,或操作错误等因素,均可能造成伤害。这类因机械设备造成的事故在工厂里叫机械伤害,在全部工伤事故中占有较大的比例,应引起大家的重视。

　　本章将根据化工厂机械设备的特点,从造成伤害的原因开始,继而按应用得比较多、事故频率比较高的几类设备,分别讨论防护办法,或使用中的安全注意事项。

第一节　常用机械设备的安全防护

一、常用机械设备的危险性分析

　　化工厂的机械设备种类是比较多的,就工艺生产设备而言,大致有塔(如精馏塔、合成塔、洗涤塔),炉(如加热炉、裂解炉、焦炉、电石炉),釜(如反应釜、聚合釜、搪瓷釜),机(如压缩机、离心机、粉碎机),泵(如离心泵、真空泵),器(如换热器、冷却器),罐(如贮罐、计量罐)等,此外,还有车床、铣床、钻床等机械加工设备,送风机、排风机等采暖通风设备,变压器、整流器等电器设备,桥式起重机、电梯、皮带运输机等起重运输设备等。如果从机器种类、机型上细分,那将更为复杂了。但这些设备大致可分为两大类:运转设备和静止设备。

　　所谓运转设备,是在动力(电动机、汽轮机、柴油机等)的驱动下,设备的某个部件或几个部件能作旋转或往复运动,或机器整体能够移动;而静止设备一般是没有这样的部件,如一般的贮罐、高位槽、计量槽、塔、部分炉类等。本章重点讨论预防运转设备的机械伤害问题。

运转设备造成伤害的一般因素是什么呢？运转设备的驱动部分由各种部件构成,而且几乎都是通过这些部件的旋转运动把能量传递到工作地点的。驱动部分存在着绞碾、卷带、刺割、钩住、打击、挤压等的危险性,图 7-1 中列出其中一部分驱动部件的危险性。

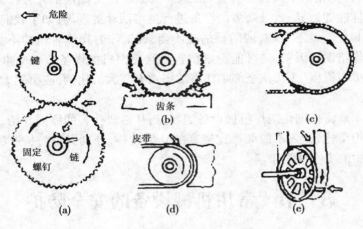

图 7-1　驱动部件的危险性

例如,工作服的某个部位或长发,被旋转物件的凸出部件挂住而引起的危险;人的头、手、脚等部位被卷进相互接触的两个旋转体之间而引起的危险。

为了排除这些危险,把旋转部件与作业人员隔离开来,使作业人员不与旋转部件相接触,便可达到防护的目的。通常采用加防护罩、盖板或防护围栏(即加"安全罩")的办法。

运转设备按运动形式,大致可分为旋转运动和直线运动。

(一)旋转机件的危险性

(1)卷带和钩挂。操作人员的手套、上衣下摆、裤管、鞋带以及长发等,若与旋转部件接触,则易被卷进或带入机器,或者被旋转部件的凸出部位钩住、挂上而造成伤害。引起卷带和钩挂危险的旋转设备比较多,如机泵和各类设备所采用的皮带传动、链传动、联轴节和设备其他旋转部件,以及橡胶厂的炼胶机、压延机等。例如,1984 年 12 月某化工厂电石车间,一工人在破碎机停机后,未等机器停稳,立即检查地脚螺丝,手套被飞轮卷住,头部撞在飞轮上,致使颅脑破裂而身亡。再如,1984 年 4 月,某厂自动车床女工,工作服被车床螺丝勾住,头部太阳穴撞在车床上,当即身亡。

(2)绞辗和挤压。齿轮传动机构、螺旋输送机构、钻床等,由于旋转部件有梭角或呈螺旋状,人们的衣、裤和手、长发等易被绞进机器或因转动部件的挤压而造成伤害。例如,1983 年 2 月,某石油化工厂橡胶车间检修炼板干燥箱,机修工修板裙,操作工清炼板里的胶;修理一段板裙,需向上倒一段车,就要启动电机,由于监护人离开岗位,两者未联系,炼板旋转后,将清胶工头部夹在炼板与钢板之间,被挤压身死。再如,某化工厂于 1984 年 7 月,五氯酚钠聚合工踩入被别人抽走盖板的螺旋输送机的料槽内,左腿被绞断,经抢救无效,于 3 日后死亡。

(3)刺割。铣刀、木工机械的圆盘锯、木刨等旋转部件是刀具,十分危险,作业人员若操作不当,接触到刀具就会被刺伤或割伤。1977 年 3 月某化工厂土建队,木工在平刨床工作时,由于没有安全防护装置,左手小指被刨刀切去两节。1983 年 5 月,某化机厂金工车间,五级铣工在工作中,因精神不集中,食指、中指被割伤,为开创性粉碎性骨折。

(4)打击。做旋转运动的部件,在运动中产生离心力,旋转速度愈快,产生的离心力愈大。如果部件有裂纹等缺陷,不能承受巨大的离心力,便会破裂并高速飞出。人员若受高速飞出的碎块打击,伤害往往是严重的。1977 年某染料厂,因离心机转鼓在运转中,突然撞破外壳和上盖而冲击,在场两名工人被碎片击伤,一人双腿骨折,并有严重的脑震荡和颅内出血,经抢救无效,于次日凌晨死亡;另一工人左腿骨折,腹部受伤,三天后也死亡。1983 年 4 月,某化肥厂机修车间,加工汽轮机隔板过程中,因没有夹紧,隔板从车床上飞出(重 240 kg),在现场的副工段长被砸死。

(二)机件作直线运动的危险性

由于刀具或模具作直线运动,如果手误入此作业范围,就会造成伤害。属于这类设备的大致有如下几类。

(1)冲床类。冲床用于金属成型、冲压零部件等。它的危险性在于要用手将被加工工件送到冲头和模具之间,当冲头落下时,手未退出危险区域,则造成伤害。所以,在设计冲床类设备时,必须有可靠的防护措施,做到当手处在危险区内时,冲头等绝对不会下降。

(2)剪床(剪板机)类。用于剪切金属板材或型材等。其危险性与冲床相似,在供送剪切材料时,手误入到上下作直线运动的刀具下面而发生危险。所以,需装设防护挡板,使手在送料时,不可能进入到刀具下方。

(3)刨床和插床类。用于金属切削加工。在加工过程中,手不需要伸进去,同前两种设备相比,危险性较小。其危险发生在安装刀具的滑块作水平(上下)直线运动,或安装加工件的工作台作往复直线运动时,与操作人员的动作相撞。

二、常用机械设备安全防护通则

由于常用机械设备的结构各异,其具体防护措施也不尽相同,但其基本原理还是有很多共同之处的,为避免烦琐,现将一般应遵循的原则和措施介绍如下。

(一)安全防护措施

(1)密闭与隔离。对于传动装置,主要防护办法是将它们密闭起来(如齿轮箱),或加防护罩,使人接触不到转动部位。防护装置的形式大致有整体或网状保护装置、保护罩、遮蔽(遮盖)等。要求加整体或网状保护装置的:凡距离厂房地面(包括隧道、通道地面)和工作台等,在 2 m 以下的传动装置的各种转动部分(轴、齿轮、皮带、联轴节和摩擦轮、飞轮等);保护装置应从地面加到至少 2.4 m 处;绳索、齿轮和链传动、钢带传动,不管位置高低,任何速度和任何尺寸,均须突出于墙壁之外水平轴的端头。

装设防护罩的要求:凡离地面或工作地点的高度不足 2 m 的各种

皮带,不论其宽度与运转速度大小以及离地面 2 m 以上,但需经常检查的传动装置,都需装设防护罩。防护罩宽度一般要求大于皮带轮宽 50 mm。进行遮蔽、遮盖的要求:转动部位有突出的螺帽、螺杆、键等零件,均应装圆形光滑的罩子;传动装置安装在专用的地沟里,并在地面操纵,或部分设在地下时,应在地面上用铺板满铺;位于低处的传动装置,其上面的通道板和铺板,应将转动轴和其他一切部分遮盖。设工作台的要求:凡离地面 2 m 以上的传动装置,需经常检查的地方,均应设立工作台。工作台周围应有 1.2 m 高的栏杆,并有不小于 0.8 m 宽的通行道。

(2)安全联锁。为了保证操作人员的安全,有些设备应设联锁装置。当操作者动作错误时,使设备不动作,或立即停车。如冲床的安全联锁装置有许多种形式,当操作者的手在冲模下方时,机器不能启动,便是安全联锁装置起保护作用。

(3)紧急刹车。为了排除危险而采取的紧急措施。如橡胶加工厂的开放式炼胶机,轧辊水平排列,操作者的手被卷进去的危险性是比较小的,但因物料黏着力很强,当往两辊中送料时,稍有疏忽,或由于来不及撒开,就有被卷进去的危险。由于频繁操作的需要,又不便于装安全防护罩,所以通常在开式炼胶机上方装紧急刹车开关(见图 7-2),能使机器立即停止运转。另在皮带运输机上,也装有类似的设施,这将在第二节中进行讨论。

(二)防止机械伤害通则

(1)正确维护和使用防护设施。应安装防护设施的地方没有防护设施的不能运行;不能随意拆卸防护装置、安全用具或安全设备,或使其无效。一旦修理和调节完毕后,应立即重新装好这些防护装置和设备。

(2)转动部件未停稳不得进行操作。由于机器在运转中,有较大的离心力,这时进行生产操作、拆卸零部件、清洁保养工作等,都是很危险的,如离心机、压缩机等。

(3)正确穿戴防护用品。防护用品是用来保护职工安全和健康的,必须正确穿戴衣、帽、鞋等护具;工作服应做到三紧:袖口、下摆、裤

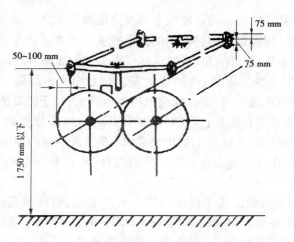

图 7-2　炼胶机的紧急刹车

口;酸碱岗位和机加工的某些工种,要坚持戴防护眼镜。

(4)站位得当。如在使用砂轮机时,应站在侧面,以免万一砂轮飞出时打伤自己;再如不要在起重机吊臂或吊钩下行走和停留。

(5)转动机件上不得搁放物件。特别是机床,在夹持零部件过程中,易于将工具量具或其物件,顺手放在旋转部位上,一开车,这些物件极易飞出,发生事故。

(6)不要跨越运转的机轴。机轴如处于人行通道上,应装设跨桥;无防护设施的机轴,不要随便跨越。

(7)执行操作规程,做好维护保养。严格执行有关规章制度和操作法,是保证安全运行的重要条件。

三、高速旋转机械的安全防护

(一)概述

高速旋转体主要由转轴和旋转构件所组成。如泵、风机和离心式压缩机的叶轮,以及离心机的转鼓等,都是旋转构件。它们的转速由每分钟几百转到上万转。其危险性来源于这类机器比较容易产生振动。机械振动会加速零件的磨损,缩短机器的使用寿命,而且还会使操作条件恶化,甚至造成严重的设备或人身事故。引起振动的一个重要因素,是机器处于其"临界转速"下（或其附近）运转而引起的。所谓临界转速，是使转子产生激烈振动时的转速，低于或高于这一转速，机器运转就恢复平稳。一般机器的正常运转速度，都是远离这一转速的，以确保运行安全。有些高转速设备，如离心式压缩机和高速离心机，都是在超过临界转速很多的情况下运行的，启动这类设备，必须由有经验的员工来慎重操作。

转子要产生离心力，是产生振动的直接原因，也是产生破坏的主要原因。所以，对圆周速度超过 25 m/s 的涡轮机转子和离心机转鼓等，在进行安全试验时，必须采取措施，转子等万一发生破裂飞散时，确保操作人员或附近装置不受损伤。

大型涡轮机等的安全试验，要在坚固的专用建筑中或用坚固的屏障隔离了的地方进行。

高速旋转体，特别是转子重超过 1 t，圆周速度超过 120 m/s 的大型旋转体，如万一发生破损，就会引起重大事故，所以在运行旋转试验前，应该进行非破坏性检查，按照材料性质及结构形状检查有无缺陷。而且，在进行旋转试验时，应该通过远距离操作，进行控制和测定。

（二）离心机的安全防护

离心机是化工厂应用得比较多的一种机器，是利用离心力来分离液相混合物的。

（1）离心过滤过程。常用于分离含固量较多，而且粒度较大的悬浮液。如图 7-3 所示为一过滤式离心机的转鼓。鼓壁上开有许多小孔，鼓壁内衬以金属底网和滤布。当转鼓高速旋转时，悬浮液在转鼓内由于离心力作用，被甩到滤布上，其中的固体颗粒沉积到滤布上，形成柴渣层。而滤液则透过滤渣、滤布的孔隙和鼓壁上的小孔被甩出转鼓。

（2）离心沉降过程。常用于分离含固量较少、粒度较细的悬浮液。如图 7-4 所示，转鼓壁上是不开口的，也不要滤布。当悬浮液随着转鼓一起高速旋转时，由于离心力的作用，悬浮液中的物料按其重度大小分层沉淀。重度大的固体颗粒沉积在最外层，而液体则在里层，用引流装置使其排出转鼓。

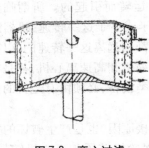 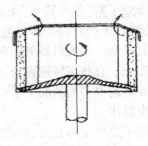

图7-3　离心过滤　　　　　　　　　图7-4　离心沉降

（3）离心分离过程。是用来分离两种重度不同的液体所形成的乳浊液，或含有极微量固体的乳浊液，或者对含极微量固体的液相澄清（液—液、液—固），原理如图 7-5 所示。根据这三种原理，制成各种型式的离心机，广泛应用于化工生产。如化肥生产中，从结晶母液中分离出尿素、硫铵或碳铵等产品，多采用活塞式推料离心机；塑料生产中，需从溶剂中分离出聚氯乙烯成品，多采用沉降式离心机；烧碱生产中，将蒸发过程中结晶的盐分离出来，多采用刮刀式离心机；医药工业生产中，各种药物结晶的分离，则多采用三足式下出料离心机、管式高速离心机、蝶片分离机等。

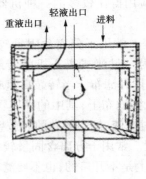

重液出口　　轻液出口　　进料

图7-5　离心分离

在各种离心机中，以三足式离心机最古老，用得比较多，一般工伤事故也较多（见图 7-6）。转鼓装在主轴上，主轴垂直安装在轴承座的滚动轴承内，轴承座用螺栓固定在悬挂于支柱上的底盘上。电动机通过水平布置的三角皮带和皮带轮,带动主轴及转鼓旋转。转鼓则密闭在固定的机器盖板内。这是一台安全设施比较齐全的离心机。停车后,为了尽快让转鼓停止转动,可扳动手柄使制动器作用,机器便能立即停止转动。而机器盖板在机器运转中是打不开的,以防止操作者在机器还未完全停下来,即去操作而发生伤害。但目前不少化工厂所使用的离心机,防护设施是不很完善的。如制动器失灵,没有盖板等,这些都是事故隐患,有的已造成不少事故。如未启动机器即加料,有时料加得太多,使离心机超负荷运转,从而引起电机烧坏,或转鼓破裂飞出事故;机器刚停止送电,机器因惯性还在转,这时有的工人,为了省力气,用棍、板之类物件当刮刀、去铲转鼓内的物料,因转速快,棍、板反击后打着人,或在离心力作用下,棍、板甩出伤人,都是很危险的;再有因制动器失灵,用棍、板去撬皮带来刹车,也是极不安全的。像此类设备,应积极更新为安全设施完善的新机型,并应加强修理和保养工作,保证机组性能良好;另在操作中,要严格执行操作规程,谨慎工作。

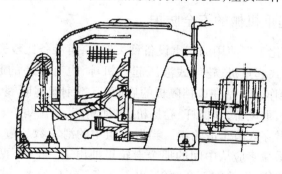

图7-6 上部卸料三足式离心机

第二节 起重运输机械的安全防护

在化工企业生产现场,起重与搬运工作是比较繁重的。如生产的原材料、半成品、成品的吊装与运输,设备检修中零部件和维修材料的吊装与运输等。随着生产发展,起重与运输的工作量日益增加,用于起重与运输的机械也多起来,如何避免和减少这类机械引起的伤害事故,也就成了重要课题。化工厂常用的起重运输机械,大致可分为三大类,即起重机类(包括桥式起重机、汽车起重机、电梯等)、运输车辆类(这里主要介绍用于厂内运输的叉式起重机、电瓶车等)、传送设备类(将介绍皮带运输机、螺旋输送机等)。

图7-7　液压型汽车起重机

下面我们将对这三类机械的安全使用问题分别进行阐述。

一、起重机械的安全防护

目前,化工厂使用的起重设备种类较多,有装备比较完善的桥式起重机、龙门式起重机、轮船式液压起重机等,也有简易的起卷扬机(见图7-8),操作人员站在遮挡隔板的后面,万一钢丝绳断裂,可起到安全防护作用。重设备,如桅杆、卷扬机、电动葫芦、手拉葫芦、千斤顶等。

将绳索穿入滑车滑轮组。当滑轮组中的滑轮数超过2个时,那么绳头和把手绳索应从中间的那个滑轮里抽出来。上、下两个滑轮应互成直角。这样,滑轮就不会倾斜,也不会降低工作效率。起重设备的起重能力大小不等,从几百千克到几十吨,相差比较悬殊,化工厂一般常用的桥式起重机等固定式起重机,起重能力在40 t以下,而移动式起重机则以5~60 t居多。由于起重量大,结构愈来愈复杂,自控水平愈来愈高。从安全角度考虑,对主要零部件和安全防护装置,都是有严格要求的,另外,正确的操作和维修也极为重要。

(一)主要零部件的安全要求

(1)吊钩。起重机的吊钩不得使用铸造方法加工,因铸件强度和

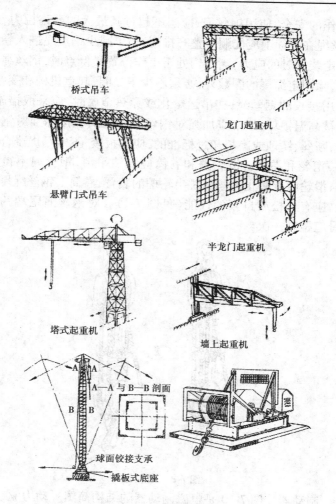

桥式吊车

龙门起重机

悬臂门式吊车

半龙门起重机

塔式起重机

墙上起重机

A—A
A—A 与 B—B 剖面
B

球面铰接支承
撬板式底座

图 7-8   各种起重机示意

可靠性不能确保安全;吊钩表面应光洁无剥落、锐角、毛刺、裂纹等;并设有防止吊重意外脱钩的保险装置。吊钩应按规定定期进行检验,包括加检验载荷和用 X 射线或类似的手段作探伤检查。通常不应该对吊钩进行焊接或整形修理,有了缺陷应更换新的吊钩。

　（2）钢丝绳。钢丝绳必须有制造厂的产品检验合格证;为了保证起重工作的安全,使用钢丝绳,应当不超过其最大的允许拉力,以防折断;钢丝绳在卷筒上应能顺序整齐排列,为了减少钢丝绳进入卷筒穿线环或锚定装置时的应力,当吊钩处于工作位置最低点时,钢丝绳在卷筒上圈数,除固定绳尾的圈数外,必须不少于二圈;起重机构和变幅机构,不得使用接长的钢丝绳;在吊运熔化或赤热金属时,应采取措施,防止钢丝绳被高温损坏;平常应加强对钢丝绳的维护和按标准对钢丝绳进行检查,断丝、锈蚀或磨损超过标准的,应予报废,不能马虎凑合。

(3)滑轮和卷筒。滑轮槽和卷筒应光洁平滑,钢丝绳不得有损伤的缺陷;滑轮应有防止钢丝绳跳出轮槽的装置;卷筒上钢丝绳尾端的固定装置,应有放松或自紧的性能(见图7-9)。对钢丝绳尾端的固定情况,每月应检查一次。

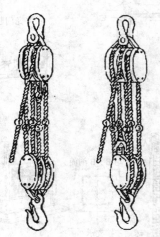

图 7-9　滑轮组

(4)制动器。图 7-10 是电磁制动器的结构简图。动力驱动的起重机,其起升、变幅、运行、旋转机构都还须装设制动器;人工驱动的起重机,其起升机构和变幅机构必须设制动器或停止器;而且起升和变幅机构的制动器,应该是常闭的;吊运赤热金属或易燃易爆等危险品的起升机构,其每一层驱动装置都应装二套制动器。制动器除电动外,还有人工操纵的。

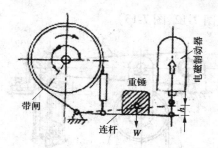

图7-10　电磁制动器制动的构造

制动轮是制动器中的一个重要部件,其制动摩擦面,不应有妨碍制动性能的缺陷或沾染油污。制动器的结构比较多,图7-11是一种机械制动器的功制动原理图。这种制动器是电机反转,并且向下的速度超过额定值时,起制动作用的。

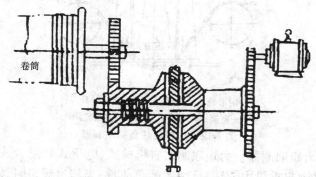

图7-11　机械制动器的制动原理图

(二)安全防护装置

起重机在作业过程中,受外界影响因素较多,均要求装设必要的安全防护装置,以保证安全运转。在使用中,对这些安全防护装置应及时检查、维护,使其保持正常工作性能。如发现性能异常,应立即进行修理或更换。

(1)超负荷限制器。由于对起重物的质量不容易掌握得准确,往往因超载而引起事故,故应备有超负荷限制器。当起重量超过额定负荷的10%时,限制器的杠杆、弹簧(或偏心轮)产生机械运动,触动限位开关断电停车（见图 7-12、图 7-13）。

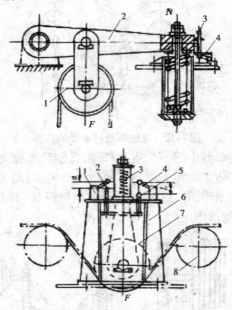

1—定滑轮,2—杠杆;3、5—撞杆;4—开关;
6—支架;7—支持滑轮;8—导向滑轮图

图 7-12　杠杆式超负荷限制器

（2）力矩限制器。力矩限制器有机械式、电子式和复合式三种,用在动臂类型起重机中,及时反映实际负荷量;当超过规定时,发出报警信号,并自动切断电源,保证起重机的稳定。图 7-14 是机械式力矩限制器,吊钩钢丝绳固定套与杠杆铰接,正常负荷时杠杆不动;超负荷时钢丝绳套固定:拉动杠杆,从而压迫杠杆产生位移,杠杆克服弹簧力,触动限位开关,切断电源起重臂改变倾角时,起升绳与杠杆的夹角也在改变,作用在杠杆上的垂直分力也在改变;起动臂倾角小时,作用在杠杆上的力变大,当超过倾翻力矩时即断电停车。

（3）起升高度限制器。起升高度限制器限制吊钩起升超过极限位置的装置。有重锤式、蜗轮蜗杆式、螺杆式三种。重锤式限制器当改变卷扬高度时,不用调整,但维修不便,有时要失灵。图 7-15 为蜗轮蜗杆

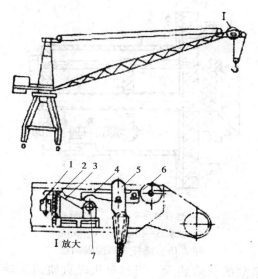

1—限位开关;2—弹簧;3、4—杠杆;5—吊钩绳;
6—起重臂杆头部;7—蜗轮蜗杆式高度限制器

图7-13 弹簧式超负荷限制器

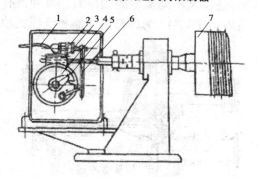

1—电线;2—触头;3—蜗杆;4—蜗轮;5—凸轮;6—杠杆;7—卷筒

图7-14 机械式力矩限制器

式、螺杆式限制器,均通过联轴节与卷筒相连,当卷筒旋转时,螺杆也随着转动,达到极限位置时,触动开关切断电源。

(4)行程限制器和缓冲器。行程限制器和缓冲器是防止起重机发

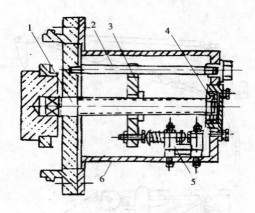

1—螺杆;2—导向杆;3—螺母;
4—轴承;5—限位开关;6—壳体

图 7-15　螺杆式高度限制器

生撞车、倾覆事故的保险装置。当起重机驶近轨道末端时,或臂架旋转、起落到极限位置时,或同一轨道上起重机互相靠近时,即接触行程限制器,切断电源。但由于其惯性仍能冲出相当长的距离,故运行速度高于 30 m/min 的,还需装不同类型的缓冲器。缓冲器有橡胶式、弹簧式、液压式等。图 7-16、图 7-17 为弹簧缓冲器和液压缓冲器的结构图。

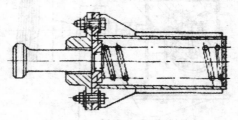

图 7-16　弹簧缓冲器

(5)安全开关又称联锁开关,控制起重机总电源,安装在起重机的司机室门、扶梯门、舱口等处,当这些门打开时,自动切断电源,以防发生触电、挤、绞和错误操作及突然启动事故。

(6)防爬装置。室外工作的桥式起重机、龙门起重机、装卸桥及门座起重机等,都需要安装防爬装置,以防被大风吹动或被刮倒。简单的

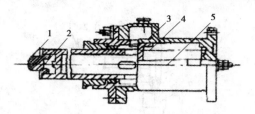

1—塞头;2—加速弹簧;3—活塞;4—复原弹簧;5—顶杆

图 7-17 液压缓冲器

防爬装置有插销式(见图 7-18),在起重机运行轨道的某些区段上,装设钢支架,当起重机不工作时,用插销将起重机构架固定。常用的防爬装置是夹轨器。图 7-19 是电动重锤式夹轨器。

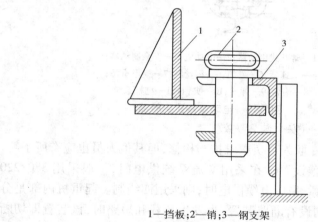

1—挡板;2—销;3—钢支架

图 7-18 插销装置

各种起重机的梯子、平台、走台和桥式起重机的梁边,是操作工人和检修人员行走或工作支承面,都应设有不低于 1 m 的防护栏杆;栏杆下部应当有挡板。起重机传动装置的危险部位,应当设有防护罩或防护栏杆。直梯或倾斜角大于 75°的斜梯,其高度超过 5 m 者,应设置弧形防护圈。

(三)电气装置

起重机的供电和控制设备,在安装、维修、调整和使用中,必须保证传动及控制的性能准确可靠,在紧急情况下能切断电源,安全停车。不

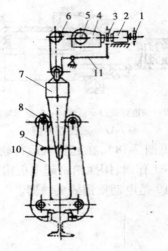

1—常开式制动器;2—电动机;3—安全制动器;
4—减速器;5—卷筒;6—钢丝绳;7—楔形重锤;
8—滚轮;9—弹簧;10—夹钳;11—杠杆系统

图 7-19　电动重锤式夹轨器

得任意改变电路,使安全装置失效。

　　电气装置由专职人员负责维护与检修,但其他人员也应有所了解。起重机电源应单独设置。在采用交流系统供电时,一般采用 380/220 V 三相四线制电源;采用电缆供电时,则采用四线制。起重机内部是分支电路供电,分别设有断路装置,当发生超载和短路时,该装置即切断电路,也属安全保护措施之一,总电路上也设有同样作用的电路断路器。供电主滑线应在非导电接触面涂红色油漆,并应在适当位置装置安全标志,或表示带电的指示灯。

　　起重机应选用铜芯多股橡胶绝缘线,塑料线只限于电气室、操纵室、控制室、保护箱内部配线。起重机系统,应设正常照明、事故照明、障碍照明及安全照明。超重机的金属结构及所有电气设备的金属外壳、管槽、电缆金属外皮和安全变压器外侧,均应有可靠的接地。起重机轨道和起重机上任何一点的接地电阻不得大于 4 Ω。

(四)起重机操作中的安全问题

起重工作按起重量分三级:大型,80 t以上;中型,40～80 t;一般起重,40 t以下。大、中型起重工作和土建工程主体结构吊装,必须编制吊装方案,制定安全措施。如起吊物体形状复杂、刚度小、细长比大、精密、贵重、施工条件特殊困难等,也应编制吊装方案。

操作时司机精神要集中,不做与作业无关的事,开车前必须鸣铃报警,当起重件接近人时,要发出断续铃声或报警。遇有下列情况,司机可以拒绝操作:①超重或物重不清,如吊拔埋置物体及斜拉斜吊等;②结构或零部件有影响安全工作的缺陷或损伤,如制动器、安全装置失灵,吊钩螺母防松装置损坏、钢丝绳损坏达到报废标准等;③捆绑、吊挂不牢或不平衡而可能滑动,重物棱角处与钢丝绳之间未加衬垫等;④被吊物体上有人;⑤工作场地昏暗,无法看清场地、被吊物情况和指挥信号等;⑥指挥信号不清或乱指挥等。

吊运时还应注意,为防止在通过或起吊中发生物体坠落或撞伤事故,不得从人的上空通过,吊臂下不得有人;起重机工作时不得进行检查和维修;所吊重物接近或达到额定起重能力时,吊运前应检查制动器,并用小高度、短行程试吊后,再平稳地吊运。由地面操纵的机动起重机,应当指定一定人员负责使用。除此以外,机动起重机一般由专职的司机驾驶,并且指定一定人员负责挂钩和指挥工作。

捆绑和指挥人员,吊运前要佩戴必要的劳动防护用品;准备并检查所用的起重工具、辅助和指挥用具;根据吊运的要求,检查清理工作场地。

吊运工作中应牢固捆绑被吊物体,以防吊运时物体重心变化和发生滑动;吊运时,吊挂绳之间的夹角应小于120°以免吊挂绳受力过大;指挥翻转物体时,应使其重心平稳变化,不应产生指挥意图之外的多余动作;须进入悬挂重物下方时,应先与司机联系,并设置支承装置;多人捆绑时,应由一人指挥。

各厂应规定厂内统一的起重指挥信号,信号应简单明确,不应使人误解。除在吊运工作发生危险、情况紧急时,任何人都可以发出停止信号外,只许负责指挥起重工作的人员指挥吊运工作。

（五）起重机的检验

正常工作的起重机,每两年检验一次,经过大修、新安装及改造过的起重机,在交付使用前要检验;根据工作繁重、环境恶劣的程度,确定检查周期,但经常性检查不得少于每月一次,而定期检查则不少于每年一次。

上面我们已对起重机的安全问题作了阐述,下面再对移动式起重机和电梯的一些特殊要求作些介绍。

（六）移动式起重机的安全防护

移动式起重机多用于室外施工或设备检修中,用发动机来作驱动的动力。为了防止过卷,需使发动机停止运转,当吊钩上升,工作片碰到悬臂时,就切断接触装置的电路而使发动机停止运转,见图 7-20。

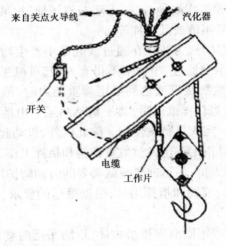

图 7-20　起重机防止过卷的装置图

移动式起重机在作业中由于负重的原因,会有倾倒的危险,为此,这类起重机除装有力矩限制器外,还备有伸缩支承脚,工作时伸出车轮外面,使底部变宽(支脚下地面应平整夯实),提高稳定度。在行进前再将其收进去;这些操作都是利用油压来完成的。为了防止倾倒,还可以在起重机的上部旋转体的后面,设置平衡锤。

在汽车起重机、履带起重机、铁路起重机以及悬臂起重机、桩杆起重机等工作时,其悬臂所及的工作区域内禁止站人。

(七)电梯的安全装置

电梯是现场提升材料、半成品和成品的机械,一般安全要求同前,需要突出的电梯的事故点是在电梯开口处。电梯设计制造时,电梯有伸缩门,各层开口处也有各类伸缩门,而且是联锁的,即两扇门不全部关闭是不能开动的。但现场很多电梯,由于使用不当,维修不及时,缺门的现象比较普遍,这是很大的事故隐患。一种是在高层开口处,由于推料工不慎,或现场情况不熟,照明不好,误以为是通道而坠落电梯井内;另一种是在电梯经过某层时不停车,电梯内的人往外跳,或该层的人想进入电梯,往往被电梯与开口处挤压而造成伤亡。1983 年 7 月,某化肥厂检修造粒塔电梯,切断电源又松开抱闸,电梯在重锤的重力作用下上升,电梯内的修理工当电梯升到四楼时,见亮外跳被挤死。

另外,类似电梯的问题,是不少企业用电动葫芦吊运原材料、半成品、成品等。电动葫芦的结构比较简单,是电梯的代用品,现场多叫提升机,也是比较危险的。应该强调的是,这类提升设备,使用中是不准超载、不准载人的,每层开口处应装设安全防护栏杆和能开闭的栅栏门。

二、厂内运输车辆的安全防护

工厂运输车辆常用的有火车、汽车、电瓶车、叉车等,种类比较多。前两种有专门规章明确安全要求,我们日常中接触不多,所以这里重点讨论叉式起重机和电瓶车的安全问题。

(一)叉式起重机

一般起重机是用于"吊运货物"的,而叉式起重机是"装运货物"的机器,两者发生危险的情况是不一样的,前者是由于吊钩不良或捆绑、吊挂不好而引起的事故较多,而后者不用吊钩,所以没有这方面的事故。然而,由于提升货物,使得整个体系重心升高了,产生倾倒的可能性就变大了。

由于这种机器是在叉上提升起货物进行搬运,提升高度是决定其稳定度的关键,所以其最大负荷必须随提升高度成比例地减少。

图 7-21 表示的是提升高度与允许负荷的关系。

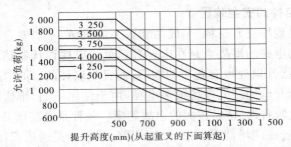

图 7-21　叉式起重机的提升高度(负荷重心)与允许负荷的关系

叉式起重机用来搬运在仓库里堆积的货物时,是极为方便的,但如果发生差错,高处货物有落到操作人员座位上的危险,故在操作人员座位上方设置一个顶盖(见图 7-22)。

图 7-22　顶盖设置图

如托板上重叠堆放的箱子或货物袋的堆积高度比较高,在提升货物时,随着机杆后倾,最上部的货物就有翻过机杆向操纵人员身上落下的危险。为此,在起重叉车横梁上要安装一个防止发生这类事故的框架,叫背框架。

叉式起重机的顶盖和背框架为了保证叉式起重机的安全,需安装制动器。由于叉式起重机的最高速度是 15 ~ 25 km/h,所以通常把制动器装在前车轮或变速箱的输出轴上。当踩动脚刹车(踏板),力传送到主油缸,油压即传递到车轮制动器油缸,使制动器闸瓦合拢,通过它与安装在前轮上的制动鼓轮之间产生的摩擦力来进行制动。

（二）电瓶车

电瓶车虽然操作简便,但却较容易发生事故,故应严格要求。驾驶人员必须受过专门训练,经考试合格并持有安全操作证;电瓶车的刹车机构、转向机构、音响信号、电气设备和线路,一定要良好、可靠,并应经常进行检查。电瓶车应按设计的载重量使用,不得超重。运送的货物必须放置平稳,必要时应用结实的绳索绑牢,以防倾倒。其堆放高度不得高于地面 2 m;宽度不得超过底盘的两侧外沿各 200 mm;伸出车身后的长度,不超过 500 mm,且不得使物料拖在地面上运行。

电瓶车的行驶速度,在厂区内每小时不得超过 10 km,在车间内不得超过 3 km。在车间行驶应距机床、管道、炉子和其他设备 0.5 m 以上。由于其开关变动位置时,往往发生火花,所以电瓶车禁止驶进防火防爆岗位。另外,汽车、铲车、叉车等用发动机驱动的车辆,排气管未装消火器者,也不准驶入上述场所。

电瓶车在下列情况下,严禁载人:进入厂房内部;装运易燃易爆、有毒等危险货物时;满重的重车;装载货物的高度距底盘 1 m 以上时。

三、传送设备的安全防护

传送设备是一种可在水平、倾斜或垂直方向上来移动或传输松散材料、包装箱或其他物品的装置。传送的路线是由装置的设计者预先规定好的,沿线具有固定的或可选择的装卸料口。最普遍的传送设备有皮带式、翻板式、裙式、链式、螺旋式、斗式、气动式、架空式、可移动式和竖式等若干种。图 7-23 展示了在传送装置上所应采取的安全防护措施。下面以皮带运输机为例作重点介绍。

（一）皮带运输机

1. 安全防护装置

部分或全部作垂直移动的人工装载式传送设备,在每一个装载口处,应明显地标出本设备允许提升或下降的安全负荷。

齿轮、链轮、槽轮和其他转动部件都应配有标准的安全防护装置,或者安装在适当的位置上(运行中人接触不到),以免发生人身事故。

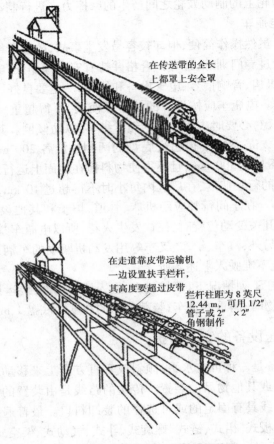

在传送带的全长
上都罩上安全罩

在走道靠皮带运输机
一边设置扶手栏杆,
其高度要超过皮带
栏杆柱距为 8 英尺
12.44 m, 可用 1/2″
管子或 2″ × 2″
角钢制作

图 7-23　传送装置安全防护措施

　　安装传送设备的房间,应保证运行人员的方便和安全。低架的长传送带,尽可能沿着墙壁安设。牵引或载重部分外露的传送带两侧(沿墙安设的则在一侧),应有不小于 1 m 的通道。所有跨越道路、通道和工人操作区的传送设备的下方,都应安装保护装置。

　　传送设备在隧道、地坑和其他类似的环境中运行时,地道的宽度须比传送带宽度大 0.8 m。有人操作或需进入的工作面上,应配备良好的排水、照明、通风、安全防护和安全通道等设施。

沿着传送设备的人行通道,应装有紧急停车装置,其间距为 15～20 m。

架空传送设备的一边或两边,应设有通行平台或通道,装置带有横杆的扶手栏杆,平台上安装脚踏板。通行平台的地板面,尤其是在斜坡通道上,应采用花纹钢板或其他防滑板材。为了使人能够从传送设备上面或下面穿越,可建造跨接桥或下穿交叉道,并各自都装有安全防护装置。而在一般情况下,如无安全人行通道,应禁止人员从上面或下面穿越传送设备,并严禁工作人员骑坐在传送设备上。

对运输细小颗粒或粉末状原材料的传送设备,为了防止粉尘弥漫,在材料装卸处,应设有排风罩,并要求安装良好的通风系统。

为了移走皮带运输机的静电荷,可用金属丝或针状静电收集器。它们应靠近主动和从动带轮的高速侧,并通过轴上的转动碳(或青铜)刷与地相接。

2. 操作上的安全注意事项

传送设备的启动按钮或开关,应设置在一个适当的地点,使得操作人员按电钮时,可以尽可能多地看到传送设备。如果传送设备穿越楼板或墙体,那么在各个相邻地区,都应装有这台传送设备的启动和停止开关,并且只有当这些启动按钮或开关同时被按下时,设备才会投入运转。这些启动—停止开关装置应有明显标记,开关装置周围也不要堆放其他物品,使工作人员能够清楚看到,操作也方便。

对传送设备、机械运转部件和电动机,均应设计一套过载保护装置。当传送设备因过载而停车时,所有启动开关都应断开并锁住。当传送设备排除故障,再启动之前,还应做一次全面检查。

传送装置的操作人员或在它附近的工作人员,上班时应穿紧身工作服,以避免被卷入转动着的机械设备。最好穿防护鞋,不要穿后跟过高的鞋。若传送设备通道上尘埃很大,工作人员应戴护目镜;如尘埃过大,可带防尘面具。

据统计分析,传送装置的大部分事故,是由于被运输的材料从传送带上掉下来砸着人而引起的,所以往传送装置上堆放材料时,要放得平稳,使在传输中不会掉下来。另外,被机械卷入的伤害也是比较多见的。操作人员不要在运转时校正跑偏和清除粘在表面上的污物,而应停车处理;运行中严禁用木棍、竹片、铁铲及其他物件,进行铲、刮和清理,或用扫帚清扫。在皮带和带轮的两边应该设置防护装置,并留有足够间隙,防止人体与带轮相接触。

3.检修工作的注意事项

对整个传送设备的机械部分,要进行定期检查。当发现部件磨损时,应立即更换。特别应注意检查制动器、棘爪、防事故装置、过载释放器和其他安全装置,以保证这些装置能有效地执行其功能,出了毛病也能及时维修。

在检修工作开始之前,检修人员应切断电源并加锁,钥匙由检修负责人保管。有的地方采用挂牌警告的办法也可行,但不如前者可靠。

(二) 螺旋输送机

螺旋输送机的半身长度是有限的。它的外形为一段半圆形槽,顶面是平的。槽中有一根纵轴,轴上带有大螺距螺杆或螺旋形板(见图7-24)。当螺旋转动时,就能往前传送槽中的物料。由于这种传送设备的摩擦力很大,因而所需电力要比其他类型的运输机械多。

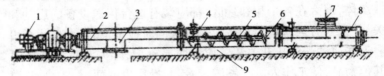

1—驱动装置;2—头销;3—出料口;4—吊轴承;
5—螺旋;6—中间节;7—进料口;8—尾节;9—机壳

图7-24　螺旋输送机

有些螺旋输送机纵轴上带的是螺旋桨,而不是一个连续的螺杆。用它来传送水泥－砂混合物或颜料时,还可以起到搅拌作用。

螺旋输送机的不安全因素在于,人的手、脚会被卷进去而压坏。所以,运输槽应该完全被覆盖住。当槽中物料堵塞时,为了便于观察和卸料,槽盖应具有铰链连接或可移动的盖板。但盖板应与机器联锁,当打开其中一块盖板时,输送机就会停下来。如盖板下面装有粗金属网,当打开盖板检查机器时,金属网就能起安全防护作用。

（三）斗式提升机

斗式提升机可分为三大类，它们都是用环形皮带、链条或多根链条来带动升降料斗的。这些料斗可以是固定式，也可以是枢轴式（图 7-25）。

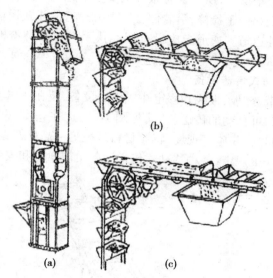

图 7-25　斗式运输机

图 7-25 为三种斗式运输机。（图 7-25（b））为斗式升降机，图 7-15（b）为重力自卸传送升降机，图 7-25（c）为枢轴式斗式运输机。斗式升降机带有固定料斗，运行在垂直或倾斜的通道上。当料斗越过端滑轮或端滚筒时，能借重力自动卸料。

重力自卸传送升降机带有固定料斗，在垂直、倾斜或水平面内部能使用。在水平槽中，料斗的作用如同刮板；可将物料传送到重力门卸点上。

枢轴式斗式运输机可在水平、倾斜和垂直面内运行。在到达卸料口前，运输机中的料斗一直保持在有料的状态，而在卸料口处，料斗才倾斜翻倒而卸料。

为了操作人员的安全，整个斗式运输机都应用防护装置封装起来。

在运行中,严禁进行取样(即取一些物料供化验用)。

枢轴式运输机有一个解扣装置,通常是可以移动的,使储存库做到卸料均匀。如果移动和锁住解扣装置是遥控的,操作人员不需要跑到运输机通道上来操作,所以这是很好的安全措施。

为了安全和便于检修,沿着储存库上方运行的斗式运输机的边上,应装设永久性通道。通道上应设有标准扶手栏杆和脚踏板,并具有良好的照明。

(四)移动式传送设备

可将皮带、链板、板式和固定斗式传送设备,装在一对大车轮上,成为一个倾斜的可移动的传送装置(见图 7-26)。在仓库、火车站可用它来装卸松散材料;在施工现场,将原材料运往另一高处根据同类固定式传送设备的安全规定,各种移动式传送设备也应执行和安装防护设施。

图 7-26　移动式传送设备

传送装置上应采用防老化的电气设备。采用三相电源时,与输出电源相接的软线应用四芯电缆,第四根导线在所有的插头和插座中都是接地的。

电缆的布线,应避免被卡车或其他机械压着。若电缆必须穿过汽车道,可挂在杆子上,高度不能低于5 m。由于这些传送设备大多数都处在极坏的气候环境下运行,若电缆是由两根或更多根连接而成的,那么接头应该离开地面而吊在空中。

移动式传送设备应安装侧壁或边挡板(高度不应小于250 mm)。这样,传送密度大的重质物料时,可防止它从运输带上掉下来。而传送密度小的轻质和松散物料时,可防止被吹飞出来。

移动式传送设备应该是很稳固的,它具有一个锁定装置,可使传送设备固定在各种所需要的仰角上。移动式传送设备在工作时,必须用掩木将轮子塞住,并将制动器刹住,以防工作中发生走动。

应定期对各种移动式传送设备的升降杆装置进行认真检查,因为升降杆装置发生事故比较多。任何刚性升降杆都可采用,但最好是采用自走蜗杆式或起重螺杆式升降杆。齿轮装置应该是密闭型的,并应灌满油。人体容易接触到的所有链条上,都应设置安全防护装置,并应配备一个便于对链条进行润滑的加油系统。

第三节 机床与冲压设备的安全防护

习惯上将车、镗、铣、刨、磨等五大类机械加工设备称为机床,而把冲压成形的压力机等设备称为冷冲压设备,包括压力机、水压机、气动压力机、弯板机及剪板机等。本节将重点介绍这两类设备的安全防护技术。

一、机床的安全防护

在机床上发生伤害事故的原因,常常是操作不当或违章,也可以说是缺乏基本训练和管理不善而引起的。如果设备运转正常,正确地进行操作和使用安全防护装置,是可以避免伤害事故发生的。

由于这类设备在化工厂属于辅助车间,管理较差,又比较分散,操作者素质不高,机床类设备的事故也常有发生。

(一)一般安全注意事项

任何机床的操作、调整和修理,必须由有经验和经过训练、取得安全操作证的人员进行。操作者应按操作程序进行加工,不要擅自变更或缩减程序。如为缩短停车时间,使机床自动转;在机床运转时,用手去调整或测量工件等,都是很不安全的。清理切屑应该用刷子或专用工具,严禁直接用手去清理,以免钩挂、刺割、烫伤等。

机床操作者的个人防护也是很重要的。如所有机床操作者都应该戴护目镜,以免机床在加工过程中飞出金属碎屑伤及眼睛。

上班应穿合适的、紧身的工作服,系好扣子;许多工伤和死亡事故,是由于宽大的袖子、下摆或其他服饰被卷入皮带与皮带轮之间、齿轮之间、转动的轴上,或在卡盘上运动的工件上而造成的。

在过去发生的工伤事故中,这样的事例是屡见不鲜的;如由于头发被机床上运动着的部件缠住,使部分或全部头皮被剥掉,而造成严重伤害,所以女工要戴工作帽,长发应束入帽内。另外,操作机床不应戴手套,机床操作者上班系领带也是很不安全的。

有许多操作工序需要搬运沉重的工件或机床附件,如花盘、卡盘等,所以操作者穿凉鞋和高跟鞋都是不适宜的。

(二)车床

车床包括普通车床、六角车床、立式车床、半自动车床和自动螺丝车床等。这里仅介绍普通车床和立式车床的安全注意事项。普通车床发生的伤害事故,可能有下述几个因素。

(1)操作者的手或上肢与工件的凸缘、车床的花盘或车床的鸡心夹头接触,特别是与凸出表面的调整螺钉接触,或袖口、长发被挂住。

(2)金属切屑飞溅,烫伤或刺伤脸部、眼睛、手及手臂等,或在机器运转时,清除切屑。

(3)为使工件尽快停止转动,用手制动卡盘。

(4)使用无防护柄的锉刀,或手持砂布紧靠工件磨削毛刺,以致造成手部伤害。

(5)机床运转时,用手调整或测量工件。

(6)卡盘扳手未取下,即启动机床,扳手飞出而引起伤害。

此外,操作者在不停车情况下,随意离开机床,或用手代替钩子清理切屑,都是很危险的。采用安全型的车床夹头,代替那些有突出螺钉的卡盘;采用切屑挡板(见图7-27),常用有机玻璃作挡板,既能使操作者看得见工件的加工情况,又能限制切屑乱飞。

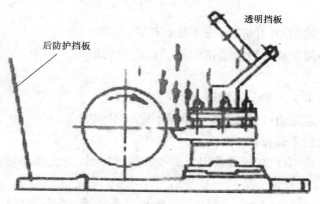

图7-27　防护挡板

在立式车床工作台周围,尤其是直径为2.5 m或更小尺寸的工作台周围,应装有金属的防护屏障,以封闭工作台的边缘,防止旋转的工作台或突出的工件撞击操作者。这样的防护装置应装铰链,以便在安装工件和调整机床时易于打开(见图7-28)。

如果工作台与地板在同一水平上,一般应安装用铁管制作的移动式栅栏。

不要在机床运转时紧固工件或刀具、进行测量工作、触摸刀具的刃口,或给机床加油。此外操作者切勿坐在旋转的工作台上,当然,对某些大型立车是例外。

(三)钻床

钻床有各种不同的类型,在机加工车间数量较多。钻床上装有可旋转的主轴、手轮和带动中心钻或麻花钻旋转的夹具,可以完成钻孔,铰孔,攻丝,端面加工、锪孔和特形铣削等操作。钻削操作中,引起伤害的原因如下:

(1)触摸旋转的主轴或刀具,特别是在使用快速卡头时,手不要去摸刀具。

（2）钻头断裂,碎块飞出。

（3）工件未夹紧,进刀后工件随钻头旋转,这对人体和左手的威胁较大。

（4）被运动的部件绞住头发或衣眼。

（5）用手清除切屑或试图用手拉断长的螺旋形切屑;或金属切屑飞溅。

（6）卡头中的卡爪掉落。

（7）忘记将变速皮带轮或齿轮的防护装置复位。

（8）戴手套操作。

主轴的防护装置可采用套筒或其他屏障,以防止操作者与主轴接触。

在大型钻床上可以安装一个弹簧安全装置(见图 7-28),钻孔时,随着钻头下降,弹簧被压缩,而切屑留在弹簧内。

钻头的破损,大多数是由于刀头钝了或工件未夹紧引起的。直径小于 3 mm 的钻头,常会断裂而引起事故。而大的钻头则可能因进给量过大、冷却不好而达"烧熔"的程度,以致卡在孔内,使刀具和工件报废。此外,卡在孔中的钻头会带动未夹住或夹得不紧的工件旋转,而有可能伤害操作者。

为避免钻头卡在薄的工件上,带动工件一起旋转,可在钻削之前,将工件夹紧在两金属板或木板之间,钻头顶部最好磨成 160°夹角,并用砂轮修整钻头顶部的出料槽。

钻深孔时,如孔深超过了钻头的出料槽,应经常提起钻头以清除切屑,否则,刀具会被卡住而破损。摇臂钻床在每次调整后、使用前,一定要将主轴箱、摇臂和工件分别锁紧和夹紧。

一般说,钻床的事故在辅助岗位,或生产车间的维修组内发生较多,因这些场所钻床维护较差,夹具不齐全,管理也比较乱。

（四）镗床

镗床是使用单刃或多刃刀具,安装在刀杆上,对铸件或锻件上已经

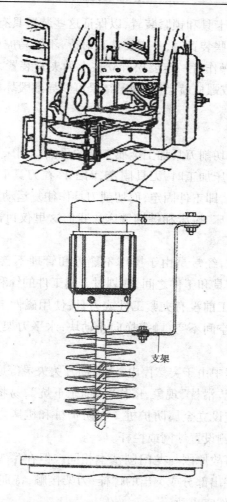

支架

图 7-28　防护屏障及弹簧安全装置

钻好的粗加工孔,进行整修或扩大。

　　在镗床操作中,产生伤害事故的原因有:工件装卡不牢,或将工具放在旋转的工作台上或其附近;衣服或揩布等物绞在运动着的部件上;工具或其他物品放在旋转的工件上;在机床运转时测量或检查工件;切屑在工作台上堆积或为了清除切屑等。

应定期检查卡具和锁紧装置,以保证这些装置具有足够的夹紧力,在安装与调整这些装置时,一定要认真对待,不能马虎从事。在升降镗床主轴箱之前,操作者一定要松开立柱上的夹紧装置,否则,镗杆会被压弯,夹紧装置或螺栓就会被折断,结果可能导致毁坏机器和伤害操作者。

(五)刨床

刨床是采用切削刀具加工金属工件的平面。刨床分龙门刨床和牛头刨床。龙门刨床加工时,刀具固定,而工件在刀具下方作往复运动。牛头刨床则相反,即工件固定,而切削刀具作往复运动。属于刨床类的其他机床还有插床、拉床和键槽铣床。我们这里仅讨论龙门刨床和牛头刨床。

刨床的事故,经常是由于操作不熟练和管理不善、违章操作引起的。如手放在刀具和工件之间,或划过金属工件的锋利边缘;机床运转时测量工件;加工前没有夹紧工件或刀具;使用磁性卡盘,开车前未使卡盘通电;工作空间不空;触摸换向止动块;水平刀架上的刀具调整不准确。

在生产过程中由于突然停电,或返回开关失灵等原因,有时可能导致龙门刨床出现"滑枕"现象,俗称"床面子下炕",易将人撞伤,所以在龙门刨床两端应设立金属防护桩。在防护桩和机床之间,应禁止人员通过,为此在两侧设置纱网或栏杆。

牛头刨的事故原因与龙门刨基本相同。但在牛头刨上,由于操作者常与工件的突出部分或突出的螺栓、刀架接触,特别是在纵向调整工作台时,易发生伤害事故。

牛头刨床上的止动器(或碰块),如果安装不当,也能引起伤害事故。特别是在加工重型工件时,止动器一定要用螺栓牢固地固定在工作台上。

操作前,操作者应确认刀具安装完全合格。也就是说,在刀具从切削位置返回时,刀具能上升而不会插到工件里去。开动牛头刨之前,应先移动换向手柄。为了防止伤害操作者和附近的其他工人,必须控制切屑的飞溅。

（六）磨床

磨削指工件与旋转的砂轮或砂轮盘接触,使工件磨削成形。磨床包括平面磨床、内圆磨床、外圆磨床和无心磨床。此外,抛光、磨光和研磨也属于磨削操作。

磨床的主要伤害事故来源是砂轮和砂轮盘。由于砂轮和砂轮盘是用不同磨料和黏性结合剂压制后在高温下烧结而成的,因此需用特殊的方法对砂轮可能产生的伤害加以防护。

1.砂轮

砂轮对人体产生的不安全因素,大致有以下几个方面:

（1）砂轮是颗粒组织,在使用中一般转速都比较高,如果误触砂轮表面,就可能发生严重磨伤。

（2）在干磨的情况下,金属粉末和碳化硅砂粒,可能飞入眼睛而引起眼外伤,吸入人体后,亦可能对呼吸器官产生不良影响。

（3）砂轮虽可磨削较硬的金属表面,但在受到撞击和震动等外力影响时,却很容易碎裂。如果没有妥善的检查和防护措施,就容易发生事故。

（4）由于机床液压系统的故障,可能使机床控制失灵,发生撞车时砂轮极易崩碎伤人。

2.一般性防护措施

（1）为防止砂轮磨伤手臂,要求磨床工人在用千分尺测量零件时,或用内孔千分表测量孔径时,一定要使工作物和磨头砂轮停止转动。

（2）在用金钢石修整砂轮时,一定要用金钢石架衔住金钢石进行修磨,禁止直接用手铲磨。

（3）当工件不适于使用乳化磨削,必须进行干磨时,为防止砂轮微粒打伤眼睛或吸入呼吸道,应设置良好的吸尘设备。

3.砂轮碎裂的原因分析

为预防砂轮碎裂打伤操作者,现将其原因简要分析如下:

（1）砂轮有裂纹、裂痕或本身强度不够；

（2）转速太高，超过规定标准；

（3）砂轮的安装与固定的方法不正确；

（4）磨削时进给量过大，砂轮与工作物冲撞；

（5）行程挡铁定位不对，砂轮或机床的液压系统失控造成与工作物相撞；

（6）立磨、平磨的吸盘磁力不够，崛起的工件将砂轮撞坏；

（7）砂轮过度受热，组织受到破坏等。

4. 安全措施

针对上述各项可能导致砂轮碎裂的原因，应从运输、检查、安装、防护等方面采取相应措施，以保证使用中的安全。

（1）砂轮的运输。经销部门和使用单位，在装运前必须在车箱底部垫以适当的缓冲物，运输中尽量使车辆保持中速和平稳。最好设置适当的木架，用草垫、草绳之类物品将砂轮包装起来，定位摆放，防止由于颠簸或急刹车而导致砂轮碎裂。

（2）砂轮的检查。

外观审视：看有无裂痕或碰损现象；中心轴孔的硫黄或挂的铝套有无松动现象。

轻敲检查：用木槌轻敲砂轮的端面，检查有无潜在的裂纹；干燥而完好的砂轮，能发出清脆的声音；有裂纹的砂轮，在敲打时声音沉钝，发现这样的砂轮，应及时涂上明显标记，单独存放，不能使用。

强度试验：在特制的试验机床上，将砂轮进行空轮试验，其周速应比实际工作的周速提高 50%。进行砂轮强度试验的场所，必须具备良好的防护措施。

经过检查的砂轮，其存放处不能过湿过冷。以免由于外部原因影响到砂轮的坚固。

（3）砂轮的安装与平衡。砂轮在使用中，转速一般都在每分钟千转左右，所以在装夹时，必须认真进行静力平衡。装夹之后，砂轮和夹盘组成一个回转体,这一回转体是否具备精确的平衡,直接关系到工作的安全、砂轮使用寿命和工作物表面精度。

静力平衡在专用的平衡架上进行。平衡前要用调整螺柱找好平衡架本身的水平,然后在砂轮孔穿以光滑的钢杆架在平衡架上,检视其滚动情况,在每次停止滚动的下方用粉笔划以标记,经多次核实后,将夹具的重块向与标记相对的方向移动,直到回转体达到平衡为止。

(4)安装砂轮的要求。固定砂轮的螺丝,其螺纹必须与砂轮工作的方向相反,螺帽要有锁紧装置。

夹在砂轮两面的夹盘,其直径应不小于砂轮直径的1/3。为减小接触面,靠砂轮的面应制成环形,以保证其应力均匀,装夹牢固。夹盘与砂轮之间应垫放皮垫或厚纸等弹性衬垫。

如果砂轮与心轴间隙不够,需要把心轴扩大时,应禁止人工用手扩孔。如果孔径过大时,应加套或重新灌制心孔。

(5)砂轮的防护罩。砂轮的防护罩必须坚固,而又便于装卸。砂轮与罩板之间,应保持一定空隙,但如果空隙太大,就起不到良好的防护作用。从实际应用来看,砂轮正面与罩板之间的距离以 20～30 mm 为宜,砂轮的侧面与罩板内壁须有 15～30 mm 的距离。带有调整装置的防护罩,应随着砂轮的磨损而适时加以调整。

(6)公用砂轮机的管理与维护。公用砂轮机接触人多,砂轮耗损较快,因此需加强对公用砂轮的管理,确保安全。对公用砂轮的安全要求有两点:

一是应责成专人经常检查砂轮机的使用情况,对不规则的表面及时进行修铲;发现有微裂征兆,应立即更换。

二是磨刀砂轮机的托板,应随着砂轮外圆的磨损经常调整,使托板与砂轮之间的距离保持在 3～5 mm。每次调整后,应将托板随即紧固,避免由于松动而撞击砂轮,或在磨刀时将刀体挤进间隙造成砂轮碎裂而打伤人。

二、冲压设备的安全防护

工业使用的所有机器中,机器对人的接触与危害程度,均不如金属冷冲压设备(即压力机等设备)。多年来,安全专业人员对于压力机类设备操作,提倡"手在模外"的方针,理由是:如果操作者不将手或身体的其他部位放到冲模之间,就不会受到伤害。

冲压设备是将薄钢板经冷冲压而成为有用产品,或割制成规定形状的一种加工设备。这类机器通常包括有机架,其中装有机动滑块或压头,它们对固定底座以适当的角度作往复运动。装在滑块和固定座上的是阴模和阳模。当滑块以巨大的压力合模时,就能把冲模之间的材料切割完毕或使其成形。这种合模动作对操作者将产生严重危害,所以要采用安全装置,使操作者处于冲模区外。

现在广泛使用的冲压设备,包括各种压力机、液压机、剪板机和剪切冲型机等。它们的工作原理基本是相同的,而且有时(除剪床外)同样的工序,可以在所有的机器上进行。但由于其结构不同,每种机器最好用于特定的情况。冲压设备在化工厂的铆锌车间或制桶车间用得较多,现重点介绍机械压力机和剪板机的安全防护问题。

(一)机械压力机的安全防护

机械压力机结构型式比较多,我们这里仅介绍两种型式。图7-29为可倾式开式压力机,是一种通用性冲压设备,可用来冲孔、落料、切边、浅拉延和成形等。电动机通过皮带轮及齿轮带动曲轴转动,经连杆使滑块作往复运动。用脚踏开关或按钮操作,可进行单次或连续行程。由于机器较小,生产能力较低,广泛用于中、小尺寸零件的生产,可用在主要工序和辅助工序中,如制桶车间的桶盖成形、桶体下料、冲桶底等。可用来冲孔、切边、弯曲、拉延和成形等。

过去,这些设备生产时大都是由人工把被加工材料直接装入冲模,然后启动冲床,再用手取出加工好的零件。操作者的安全取决于工作时是否精力非常集中和压力机维护得好坏。尽管如此,冲床有时会出

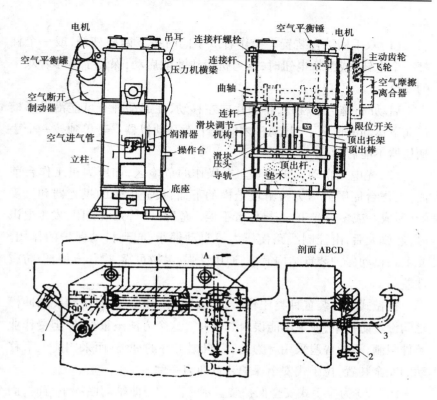

1—杠杆;2—锁片;3—起动杆

图 7-29　可倾式开式压力机

现工作不正常或发生机械失灵,操作者不能经常保证自身的安全,操作的失误更增添了人身事故的因素。

1.冲头(滑块)的安全装置

据分析,压力机发生事故的原因最主要的有三个:送料和取出加工工件的过程中,手足配合失调,占24.5%;找正材料的位置,占21.8%;取出压模中卡住的材料,占14.1%。凡此种种,都是冲头(刀块)下降时,手处于冲头下方而引起的。所以,要防止这类事故的发生,应做到当冲头(刀块)下降时,手无法伸到它的正下方。主要方法有以下几种：

（1）双手柄结合装置。操作者双手同时按下两根杠杆，或一个杠杆一个电钮，或两个电钮时，压力机滑块才能启动，保证了操作者双手的安全。

启动时，施力于杠杆，将锁片向左移动，在起动杆有可能沿异形槽口向下运动的情况下，起动杆才能按下而开动机器。若单独按一个手柄机器不能启动。

（2）光电式自动保护装置。在操作的危险区，如压力机工作台前面，工作台周围或压力机滑块上模的下面，设光电管的投光器和接受器，形成一或多道光束，当操作者手误入危险区时，光束受阻，发生电讯号，经放大后，由控制线路使压力机自动停车，起到自动保护的作用。光电式自动保护装置结构简单，通用性强，灵敏可靠，操作方便，但防震性差。

机械式防护装置种类比较多，如固定式防护罩。即在冲头和冲模之间设置防护罩，使手不能误入其中间。这个方法虽很简便，但受作业条件限制，不能普遍采用。为此，需根据工件的种类，而采用能上下移动的安全装置，拉手式安全保护装置即为一例。

图 7-30 为拉手式安全保护装置示意图。当曲轴的曲拐下行时，固定在曲拐上的拉杆将杠杆拉下，杠杆的另一端将软绳往上拉，软绳的另一端捆在操作者的手臂上，这时如果手在模器内，当压床行至危险区时，自动将手拉回，保证了安全。

2. 送料装置

把加工材料及一次制品送到冲头（滑块）的正下方的操作过程中，如果不需要把手伸进去，即能完成加工作业，那么就可以从根本上保证安全。给送料的方法是比较多的，但这些方法都只适合于大批量生产的方式。

（1）成卷带材的送料方式。此方式结构比较简单，图 7-31 是一例。成卷带材将由送料辊筒送到压力机，再送至剪板机。由它切断加工品

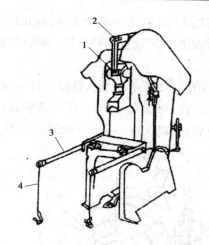

1—拉杆；2—曲拐；3—杠杆；4—软绳

图 7-30　拉手式安全保护装置

后，加工品就离开机器。

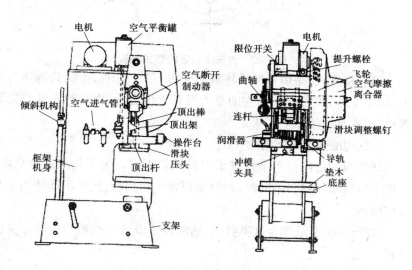

图 7-31　成卷带材的送料装置

（2）压力机二次制品的送料方式。如所送的加工材料不是带材，

而是需进行二次加工或三次加工的单个工件,有几种方法可供选用:

第一种方式,是把被加工物送到料盘里,由插棒将它们一个一个依次送入压力机。

第二种方式,如图7-32所示。是从料盘里将被加工物给到圆盘形的台面上并固定,压力机每压完一个时,就由爪轮装置,使圆盘形台面(以一定时间间隔)旋转,以实现一个一个地进行送料。

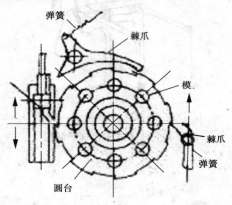

图7-32　剪床上设置的防护装置

第三种方式,是用机械手将被加工物一个一个抓起来,送到压力机上,加工完毕,工件就利用它的重力滑到工作台上,再落到工件收集装置里,或者利用压缩空气吹走。

(二)切断机的安全防护

切断机的危险在于手伸进了刀具的正下方。为了排除这种危险,当用手给送被切材料的时候,最好是设置一块挡板,使手不能伸到某个范围以内。

如图7-33所示即为这类剪床、切断机所设置的挡板与危险部位的关系。

挡铁与作业台间的最大开口 Y,可用下式计算:

最大安全开口　$Y_{最大} = 6 + 8x$

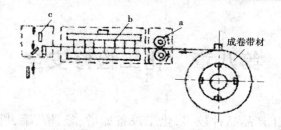

图 7-33　剪切机上设置防护装置

其中，x 为从挡板到危险处的距离。

这个公式不能使用于 x 超过 300 mm 的场合。

思考题

1. 常用机械设备引起的伤害有几种？主要防护措施是什么？

2. 高速旋转机械的危害性是什么？

3. 起重机的主要安全装置有哪几种？起重作业的安全要点是什么？

4. 皮带运输机在使用和检修中要注意哪些安全注意事项？

5. 机床的一般安全注意事项有哪些？使用砂轮机应注意些什么？

6. 冲压设备的防护办法有几种？

第八章　化工检修安全

由于化工产品品种较多,化工设备如塔、釜、槽、罐、机、泵、炉、池等,都是按生产工艺的需要而设计的,所以形状和结构差异较大。设备所接触的介质,大多是有毒有害、易燃易爆、有腐蚀性(如强酸强碱等)物质,对设备的质量要求较高。根据介质的性质,制造设备所选用的材料,除用一般钢材外,还采用合金钢材,铸铁、铅、铝、搪玻璃、衬橡胶、塑料等,品种繁多,施工复杂。同时在使用过程中,又可能遇到高温高压、骤冷骤热等工艺变化,因此造成了易变形、易破裂、易腐蚀、易损坏的现象,这就是化工检修任务频繁的主要原因。化工设备检修周期长短不一,大多数厂矿企业习惯上每年停产检修一次。如果平时管理不善、保养不好、小修小补不及时,或检修质量低劣等,往往会出现修了又坏、坏了又修,多次反复抢修的不正常现象,不但影响设备的正常运行,同时还可能发生重大事故。因此,检修工作,应该定期地、有计划地、有步骤地进行。

在化工检修中曾发生不少事故,教训是深刻的。根据1981年全国化肥企业伤亡事故统计资料可知,当年检修作业中发生的伤亡事故达110起,占全年伤亡事故总数244起的45%,远高于生产中开停车中发生的事故。化工企业检修作业中事故频繁的原因是大部分作业都在生产现场,环境复杂,接触化学物质,施工困难,在拆旧更新、加固改造、修配安装等工程中,需要从事动火、罐内、登高、起重、动土等作业,稍有疏忽,即可造成重大事故。本章简要介绍检修前、检修中和检修后三个阶段的安全事项。通过本章学习,我们要了解必须遵守的检修安全规则,懂得必须落实的检修安全措施,从而发挥集体的智慧,实现安全检修,预防各类事故发生。结合本章的内容,宜放映劳动人事部和化学工业部组织摄制的《容器的安全检修》,《石油化工安全检修》,《焊接安全》、《起重安全》等安全科教影片。

第一节　检修前的准备

一、制订施工方案,进行安全教育

每个检修项目,都要制订施工方案和绘制施工网络图。尤其是全厂停产大修,或一个产品停工大修,必须由企业的大修指挥部,编制出较全面的施工方案及网络图,说明检修的项目、内容、要求、人员分工、安全措施、施工方法和进度等,并将每个项目的重点张榜公布,使每个检修人员明白自己的职责和安全注意事项。同时应设立巡回安全检查班和大修宣传组,在现场悬挂安全标语和进行工间安全监督。在检修人员进场之前,必须组织一次检修安全教育。

施工前应按企业的制度,办理"检修任务书""动火许可证""受限空间作业证""登高作业证"及其他操作票,经有关部门审批,作为施工依据。凡两人以上的检修作业,必须指定一人负责安全监护工作。当检修工看到了施工方案或拿到操作票后,还必须到现场核实,作进一步了解和熟悉,与操作工进行工作交接,不能独自贸然施工。同时操作工也应主动介绍情况,当场指明施工部位和要求。并根据检修安全规定,做好清洗、置换、中和等工作,为检修工作业安全创造条件,必要时应主动监护:

二、解除危险因素,落实安全措施

凡运行中的设备。带有压力的或盛有物料的设备不能检修。操作工必须解除危险因素,如卸压、降温、排尽易燃或有毒有害物料等,才能交付检修。尤其是日常的小修或故障抢修工作,往往容易疏忽。因此在检修前,必须采取相应的安全防范措施,才能施工。通常的措施和步骤如下:

(1)停车。在执行停车时,需有上级指令,并与上下工序主动联系,然后按开停车条例规定中的停车程序执行。

(2)卸压。卸压应缓慢进行,在未卸尽前,不得拆动设备。

（3）排放。在排放残留物料时，不能将易燃或有毒物排入下水道，以免发生火灾和污染环境。

（4）降温。降温的速度应缓慢，以防设备变形损坏或接头泄漏。如属高温设备的降温，不能立即用冷水等直接降温，而是在切断热源后，以强制通风自然降温为宜。

（5）置换。通常是指用水和不燃气体置换设备管道中的可燃气体，或用空气置换设备管道中的有毒有害气体。置换要彻底，不能留下死角，如果留下死角则危险因素依然存在。因此，在管道、设备复杂的系统，应先制订方案，确定置换流程，正确选择取样点，定时取样分析。操作中应该不怕麻烦，认真地按定下的方案、流程去做，保证不留下隐患。

（6）吹扫。吹扫的目的和方法和置换相似，大多是利用蒸汽吹扫设备、管道内残留的物质，也要制订方案和吹扫流程，有步骤地进行。但必须注意，忌水物质和残留有三氯化氮的设备和管道不能用蒸汽吹扫。在吹扫过程中，还要防止静电的危害。

（7）清洗和铲除。有时，用吹扫方法并不能去除黏结在设备内壁上的可燃、有毒胶体或结垢物，就要采用清洗的方法。如用热水蒸煮、酸洗、碱洗使污染物软化溶解而除去，也有用溶剂进行清洗。当采用溶剂清洗时，所用溶剂不能与污染物形成危险性混合物，同时必须进行二次冲洗，务必将溶剂全部清除。假如用清洗法不能除尽垢物，只能由操作工穿戴防护用品，进入设备内部，先将黏结物软化和润湿，然后用不发生火花的工具铲除。

（8）堵盲板。凡需要检修的设备，必须和运行系统可靠隔绝，这是化工检修必须遵循的安全规定之一。隔绝的最好办法是在检修设备和运行系统管道相接的法兰接头之间插入盲板，以防生产区的原料、燃料、蒸汽等流到检修区伤人。承压盲板就是一块比管径略大的圆形金属板，板上有一个小手柄，将板插入管道的连接处，隔绝两边通路作为安全措施。抽堵盲板，通常属于危险作业，应办理抽堵盲板许可证。盲板的厚度通常要通过计算来确定，应能承受和管壁相同的压力，盲板的材质或盲板垫片的材质，都要根据介质的性质来选定；使用前要认真检验。检修系统和生产运行等系统的隔绝,是借助盲板来实现的。因此,抽堵盲板作业必须指定专人负责,审核制订的方案,并检查落实防火、防爆、防中毒及防坠落等安全措施。

(9)整理场地和通道。凡与检修无关的,妨碍通行的物体都要搬开;无用的坑沟都要填平;地面上、楼梯上的积雪冰层、油污都要清除;在不牢固的构筑物旁设置标志;在预留孔、吊装孔、无盖窨井、无栏杆平台上加设安全围栏及标志。

三、认真检查,合理布置检修器具

不同的检修工种,如钳、管、电、焊、漆、木、泥瓦、仪表、塑料、白铁、起重等,各有专用工具,既要善于使用,也要勤于检查。古人说"工欲善其事,必先利其器"。如果工具有缺陷,检修前不检查,或查而不严没有发觉,则施工中不但不能善其事,还可能坏其事。因此,施工机械、焊接设备、起重机具、电气设施、登高用具等,使用前都要周密检查,不合格的不可使用。

检修用的设备、工具、材料等,搬到现场之后,应按施工现场器材平面布置图或环境条件,作妥善布置,不能妨碍通行,不能妨碍正常检修。在大检修的现场,由于人多手杂,交叉作业,可能因工具安置不妥,使工种间相互影响,造成忙乱。

第二节　检修中的安全要求

施工必须按方案或操作票指定的范围、方法、步骤进行,不得任意超越、更改或遗漏。如中途发生异常情况时,应及时汇报,加强联系,经检查确认后才能继续施工,不得擅自处理。

施工阶段,应遵守有关规章制度和操作法,听从现场指挥人员及安全员的指导,穿戴安全帽等个人防护用品,不得无故离岗、逗闹玩笑、任意抛物。拆下的物件,要按方案移往指定地点。每次上班,要先查看工程进度和环境情况,特别是临近检修现场的生产装置,有无异常情况。检修负责人应在班前召开碰头会,布置安全施工事项。

现就检修中几项常见作业介绍如下。

一、动火作业

检修动火作业包括电焊、气焊、切割、烙铁钎焊、喷灯、熬沥青、烘烤及焚烧残渣废液等。此外,还有另一类作业,虽然本身不用火,然而在施工时,可以产生撞击火花、摩擦火花、电气火花和静电火花等,如果作业地点被安排在禁火区进行的话,也应列入动火管理范围。

(一)喷灯

使用喷灯必须注意下列各点:

(1)喷灯要不漏油、不漏气,加油不能太满(应占 70% ~ 80%),外表浮油要擦干净,油塞应拧紧。

(2)打气不要太足,点火时油碗要注满,将喷嘴烤得很热,然后慢慢拧开油门,试探冷油是否能在烤热的喷嘴上气化,如喷嘴上喷出蓝色火焰,即可慢慢开大。

(3)如开油门过急过大,喷嘴尚未烤热,就会冒冷油,此时必须立即关闭油门,再行点火;若不关闭,冒油不止,就能造成喷灯起火。

(4)控制火焰大小,应与工件相称。火焰不能靠近易燃物和带电体。

(5)喷灯油筒使用太久过热,应立即熄灭,待冷却后再用。

(二)熬沥青

在检修现场熬沥青,必须设在安全场所;燃料木柴等必须和炉灶保持一定距离;熬锅装料不超过 80% ,并防止沥青带水,以免熬沥青时溢锅;要备盖火铁皮;熬炼期间须专人看管,并佩戴防护用品,以防灼伤和沥青危害。

(三)焊割动火

1. 焊割作业的危险性

(1)火灾爆炸。焊割过程中产生的热量,远远大于引燃大多数可燃物质所需的热量。氧 – 乙炔焊割弧最高温度在 3 000 ~ 3 200 ℃,电弧温度都在 3 000 ℃以上。在焊接和切割时,特别是在高处进行焊割作业时,火花飞溅、熔渣散落,可以造成焊割工作地点周围较大范围内的可燃物起火或爆炸。如火花和炽热颗粒进入孔洞或缝隙与可燃物质接触,事后往往由阴燃而蔓延成灾。坠落的焊条头也会引起火灾。另外化工企业的设备或管道内,若残留有可燃物质或爆炸性混合物,则焊割时就会引起燃烧爆炸。还有,在氧-乙炔焰焊割中,还易发生回火爆炸。

(2)触电。国产电焊设备电源的输入电压为 220 V 或 380 V,频率为 50 Hz 的工业交流电。一般直流电焊机的空载电压(引弧电压)为 55~90 V,交流电焊机为 60~80 V。在作业中由于绝缘失效,接线失误,焊机外壳漏电,缺乏良好的接地或接零保护,以及手或身体接触到电焊条、焊钳或焊枪的带电部分,都可能发生触电事故。

(3)弧光辐射的危害。焊接弧光辐射具有强烈的红外线、可见光线和紫外线。尤其是紫外线会对操作工、辅助工和过路人员的皮肤和眼睛造成损害。

(4)金属烟尘和有害气体的危害。在焊接电弧的高温和强烈紫外线作用下,母材、焊条金属以及焊条药皮蒸发和氧化,产生金属烟尘和臭氧、氮氧化物、一氧化碳、氟化氢等多种有害气体。在通风不良的条件下,焊接操作点的烟尘浓度往往要高过卫生标准几倍、几十倍,甚至更高,长期接触能引起操作人员尘肺、锰中毒和焊工"金属热"等职业性危害。焊割作业中产生的有害气体,如不采取通风等防护措施,也会损害操作人员的健康。

因此,焊工必须经过专门的安全培训和考核,考试合格,持有操作证者,方准从事焊割工作。

2. 动火安全措施

通常在化工检修动火中有下列几种安全措施,在实际运用中,必须针对不同情况,采取相应的安全措施。

(1)拆迁法。就是把禁火区内需要动火的设备、管道及其附件,从主体上拆下来,迁往安全处动火后,再装回原处。此法最安全,只要工件能拆得下来,应尽量运用。

(2)隔离法。一种是将动火设备和运行设备做有效的隔离。例如管道上用盲板、加封头塞头、拆掉一节管子等办法。另一种是捕集火花,隔离熔渣,将动火点和附近的可燃物隔离。例如用湿布、麻袋、石棉毯等不燃材料,将易燃物及其管道连接处遮盖起来,或用铁皮将焊工四面包围,隔离在内,防止火星飞出。如在建筑物或设备的上层动火,就要堵塞漏洞,上下隔绝,严防火星落入下层。在室外高处,则用耐火不燃挡板或水盘等,控制火花方向。

(3)移去可燃物。凡是焊割火花可到达的地方,应该把可燃物全部搬开,包括竹箩筐、废纱、垃圾空桶等。笨重的或无法搬离的可燃物,则必须采取隔离措施。

(4)清洗和置换。这两项都是消除设备内危险物质的措施,在任何检修作业前都应执行,上节已有叙述。

(5)动火分析。经清洗或置换后的设备、管道在动火前,应进行检查和分析。一般宜采用化学和仪器分析法测定,其标准是:如爆炸下限大于4%(体积分数)的,可燃气体或蒸气的浓度应小于0.5%。如爆炸下限小于4%的,则浓度应小于0.2%。取样分析时间不得早于动火作业开始时的0.5 h,而且要注意取样的代表性,做到分析数据准确可靠。连续作业满2 h后宜再分析一次。

(6)敞开和通风。需要动火的设备,凡有条件打开的锅盖、人孔、料孔等必须全部打开。在室内动火时,必须加强自然通风,严冬也要敞开门窗,必要时采用局部抽风。如在设备内部动火,通风更为重要。

(7)准备消防器材和监护。在危险性较大的动火现场,必须有人监护,并准备好足够的、相应的灭火器材,以便随时扑灭初起火,有时还应派消防车到现场。

二、受限空间作业

凡进入塔、釜、槽罐、炉膛、锅筒、管道、容器以及地下室、地坑、窨井、下水道或其他闭塞场所内进行的作业,均称为受限空间作业。由于设备内部的活动空间较小,空气流动不畅,储存过危险物质的及低于地面的场所,很可能积聚了有毒有害气体,检修工或操作工贸然进入,就有中毒或生命危险。以往进入罐内和下水道中作业,发生过多次中毒和窒息事故,死亡多人。

因此,受限空间作业必须办理受限空间作业证,采取可靠的安全措施,并经有关负责人审批后才能执行。通常的安全措施有如下几种。

(一)安全隔绝

安全隔绝措施是将设备上所有和外界连通的管道及传动电源,采取插入盲板、取下电源保险熔丝等办法和外界有效隔离,并经检修工检查、确认的安全措施。如电源等切断后查明开关是否对号,将开关上锁,或将熔丝拔下,再挂上"有人检修,请勿启动"等字样,并做到别人不能开启,只有通过检修工本人才能开启的安全措施,才算安全隔绝。

(二)清洗和置换

受限空间作业的设备,经过清洗和置换之后,必须同时达到以下要求:

(1)其冲洗水溶液基本上呈中性。

(2)含氧量18%～21%。

(3)有毒气体浓度符合国家卫生标准。

若在受限空间需要进行动火作业,则其可燃气体浓度,必须达到动火的要求。

(三)通风

为了保持受限空间有足够的氧气,并防止焊割作业中高温蒸发的金属烟尘和有害气体积聚,必须将所有烟门、风门、料孔、人孔、手孔全部打开,加强自然通风,或采用机械送风。但不能用氧气作通风手段,否则一遇火种,就能使衣物等起火,并剧烈燃烧,造成伤亡。

(四)加强监测

作业中应加强定期监测。情况异常时,应立即停止作业,撤离受限空间作业人员,经安全分析合格后,方可继续进入受限空间作业。作业人员出受限空间时,应将焊割等用具及时带出,不要遗留在受限空间内,防止因焊割用具漏出氧气、乙炔等发生火灾、爆炸等事故。

(五)防护用具和照明

遇有特殊情况,受限空间内没有完成清洗及置换的要求时,则进入前必须采取相应的个人防护措施:

(1)在缺氧有毒环境中,应戴自吸式或机械送风式的长管面具。

（2）在易燃易爆的环境中，应采用防爆型低压行灯及不发生火花的工具。

（3）在酸碱等腐蚀性介质污染环境中，应从头到脚穿戴耐腐蚀的头盔、手套、胶靴、面罩、毛巾、衣着等全身防护用品。

佩戴防毒面具的受限空间作业，应每隔半小时，轮换一次。

（六）应急措施

在较小的设备内部，不能有两种工种同时施工，更不能上下交叉作业。在高大的容器或很深的地坑内，要搭设安全梯、架等交通设施，以便应急撤离，必要时由监护人将绳子吊住检修工身上的安全带进行施工。在设备外要准备氧气呼吸器、消防器材、清水等相应的急救用品。

（七）受限空间外部监护

受限空间作业，必须有专人监护。监护人应由有工作经验、熟悉本岗位情况、懂得内部物质性能和急救知识的人担任。在进入受限空间前，监护人应会同检修工检查安全措施，统一联系信号。当检修工进入受限空间后，就在人孔口监视内外情况。在设有气体防护站的企业，遇特殊情况，可由防护站派人一起监护。通常派 1~2 人，如险情重大，或受限空间作业人数多，超出监护人监视范围，则应增设监护人员，保持与受限空间作业人经常联系。

监护人不能离开，除向检修工递送工具材料外，不能做其他工作。如受限空间内发生异常情况，监护人不得在毫无防护措施的情况下贸然入内。必须召集协助人，佩戴氧气呼吸器及可以拉吊的安全带，而且受限空间外必须有人协助监护，才能进入。

三、高处作业

（一）分级的标准

凡在 2 m 以上（包括 2 m）有可能坠落的高处进行的作业，均称为高处作业（分级见表 8-1）。通过最低坠落着落点的水平面称为坠落高度基准面。若地面和屋面相对，地面是基准面；如果地面和井底相对，井底就是基准面，地面变为高处了。当基准面高低不平时，计算高处作业的高度，应该从最低点算起。

表 8-1　高处作业的级别

级别	一	二	三	特级
高度 $H(\text{m})$	$2 \leqslant H \leqslant 5$	$5 < H \leqslant 15$	$15 < H \leqslant 30$	$H > 30$

（二）一般登高守则

总结以往高处作业的经验教训,登高应当遵循以下几个原则:

(1)年老或体弱人员,四肢乏力,视力衰退,患有头晕、癫痫等不宜登高的病症者,不能在高处作业。

(2)遇六级以上强风、大雾、雷暴等恶劣气候,露天场所不能登高。夜间登高要有足够照明。

(3)作业前应检查登高用具是否安全可靠,不得借用设备构筑物、支架、管道、绳索等非登高设施,作为登高工具。

(4)高处作业必须和高压电线保持一定距离,或设置防护措施。检修用金属材料至少距离裸导线 2 m 以上。

(5)在高处应顾前思后,细心从事,穿着轻便,举止稳重。随身勿带重物,只带三件宝:安全帽、安全带、工具袋。安全帽的各式外形见图 8-1,帽壳分别采用浅显醒目的颜色,如白、黄、橘红等。便于引起高处或其他在场操作人员的注意和识别。

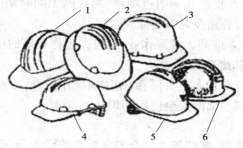

1—大沿台阶形三筋式;2—大沿圆弧形三筋式;3—中沿台阶形三筋式;
4—小沿台阶形三筋式;5—小沿 V 形筋式;6—小沿圆弧形三筋式

图 8-1　安全帽的外形

安全帽使用前,要检查各部件有无损坏,装配是否牢固,安全帽的帽衬调节部位是否卡紧,帽衬与帽壳插脚是否插牢,缓冲绳带是否结紧,帽衬顶端与帽壳内面是否留有不小于 25 mm 的垂直距离;使用时,安全帽要佩戴牢固,系紧拴带,务使在低头干活或活动时脱落;要爱护安全帽,避免磨损,不要放置在 60 ℃以上的高温场所,不要随便当坐凳使用,以免影响使用寿命;安全帽一般使用期限:塑料制品为 3 年;胶布制品为 5 年。在使用中,凡经受较大冲击后,应立即停止使用。

高处作业安全带,目前主要采用悬挂式,见图 8-2。它由腰带、背带、胸带、吊带、腿带、挂绳及金属配件等主要部件组成。

安全带使用前,应做一次外观检查,发现挂绳无保护套、磨损断股、变质等情况时,应停止使用;使用时应将钩、环挂牢,卡子扣紧。吊带应放在腿的两侧,不要放在腿的前后。挂绳不准打结使用,挂钩必须挂在绳的圆环上;安全带的拴挂方法,最好采用高挂低用;其次是平行拴挂;切忌低挂高用,由于实际冲击距离大,人和绳都要受较大的冲击力,容易发生危险(见图 8-3)。

(6)在石棉瓦上作业时,应用固定的跳板或铺瓦梯。在屋面、斜坡、坝顶、吊桥、框架边沿及设备顶上等立足不稳之处作业,均应装设脚手架、栏杆或安全网。

(7)高处预留孔、起吊孔的盖板或栏杆,不得任意移去。如因检修而必须移去时,禁止在孔洞附近堆物,而且施工间断期间,应有防护设施,施工完毕后,必须及时恢复原状。

(8)高处作业应列入危险作业,也应办理作业证的审批手续。

(三)梯子和脚手架

登高用具应有专人负责保管,使用前应作检查,必须牢固可靠。下面介绍梯子和脚手架的安全使用知识。

1. 梯子

如有明显开裂、断档等不符合安全要求的梯子,不得使用。上梯时不可带重物,一般新梯允许负荷不超过 100 kg(静负荷试验为 180 kg)。通常的竹梯或木梯,高度 2 ~ 10 m,梯顶宽度及梯阶距离都是 40 cm,梯脚上装有铁尖、胶垫等防滑措施。使用靠梯和地面的夹角约 60°,梯脚应保持平稳,不能架设在木箱、空桶等不稳固的基础上。如靠在易滑动

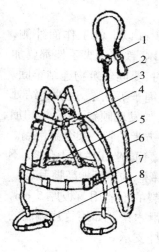

1—圆环;2—挂钩;3—背带;

4—胸带;5—腰带;6—挂绳;

7—活梁卡子;8—腿带

图 8-2 59 型高处悬挂式

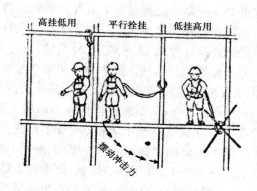

图 8-3 安全带拴挂法

的管线上,其梯顶必须有挂钩或用绳绑住,靠在通道或门口,下面应设围栏或标志,都要有人监护。只许一人登梯,最高站立点应低于梯顶1 m,不可做猛力动作。人字梯两支架之间的夹角,应在 30°~60°,并用拉杆或绳子固定,梯顶应有坚固绞链,并不得将绞链拆开,把两个支架作为两个靠梯使用。

2.脚手架

竹脚手架的毛竹要用四年以上的竹料,不能用青嫩、枯黑、白麻、虫蛀和很多裂缝的竹料。立杆小头直径应大于 75 mm,横杆应大于 90 mm(也可以直径 60 mm 以上双杆合并)。接长立杆的两杆交错处,至少长 2 m,用六组铁丝扎紧。木脚手架的木材,可用剥皮杉木和坚韧的硬木,腐朽、虫蛀、裂纹的不能用。立杆小头直径应大于 70 mm,横杆则大于 80 mm。铁脚手架用的铁管,都应挺直、不弯、不扁、无裂纹。立主杆的地面先要夯实整平,垫上硬木,然后将主杆垂直地稳放在垫木上,铁架不能靠近电气配线装置,如高度超出防雷保护范围的应有防雷保护措施。

脚手架铺设宽度不小于 120 cm,高度在 3 m 以上的工作面外侧,应设 18 cm 高的挡脚板和 1 m 高的栏杆。竹、木、铁三种脚手架都要加斜拉杆和支杆。高度在 7 m 以上无法顶支杆时,要同建筑物连结牢固。架子的连结处是用 14 号或 16 号铅丝,或竹篾绳子等扎紧,这种连结处不能任意解除或砍断。脚手架必须经常检查,如发现倾斜下沉、松扣崩扣,要及时修理,不然可能造成数十排或数百平方米的脚手架全部倒塌。

使用脚手架时,不能把横杆作为承吊支架;不能坐在栏杆上休息;不能攀登;架子高度不够时,不准在架子上再放置梯凳,应重新加高脚手架。

脚手板要用完好的硬木。腐朽、磨损、翘裂的不能用。板厚 5 cm,要满铺在架子上;如用作斜道板,则要钉上防滑木条。如用竹片编制的脚手板,板端要拴牢固定,板下要有可靠的横杆支承。

3. 跳板

单人用跳板长度在 5 m 以上时,厚度要大于 6 cm,两端基础不可晃动,端头不许站人,板面上要打扫干净,板中心不可乱堆杂物,禁止两人合用。

(四)高处十防

一防梯架晃动,二防平台无遮栏,三防身后有孔洞,四防脚踩活动板,五防撞击到仪表,六防毒气往外散,七防高处有电线,八防墙倒木板烂,九防上方物件落,十防绳断仰天翻。

四、起重作业

本节内容系一般手工起重知识,不包括专业起重及机械起重的内容,大型设备的起重作业,应由专业起重工进行。

(一)起重准备工作

起吊大件的或复杂的起重作业,应制订包括安全措施在内的起吊施工方案,由专人指挥。普通小件吊运,也要有周密的打算,一般应做到以下三点:

(1)估重和找重心。钢铁设备可根据其结构、面积、厚度进行计算。如设备内有附着物或贮存物,则按该物质的相对密度和体积计算,追加质量。如定型设备,可以查阅铭牌上的说明。根据起重物的形状,找出重心部位和脆弱部位,确定捆绑方法和挂钩。

(2)现场察看。起重物在上升、移动、落位、拖运、安放的过程中,所通过的空间、场地、道路是否会遇到电线电缆、管线、地沟盖板等障碍,都要查清。特别是起重物通过的路面,必须平整结实,以防头重脚轻的物体在半途倾倒。

(3)确定起吊方法。根据起重物的体积、形状和质量,选定起吊工具。如采用原建筑物作为起吊支架,必须通过计算,并取得有关方面同意。但禁止在运行中的支架设备管道上拴起吊绳。如起吊大型设备,先要试吊,在重物离地 15 cm 左右,停止上升,检查一切受力部分,确认无问题后再正式起吊。

(二)起重工具

1. 索具

用作起重索具,通常有钢丝绳、白棕绳、锦纶绳和链条。

(1)钢丝绳。要计算钢丝绳的允许拉力,先要查表,知道它的破断拉力,再除以安全系数。当钢丝的公称抗拉强度为 $140 \sim 155 \ kgf/mm^2$,安全系数为 5 时,不同直径钢丝绳的允许拉力见表8-2和表8-3。

表8-2　按钢丝绳直径(公制)估算允许拉力值

直径(mm)	10	15	20	25
计算方法	$10 \times 10 \times 10$	$15 \times 15 \times 10$	$20 \times 20 \times 10$	$25 \times 25 \times 10$
允许拉力(kgf)	1 000	2 250	4 000	6 250

表8-3　按钢丝绳直径(英制)估算允许拉力值

直径(mm)	3	4	5	6	7	8
计算方法	$3 \times 3 \times 100$	$4 \times 4 \times 100$	$5 \times 5 \times 100$	$6 \times 6 \times 100$	$7 \times 7 \times 100$	$8 \times 8 \times 100$
允许拉力(kgf)	900	1 600	2 500	3 600	4 900	6 400

表8-2计算特点是,直径自乘、后面加零。表8-3计算特点是,直径自乘、后面加两个零。当安全系数高于5时,例如用于缠绕吊钩耳环

的安全系数是 6,用于捆绑的安全系数是 10,则按上述比例计算。

如钢丝断了,就要查看在一定长度内断了几根,按劳动部有关规定,如长度在一个捻距内(图 8-4 为六股钢丝绳一个捻距)断丝的根数,超过了钢丝总数的 10%,就该更换或降级使用;断丝超过了 14% 或断了一股,就应立即更换。在使用时不得形成扭结或穿过破损的滑轮;滑轮直径至少比钢丝绳直径大 16 倍。捆绑有棱角刃口的物体,应加垫衬。钢丝绳不能接触电线和腐蚀品,不用时存放在干燥的木架上,并涂油及遮盖。取用时不可打乱,以防产生瘤节。

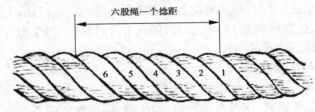

图 8-4   一个捻距

(2)白棕绳。白棕绳由三股白棕绕制而成,其允许拉力只有同直径钢丝绳的 10% 左右,易磨损、受潮、腐蚀。由于它的绕性好,在检修中常用以捆绑吊挂物品,或用于麻绳滑车组等手动的提升机构中,禁止在机械驱动中使用。如使用时发现绳子有连续向一个方向扭转,应理直。不能在尖锐粗糙的地面或物件上拖拉。捆绑时在金属刃口,或砖石混凝土制件的边缘上加垫衬。使用白棕绳的滑轮直径,至少比绳子直径大 10 倍,绳上不能有接结。在有腐蚀性、潮湿的场所,不宜使用。

(3)锦纶绳。锦纶绳比白棕绳的抗拉强度高,有抗油、吸水少、耐腐蚀、重量轻等优点。但不宜用于高温和强烈腐蚀的环境。它的破断拉力参数见表 8-4。如要计算允许拉力,则再除以安全系数。

(4)链条。焊接链的绕性好,可用于较小直径的链轮和卷筒,用于手动起重作业中的焊接链允许拉力,见表 8-5。

焊接链不宜用于重大物体的吊运。当发现链条有变形、严重磨损或裂纹时,应更换链环或链条。

表 8-4 锦纶绳破断拉力参数

直径(mm)	每 100 m² (kg)	最小破断拉力(kgf)	
		浸胶	不浸胶
6	2.4	780	870
8	4.2	1 530	1 390
10	6.6	1 940	1 750
12	9.5	2 430	2 200
14	12.9	3 560	3 200
16	16.9	3 840	3 460
18	21.4	4 940	4 440
20	26.4	5 980	5 380
22	32.0	7 020	6 300
24	38.0	8 020	7 160

表 8-5 手动起重用焊接链允许拉力值

直径(mm)		7	9	11	13
允许拉力 (kgf)	用于平滑拉吊	530	1 030	1 530	2 200
	用于链轮	350	680	1 020	1 460
	用于捆扎货物	260	510	760	1 100

2. 滚杠(滚筒)

滚杠是用于牵引重物,使重物和路面的滑动摩擦转变为滚动摩擦。一套滚杠 10~12 根,当重物向前移动时,循环不断地滚动在重物的底座和地面之间,或上下托板之间,大大地减轻了牵引力。滚杠要规格一致、平直光洁,20 t 以下用 3 in 管子;20 t 以上用 4 in 管子;重型的用壁厚 10 mm 的无缝钢管,长度必须超出重物的底座宽度。进行滚动搬运时,前后保持 5~10 m,安全距离,过斜坡不得任其自由滑下,要用溜绳拉住。

如出现滚杠倾斜,最好用铁锤、铁棍等拨正。需要添加滚杠时,应将右手四指或三指伸入筒内,大拇指在筒外夹紧的手势,以防压手。

3. 撬棒

撬棒是用杠杆原理,抬起地面重物的简便工具。撬棒上可分为三个点:力点、支点、重点。使用时将尖头塞进重物底部以后,支点上要垫入枕木。为了防止异形物体在撬动时滚动或翻身,起重点要选在靠重心的一侧,见图8-5。而物体的另一侧及左右都要塞牢或垫实,附近不可站人。

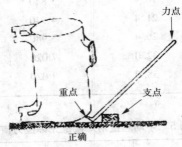

图 8-5 撬棒

撬动幅度要适当,幅度太高的要分次进行,以防重物倾倒。无论抬高或放低,每撬动一次,都要随时垫入高低适宜的木块,作为防护。

4. 卸扣

卸扣又称卡环,是用来连接起重滑车、吊环或固定绳索的连接工具,有销子式和螺旋式。通常在使用时只能上下两点受力,而且捆绑重物的钢丝绳,应套在圆角形的一端,插销子的一端只能套进较稳定的钢丝绳或挂钩,不可反向或横向受力(见图8-6)。

卸扣也要防止锐角拉伤或超负荷。如表面有裂纹或断面有变形,磨损超过10%的。就应停止使用。

卸扣规格和许用负荷,见表8-6。

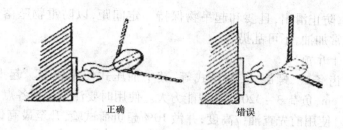

正确　　　　　　　　　　　错误

图 8-6

表 8-6　卸扣规格和许用负荷

卸扣号码	钢索最大直径（mm）	许用负荷（kgf）	卸扣号码	钢索最大直径（mm）	许用负荷（kgf）
0.2	4.7	200	2.1	15	2 100
0.3	6.5	330	2.7	17.5	2 700
0.5	8.5	500	3.3	19.5	3 300
0.9	9.5	930	4.1	22	4 100
1.4	13	1 450	4.9	26	4 900

5. 滑轮

滑轮又称滑车,是用于吊物绳子的滑行和导向,有木制、铁制两种。如按滑车的作用来分,有定滑车、动滑车(即省力滑车)和导向滑车等,均应经常润滑。开口滑车在使用前要严格检查吊钩、拉杆、夹板、中央枢轴轮子及搭扣、销子等是否正常,开口位置应与承力大小相适应。如滑轮有裂纹,轴心松动,槽深超过 3 mm,槽壁厚度减少 10% 时,必须更换。

6. 三脚起重架

三脚架使用中应用绳索相互牵牢,防止支脚滑移,应支在坚实的地面上。如地面松软,则应采取填实措施,并保持三支脚间距离相等,以防倾倒。

7. 环链手拉葫芦

它的起重量为 0.5 ~ 10 t,起吊高度一般不超过 3 m。拉链时要对正链轮,防止滑出,且要和起吊物保持一定间距,以防重物坠落伤人。平时经常加油,不可乱扔。

8. 千斤顶

有齿条式、螺旋式,油压式等,其中油压式使用较多。起重高度 10 ~ 25 cm,负荷 3 ~ 320 t,承载能力大。使用时要注意下列各点:

(1)使用前先查油位高度,并做 10% 超负荷试验,升至最高位置保持 10 min 不下降为合格。

(2)使用时座基要平稳坚实。并在上下端垫以坚韧的木板,不得歪斜(见图 8-7)。

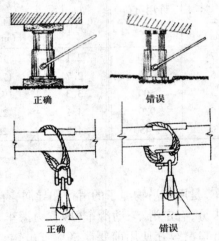

正确　　　　　错误

正确　　　　　错误

图 8-7　千斤顶使用

(3)压升油泵时应动作平稳,上升高度不可超过额定高度,必要时,可在重物下垫好木料,卸下千斤顶,再作二次顶升。

(4)起升时应在重物下面随起随垫枕垛。下放时应逐步外抽枕木,以防意外。

(5)用几个千斤顶同时顶上一个物体时,要同起同落,动作力求均匀,使重物平稳。

(6)千斤顶应按规定拆卸、检查、清洗和换油。

（三）起重作业"十不吊"

超负荷不吊，斜拉不吊，捆绑不牢、不稳不吊，指挥信号不明不吊，重物边缘锋利无防护措施不吊，吊物上站人不吊，埋在地下的构件不吊，安全装置失灵不吊，光线阴暗看不清吊物不吊，重物越过人头不吊。

五、动土作业

化工厂的地面下管道多、电缆多。如盲目挖掘，可能造成触电停电、跑气跑料、中毒塌方等事故，影响很大，因此动土作业应纳入安全管理范围。

（一）动土作业的范围

（1）挖土、打桩，埋设接地极或缆风绳的锚桩等，入地深度 0.4 m 以上者。

（2）挖土面积在 2 m² 以上者。

（3）除正规道路以外的厂内界区上，物件堆放的负重在 5 t/m² 以上者，或物件运载总重（包括运输工具）在 3 t 以上者。

（4）利用推土机、压路机等施工机械进行填土或平整场地。

（5）进行绿化植树，设置大型标语牌以及排放大量污水等影响地下设施者。

以上作业一般宜列入动土作业管理范围。

（二）审证手续

动土先要办理"动土作业证"，提出动土地点、范围、深度等内容，经基建、设备等有关部门核对资料，查明地下情况，提出安全要求，然后由有关负责人审批。

（三）作业安全要点

（1）在埋有电缆、管道的附近动土，或靠近建筑物挖掘基坑时，必须谨慎施工，不可用挖土机和镐头，并做好必要的预防措施。如新建工程设在埋有电缆管线的上方时，应先将电缆、管线迁移绕道，或加保护措施。

（2）在挖土时挖到埋设的化学物质、原料、渣滓、异味污水或不认识的异形物件时，不要随便敲打和接触，应请有关部门鉴定，以及加强防护。

（3）挖掘人员不能靠得太近，防止工具伤人。挖至 1.5 m 深，如土质松软，就要用挡土板。深 2 m 以上，要打入板桩，3 m 以上要在板桩上加两道铁撑，这一安全措施，在沿海平原，或地下水位高，土质松疏的地方更为重要。作业中要随时注意，发现土壁裂缝、冒水变形，应立即将挖掘人员撤回地面，采取紧急预防措施。

（4）挖土期间，坑边 0.8～1 m 以内禁止堆料，挖土工在坑内上下，要走梯子或坡道。不能攀跳或蹬踩支撑，深坑周围应设栏栅及标志，夜间挂红灯。

（5）挖土应自上而下进行，禁止采用挖空底脚的方法。

第三节　检修后的结尾工作

一、清理现场

检修完毕，检修工首先要检查自己的工作有无遗漏，例如焊接点上是否还有未焊透的地方，小零件、小螺栓是否配齐，开口销是否装好，设备上原有的安全防护装置是否已恢复原状等。同时要清理现场，将检修后出现的铁角火种、油渍垃圾全部扫除，不得在现场遗留任何材料、器具和废物。

大检修完毕后，施工单位在撤离现场前，也要做到三个"清"。第一个"清"是清查设备内部有无遗忘工具和零件；第二个"清"是清扫辅线通路，有无应拆除的盲板或垫圈阻塞；第三个"清"是清除设备、房屋的顶上、地面上的杂物垃圾。撤离现场应有计划地进行，所在车间要配合协助，凡先完工的工种，先将工具、机具搬走。然后拆除临时支架、临时电气装置等。拆除脚手架时，要自上而下，下方要派专人照看，禁止行人逗留；在上方要注意电线仪表等装置；拆下的材料要用绳子系下，不能扔下，拆木模板等亦然，都要随拆随运，不可堆积。电工拆临时线要拆得干净。如属永久性电气装置，那么在检修完毕后先检查工作人员是否全部撤离，标志是否全部取下，然后拆去临时接地线、遮栏、护罩等,再检查绝缘。恢复原有的安全防护,才算完工。最后应邀请所在车间,共同检查这三个"清"。

二、试车

试车就是对检修过的设备加以考验,必须在工完、料净、现场清后才能进行。试车的规模有单体试车、分段试车和化工联动试车。内容有试温、试压、试速、试漏、试真空度、试安全阀、试仪表灵敏度等。

(一)试温

试温是指高温设备,如加热器、反应炉等。按工艺要求,升温至最高温度,考验其放热、耐火、保温的功能,是否符合标准。

(二)试压

请参考第四章压力容器安全。

(三)试速

试速是指对转动设备的考验,如搅拌器、离心机、鼓风机等,以规定的速度运转,观察其摩擦、震动等情况。试车前要检查零部件是否松动,装好护罩,先手动盘车,确认无疑后再试车。试车时切勿站立在转动部件的切线方向,以免零件或异物飞出伤人。

(四)试漏

试漏是检验常压设备、管线的连接部位是否紧密,可先以低于 $1\ kgf/cm^2$ 的空气(正负均可)或蒸汽试漏,观察其是否漏水漏气,或很快降压。然后再以液体原料等注入,循环运行,以防开车后的跑冒滴漏。

(五)化工联动试车

应组织试车领导机构,制订方案,明确试车总负责人和分段指挥者。试车前应确认设备管线内已经清得很彻底;人孔、料孔、检修孔都已盖严;仪表电源、安全装置都已齐全有效,才能试车。如要开动和外界有牵连的水、电、汽,先要做好联系工作。试车中发现异常现象,应及时停车,查明原因,妥善处理,继续试车。

三、验收

验收是由检修部门会同设备使用部门双方,并有安全部门参加的验收手续,内容是根据检修任务书,或以检修施工方案中规定的项目、要求、及试车记录为标准,逐项复核验收。这是一项细致的工作,必须一丝不苟,对安全负责。特别是对防爆车间,必须严格,不得降低防爆标准。

开车前,要对操作工进行教育,使他们弄清楚设备、管线、阀门、开关等在检修中作了变动的情况,确保开车后的正常生产。

思考题

1. 参加检修现场施工的工人,应遵守哪几件最基本的纪律和制度?

2. 一只生产过硝基苯的反应釜内需要检修动火。在动火前,应该做好哪几项安全措施?

3. 在高处作业,要注意哪些意外情况?

4. 检修施工完毕后,本人首先要做好哪几方面的工作?

第九章　安全色标

　　安全色标就是用特定的颜色和标志,形象而醒目地给人们以提示、提醒、指示、警告或命令。如果说红、黄、绿灯是行人、车辆驾驶人员和交通民警之间的"通用语",那么安全色标就是企业职工之间在安全上的"通用语"。安全色标也可看作是不知疲倦、时时刻刻对我们进行安全教育的"好老师"。掌握了国家统一规定的安全色标,就可避免进入危险场所或做有危险性的事;一旦遇到意外紧急情况时,就能使我们及时地、正确地采取措施,或安全撤离现场;假如思想上一时疏忽或麻痹大意,则可提醒我们遵章守纪,小心谨慎,注意安全。

　　目前,许多国家都先后制订了本国的安全色标。国际标准化组织(ISO)在1952年设立了一个安全色标技术委员会,专门研究制订国际上统一的安全色和安全标志,并于1964年公布了《安全色标准》(ISO R 408—64),1967年又公布了《安全标志的符号、尺寸和图形标准》(ISO R 577—67)。我国于1982年颁布了《安全色》(GB 2893)和《安全标志》两个国家标准。

　　早在20世纪40年代,一些国家已注意对安全色标的研究和应用,特别是在第一二次世界大战期间,由于盟国部队的士兵来自不同的国家,语言和文字都各不相通。因此,对一些在军事上和交通上必须注意的安全要求或禁令、指示,如"当心车辆""此处危险""禁止通行"等,就无法用文字或标语来表达,安全色标在这种情况下就起了特别重要的作用。因为安全色标简单、明了,一看就懂,比文字、标语更清楚、醒目,效果更好。

　　在我国,无论在城市或农村,在工厂或公共场所,都经常可以看到各种各样的安全色标。如铁路和公路交叉的地方,可以看到红、白相间或黄、黑相间的防护栏杆,它使人们醒目地感到:禁止通过,有危险! 在公路上也会看到各种交通安全的禁止标志:如汽车时速不准超过20

km 或 30 km,桥梁不准载重超过 5 t 或 10 t 的汽车通过,等等。在工厂或公共场所,也经常能看到禁止吸烟、当心触电和太平门、安全通道等安全标志。这些色标,就是为了安全而设置的,故称为安全色标。

第一节　安全色

颜色,自古以来就给人以不同的感受。森林着火,红色的火焰,就感到有危险;看到人体流出鲜红的血液,就感到触目惊心;看到碧绿、广阔的原野和森林,蔚蓝的天空,就感到心情舒畅、平静。

安全色也是根据颜色给人们不同的感受而确定的。颜色可分为彩色和非彩色两种。白色和黑色属于非彩色,其他各种颜色称为彩色。

安全色是属于彩色类。白色和黑色能使安全色反衬得更醒目,更令人容易辨认,故称为安全色的对比色。

由于安全色是表达"禁止""警告""指令"和"提示"等安全信息含义的颜色,所以必须要求容易辨认和引人注目。我国的《安全色》也是采用这四种颜色。这四种颜色的特性如下:

红色——引人醒目,使人在心理上会产生兴奋感和刺激感。同时由于红色光波波长较长,不容易被微尘、雾粒散射,所以在较远的地方也容易辨认。也就是说,红色的注目性很高,视认性也很好,运用于表示危险、禁止、紧急停止的信号。

黄色——是一种明亮的颜色。黄色和黑色相间组成的条纹是视认性最高的色彩,特别能引起人们的注目,所以适用于警告的信号。

蓝色——虽然注目性和视认性都不太好,但和白色配合使用效果较好。特别是在阳光照射下,蓝色和白色衬托出的图像或标志,看起来明显,所以被选用为指令标志的颜色。

绿色——虽然注目性和视认性都不高,但使人感到舒服、平静和安全感,所以适用于安全提示的颜色。

根据国家标准《安全色》的规定,红、黄、蓝、绿四种安全颜色的含义及用途列于表9-1。

为了使安全色衬托得更醒目,规定用白色和黑色作为安全色的对比色。黄色的对比色为黑色,红、蓝、绿色的对比色为白色。如前面已经提到的道路上的防护栏杆,是用红色和白色相间条纹,或黄色和黑色相间条纹,这种标志,使安全色在对比色的衬托下,显得更醒目。关于红、白或黄、黑间隔条纹标志的含义和用途,见表9-2。

表9-1 安全色的含义及用途

颜色	含义	用途举例
红色	禁止 停止 红色也表示防火	禁止标志 停止信号:机器、车辆上的紧急停止 手柄或按钮,以及禁止人们触动的部位
蓝色	指令 必须遵守的规定	指令标志:如必须佩戴个人防护用具; 道路上指引车辆和人行驶方向的指令
黄色	警告 注意	警告标志 警戒标志:如厂内危险机器和 坑池边周围的警戒线 行车道中线;机械上齿轮箱内部;安全帽
绿色	提示 安全状态 通行	提示标志 车间内的安全通道;行人和车辆通行标志 消防设备和其他安全保护设备的位置

注:①蓝色只有与几何图形同时使用时,才表示指令。

②为了不与道路两旁绿色行道树相混淆,道路上的提示标志用蓝色。

表9-2 间隔条纹标示的含义和用途

颜色	含义	用途举例
红色与白色 黄色与黑色	禁止越过 警告危险	交通,公路上用的防护栏杆 工矿企业内部的防护栏杆 吊车吊钩的滑轮架 铁路和公路交叉道口上的防护栏杆

必须指出,无论是红、蓝、黄或绿色必须是作为安全标志,或表示以

安全为目的时,才能称为安全色。否则,即使应用了红、蓝、黄、绿这四种颜色,也只能叫颜色,不能称安全色。例如气瓶和化工管道涂以各种不同的颜色,目的是用以区别各种不同的气瓶和化工管道盛装各种不同的气体或化学介质。这些涂上各种颜色的气瓶,并没有禁止、警告或安全的用意。如液氯钢瓶涂草绿色,并不是告诉人们使用这种气瓶是安全的;液氨钢瓶外表面的颜色是黄色,不是警告人们搬运或使用这种气瓶有危险。但是,根据不同的颜色,正确识别气瓶和化工管道所盛装的介质,这对安全生产是十分重要的。关于化工管道颜色的区别,将在第三节详细介绍。

第二节　安全标志

安全标志是由安全色、几何图形和图形符号构成的。其目的是要引起人们对不安全因素的注意,预防发生事故。因此,要求安全标志必须含义简明,清晰易辨,引人注目,同时要尽量避免过多文字说明,甚至不用文字说明,也能使人(包括外国人)一看就知道它所表达的信息含义。

在《安全标志》国家标准中,共规定了 56 个安全标志。这些标志,从含义来划分,可分成四大类,即禁止、警告、指令和提示,并用四个不同的几何图形来表示(参见图 9-1)。

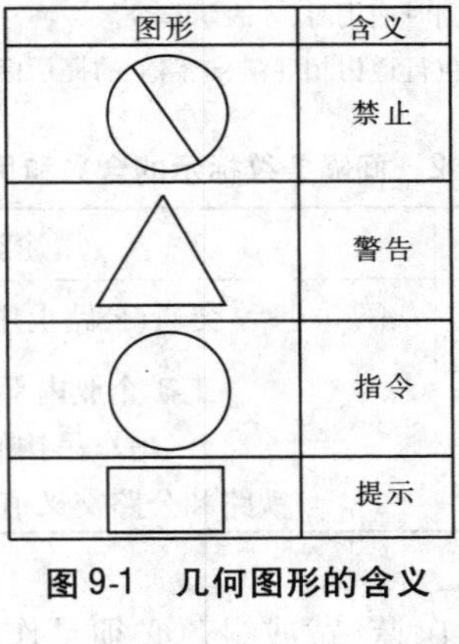

图形	含义
⊘	禁止
△	警告
○	指令
□	提示

图 9-1　几何图形的含义

（1）"○"圆形内画一斜杠，并用红色描画成较粗的圆环和斜杠，即表示"禁止"或"不允许"的含义。在圆环内可画简单易辨的图像，这种图像即称为"图形符号"。有人会问，表示禁止或不允许，在日常生活中都是用"×"来表示，为什么这里用一斜杠？因为在圆环内，如果采用"×"，则圆环内的图形符号就不容易看清楚。目前世界各国的禁止标志都是采用"○"的几何图形。我国在1982年颁布的《安全标志》国家标准也采用上述的禁止标志的几何图形。

禁止标志圆环内的图像用黑色绘画，背景用白色。说明文字设在几何图形的下面。规定文字用白色，背景用红色，图9-2～图9-3为圆形安全标志示例。

图9-2 禁止标志一

（2）"△"由于三角形引人注目，故用作"警告标志"（见图9-4、图9-5）。警告人们注意可能发生的各种各样的危险，如"当心触电"，"当心有毒"，等等。

三角的背景是用黄色，三角图形和三角内的图像均用黑色描绘。黄色是有警告含义的颜色，在对比色黑色的衬托下，绘成的"警告标志"，就更引人注目。

（3）"○"在圆形内配上指令含义的颜色——蓝色，并用白色绘画必须履行的图形符号，如必须戴安全帽、必须戴防护手套等的图像，就

图9-3　禁止标志二

图9-4　警告标志一

构成"指令标志"见图9-6。标有"指令标志"牌的地方,就是要求到这个地方的人们,必须遵守"指令标志"的规定。例如进入施工工地,工地附近有"必须戴安全帽"的指令标志,则必须将安全帽戴上,否则就是违反了施工工地的安全规定。施工单位的任何人都可以禁止不戴安全帽的人进入施工现场,以免发生意外。

　　(4)"□"以绿色为背景的长方几何图形,配以白色的文字和图形符号,并标明目标的方向。即构成提示标志(见图9-7、图9-8)。

　　提示标志分一般提示标志和消防设备提示标志两种。

　　一般提示标志是指出安全通道或太平门的方向。如在有危险的生

图9-5　警告标志二

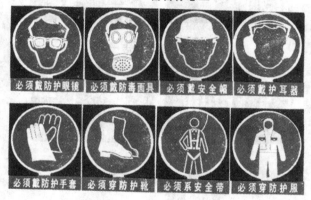

图9-6　指令标志

产车间,当发生事故时,要求操作人员迅速从安全通道撤离,就需在安全通道的附近标上有指明安全通道方向的提示标志。

消防设备提示标志是标明了各种消防设备存放或设置的地方。当发生火灾时,不会因为慌张而忘了消防设备存放或设置的地方。

过去用于消防方面的标志都用红色,以示醒目。国外也有用红色作消防标志的。但我国的《安全色》标准中,红色用于禁止,绿色用于提示。消防标志属于提示含义的标志,提示人们消防器材的存放地方。为了区别于禁止标志所采用的红色,故确定采用绿色作为消防设备提

图 9-7　提示标志一

图 9-8　提示标志二

示标志的背景色。

　　除了上述四种不同几何图形所表达四种不同含义的安全标志外，还要介绍一下"补充标志"。补充标志就是在每个安全标志的下方标有文字，补充说明安全标志的含义，故称为"补充标志"。这是鉴于我国《安全标志》国家标准公布后，人们一时还不熟悉，所以加上补充标志。

补充标志的文字可以横写,也可以竖写。一般来说,挂牌的标志用横写,用杆竖立在特定地方的安全标志,文字竖写在标志的立杆上。关于补充标志的规定,可参看表9-3。

表9-3 补充标志的有关规定

补充标志的写法	横写	竖写
背景	禁止标志——红色 指令标志——蓝色 警告标志——白色	白色
文字颜色	禁止标志——白色 警告标志——黑色 指令标志——白色	黑色
字体 部位 形状、尺寸	粗等线体 长方形 在标志的下方,可以和标志连在一起, 也可以分开	粗等线体 在标志杆的上部 长500 mm

第三节　化工管道涂色

在化工管道上涂以各种颜色,这些颜色虽然和上述安全色有截然不同的含义,但对方便操作、排除故障、处理事故都有重要的意义。

车间内各种不同介质管道,如果都分别涂上不同的颜色,就可以使操作人员容易分辨,有利于正确操作,有利于安全生产。一旦发生了管道大量跑漏事故,抢救人员也能根据管道的颜色去排除故障和处理事故。

与此相反,如果在一个管道纵横的化工生产车间,各种不同介质的管道都涂以一样颜色,操作工人就难以辨认哪一条管道是什么介质? 流向哪里? 因此,就容易发生因操作失误而造成人员伤亡或设备事故。

目前,各化工企业都根据 1979 年化学工业部制定的《化工厂设备管道的保温油漆规程》(HGJ 1074—79)的规定,将不同介质的管道,涂上统一的特定要求的颜色,并在经常操作和明显的部位,注明介质的名称,标出介质流动方向的箭头和流向的设备位号。如水管涂绿色、蒸汽管涂红色、空气管涂深蓝色、氨管涂黄色等。

关于管道油漆施工有一定的要求,在这里就不谈了。只简单说明管道注字和有关规定。

(1)在所有工艺管道上标出箭头,以示流体方向,并注明介质去向设备号位。

(2)采暖装置一律涂刷银粉漆,不注字。

(3)通风管(塑料管除外),一律涂灰色。

(4)室外地沟内管道不涂色,但要考虑涂防腐漆,在窨井内和接头处应按介质进行涂色。

(5)不锈钢管、有色金属管、玻璃管、塑料管以及保温管外系铅皮保护罩时,均不涂色。

(6)凡保温后涂沥青防腐的管道,均不涂色。

(7)管道注字应从设备的管接头、阀件上方醒目处开始标注(相距不得超过 0.5 m),注字体为“仿宋体”。为保持美观一致可用“字模”涂刷或喷涂。

(8)凡管道外径或保温外径小于 50 mm 者,不注字,可挂牌于醒目处,便于操作。

(9)注字、代号间距,以便于操作的醒目处为标准,特别是管道起迄点,阀件法兰上方以及拐角、相交处均需注字,直管段以管架(3～5个)间距为注字间隔。

(10)管道穿墙、穿楼板时,应在离墙两侧或楼板上方 0.5～1 m 处注字。

(11)当长杆阀门延伸杆在两楼层或隔墙操作时,不论其管道直径如何,均应在阀门延伸杆上挂牌,以方便操作。

思考题

1. 红色与白色、黄色与黑色间隔条纹分别表示什么含义？请举例说明它们的用途。

2. 请说出表示禁止、警告、指令和提示的安全标志的几何图形和安全色。

3. 化工管道为什么要涂色？请说出水、蒸汽、空气、液氯、液氨、硫酸及可燃液体管道的涂色。

第十章 化工安全生产禁令

第一节 生产区 14 个不准

一、加强明火管理,生产区不准吸烟

化工原料、中间产品和成品,一般具有易燃、易爆的性质。如乙炔、氯乙烯、氢气、环氧乙烷、环氧丙烷、二氯乙烷、碳酸二甲酯、氨气等,它们在生产、贮运和使用过程中,在一定条件下,遇明火会发生燃烧或爆炸,由此而引起事故。

化工企业与其他工业部门比较,发生火灾、爆炸事故的可能性和危险性要大得多,发生事故所造成的人员伤亡和经济损失也要严重得多。而且,由于火灾和爆炸本身的特点,在许多情况下,互为因果关系,一旦发生爆炸,接着而来的往往引起火灾。同样,伴随火灾的发生,也可能引起爆炸。

氯碱企业,由于明火管理不善和禁烟制度不严而发生的火灾和爆炸事故也是常有的,造成的人员伤亡、经济损失都颇为严重,俗话说:水火无情。化工企业的"火"更无情。因火灾、爆炸造成的损失,比任何行业都大。所以,加强明火管理,严格禁烟制度,对化工企业来说,有其特殊的重要意义。

一般物质火灾,蔓延和扩展的速度较慢,在发生的初期,范围较小,灭火比较容易。化学性火灾,蔓延和扩展速度较快,有的是快速的、爆发性的燃烧,比较难以扑灭。特别是爆炸,一旦发生,将立即造成损失,使我们无法可施。对化工企业来说,不论是火灾还是爆炸,主要是采取预防措施,别无其他良策。而加强明火管理,严格禁烟、禁火制度,是防止火灾、爆炸灾害的主要预防措施。

案例一　某年10月3日,吉化公司炼油厂催化车间刚开车时,碳三、碳四等组分从汽油浮顶罐顶溢出漫延。由于当时为阴雨天气,气压较低又无风,被厂门口的经济民警吸烟引燃着火,造成2人被烧死,2人重伤,3人轻伤,经济损失巨大。

案例二　某年11月,某厂7 m³釜投料后,由于人孔盖垫片不符合要求,当压力升到0.6 MPa(表压)时,垫片被釜内料吹出,大量氯乙烯冲出釜外。此时未及时处理,加之一人违章吸烟,致使引起重大爆炸事故,造成2人死亡,6人重伤。

案例三　某年11月4日,某氯碱厂停车检修进入第四天。上午8时聚氯乙烯的氯化氢工段布置2名操作工拆换6号盐酸贮槽酸出口的Dg80隔膜阀,因连接隔膜阀的法兰螺栓锈蚀,用扳手松不开,先用钢锯锯,后找来手提角向砂轮切割螺栓,切割中盐酸贮槽发生爆炸,造成2人死亡,1人轻伤。

案例四　某年10月13日,山西某厂,停用2年的次氯酸钠贮槽,上弯头残留乙炔,在动火前没有对设备贮槽进行清洗、置换、分析,就开始动工,发生爆炸,造成1人死亡,1人受伤。

加强明火管理的措施

大家知道,燃烧必须同时具备三个条件:①要有可燃物;②要有助燃物;③要有引火源(化学爆炸也应同时具备三个条件,即可爆物、助燃物、引爆源(如火源等))。在化工企业里,前面两个条件在多数场合下是同时存在、无法避免的,火源则是引起可燃物(可爆物)燃烧(爆炸)的主要灾源。因此,控制明火、消灭致灾源是防火、防爆的关键。

在化工企业中有哪些火源呢?

按火源的性质分,可分为四类八种:

第1类　机械性火源:①撞击、摩擦火源;②压缩热(如气体压缩过程中产生的高热)。

第2类　热火源:①高温物体(表现温度大于100 ℃);②热射线(阳光、钢水、出炉电石的热射线)。

第3类　电火源:①电气火花;②静电火花。

第4类　化学火源:①明火(燃烧着的物质如烟火、炉火等);②自燃火源(自燃着火形成的火源)。

按火源用途分,可分三类:

第 1 类　工艺加热用火:如工业炉火、焙烧窑火等。

第 2 类　维修用火,如焊接、切割、喷灯、电炉、电钻、风镐等。

第 3 类　其他火源:如烟火、电气火、撞击、摩擦火花、自燃着火、高温物体等。

怎样加强明火管理呢? 第一,企业的各级领导和从业人员都必须十分重视防火安全工作,认真贯彻预防为主的方针。第二,都必须了解和掌握本企业的致灾源在哪里,并联系实际,建立并健全防火责任制。第三,严格遵守各项操作规程、安全制度以及工艺纪律和劳动纪律。第四,努力学习防火、防爆安全和生产技术知识,熟悉化学危险品的特性及其在生产过程中可能产生的危险性,掌握灭火方法,把火灾消灭在萌芽状态。

对于工艺加热用火,即工业炉火、焙烧窑火等,这是化工生产所允许的用火,一般正常情况下是安全的,但它会受到各种因素的影响而成为致灾的火。如生产过程中违反工艺纪律,超温、超压,就可能发生火灾或爆炸。设备跑、冒、滴、漏出可燃(或可爆)物质,工艺加热用火就会成为这些物质发生火灾、爆炸的火源。另外,炉膛窜火、烟囱冒火星,也可能引起附近周围及其他岗位易燃物质起火。因此,在工艺加热过程中,必须严格工艺指标操作,严禁超温超压,消灭跑、冒、滴、漏,防止炉膛窜火等情况。

对于维修用火,即焊接、切割、喷灯和熬制用火等,这种火源造成的事故居多,要引起高度重视。凡在禁火区内用火,均应按规定办理动火手续,切实落实安全防护措施,严禁违章动火。

对于其他火源,即烟火、电气火、撞击摩擦火花、自燃着火、高温物体等引起的火灾、爆炸事故也不少见。尤其吸烟危害极大,烟头的烟火温度在 800 ℃左右,足以点燃易燃物质。烟头阴燃时间较长,有的物质一触即燃。有的则要过一段时间,至人离开以后才慢慢引燃可燃物质而发生火灾事故。以前化工部曾规定,防火、防爆区内不准吸烟,也不准设吸烟室,不但有事故教训为依据,在理论上也是说得通的。第一,因为是防火、防爆区,所以有火灾、爆炸的危险性。第二,在防火、防爆区域内设了吸烟室,正常时没有危险性;如果生产不正常,发生泄漏,那就有危险。从"防万一"的角度讲,也不应在防火、防爆区内设立吸烟室。那么上班时间是否可以到非禁烟区吸烟呢? 也不能。这是因为每个人员都有岗位,化工生产危险性又大,如果允许上班时间去非禁烟区吸烟,等于可以离岗,这样非出事故不可。因此,新禁令中,将原防火、防爆区内不准吸烟改为厂区内不准吸烟,是有必要的。

电气火源多见于线路超负荷、电器短路、接触电阻大、电器不符合规格要求等所致。如,浙江某企业在某年 2 月 10 日盐酸乙醚配电间起火;一些百货大楼以及新疆克拉玛依大火均起源于电气火源。防止的方法主要是加强电气设备管理,搞好电气设备的巡回检查和维护保养工作,禁止超负荷运行,不得使用不符合规格要求的电气设备。防火防爆车间岗位应按防爆级别规定安装防爆电器设备,发现电器冒火花,应迅速、正确地进行排除。

静电火源对化工生产的危险是不可忽视的。当两种物质摩擦、接触和分离时都会产生静电。可燃液体、气体和粉尘在管道和设备中流动时产生静电是常见的,静电的特性之一就是电量小、电压高,一旦形成条件,易发生静电放电火花的现象,成为火灾、爆炸的火源,消除静电的常用方法是把管道和设备接地,把静电导入地下,防止静电危险。

防火防爆区,应禁止任何可能产生火花的撞击和摩擦作业。

化工设备中有很多高温物体,如各种加热设备和管道、灼热焊件等,要防止可燃易燃物与之接触或靠近。高温工件应禁止带入防爆区,不准在高温设备和管道上烘烤衣服等可燃易燃物件。

二、生产区内,不准未成年人进入

上班时间带小孩(严格说是 18 岁以下未成年人),违反劳动纪律,这是人们的常识。那么下班以后,工作之余,是否可以把小孩带入生产区呢? 也不能。不论什么时间,把小孩子带入生产区都是十分危险的,也是不允许的,实为一大隐患。小孩子进入生产区,归纳起来有 3 大害处:

（1）小孩进入生产区后，既使孩子的家长也使周围的生产操作人员分散了注意力，不能精心操作，容易出现操作失误而导致事故的发生。同时，一旦发生事故，小孩也随之受伤害，扩大了受害范围。

（2）小孩都有好动和好奇心强、年幼无知等共同特点。进入生产区后，势必到处乱跑、乱窜，各处玩耍，并用手去触、摸、弄，这样就极易被运转机械设备挤、压、轧、撞和砸伤。同时，还可能发生触电和被高温（或低温）及酸、碱等灼伤（或冻伤）事故。如果小孩随意按动了控制按钮，那就会给瞬息万变的化工生产带来不堪设想的后果。轻则造成非正常停车、出次品废品，重则发生严重的火灾、爆炸和伤亡事故。

（3）化工生产过程中，大气和环境一般都或多或少地存在着粉尘、毒气的污染。人们通过呼吸道或皮肤把有害物质吸进体内而受伤害。小孩年幼，其耐毒、抗毒、排毒能力差，吸入毒物后比成年人更易中毒。即使不发生中毒事故，也会妨碍小孩的正常生长发育。因此，新的禁令将原禁令"不准带进小孩"改成"不准未成年人进入"，扩大了人员范围，是很及时的。

案例一　某年 11 月 13 日，某电化厂 PVC 车间包装间一女工，把幼女带进工作岗位。中午，车间氯乙烯气体外逸。适遇车间附近有人违章吸烟，氯乙烯气体发生爆炸，母女双双被炸塌的厂房大梁压死。

案例二　某年 8 月，某锻造厂一职工把孩子带进锻造车间，任其玩耍。小孩向天车爬去，结果从 28 m 的天车轨道上坠落，当场摔死。

案例三　某年某月某日，某化肥厂电工把孩子带进变电所，小孩手里正在玩的弹簧铁丝触碰到变电所带电部位，小孩触电死亡，全厂停电。

三、上班时间，不准睡觉、干私活、离岗位和干与生产无关的事

制订这条禁令包含着两层重要的意思。

第一层意思，是要求严格遵守劳动纪律。上班时间全神贯注地做好本岗位工作，忠于职守，是每个职工应该具有的起码的劳动态度，也是对每个职工最基本的要求。相反，如果在岗位上无精打采、懒懒散

散、离岗串岗或者在工作时间干私活,这是劳动纪律绝对不允许的。

第二层意思,也是发布本条禁令的核心思想,是要求人人确保安全。化工生产的特殊性,大家是都清楚的,这里需要强调指出的是,化工厂生产过程,要受设备状况、原料质量,以及相关岗位等各种因素的影响和制约,始终处于瞬息万变的状态中,尤其是大部分中小型企业普遍存在着工艺不是很先进、设备较旧、生产自动化水平低等问题,各项工艺指标的控制、多数还得依靠各岗位的人员精心操作。异常情况靠操作人员密切监视来发现,并及时作出判断和处理。显然,如果操作人员在上班时,睡觉、离岗、串岗和丢开岗位干别的事,那么这个岗位事实上成了无人操作的岗位,一旦生产过程中出现异常情况,既无人发现也无人处理,或者处理不及时,其后果是可想而知的。这方面的事故教训是不乏其例的,现列举几例,以从中吸取教训。

案例一 某年8月5日凌晨3时55分,某市焦化厂苯酐车间发生加热炉爆炸。自重5 t的炉体,拉断连接管道,腾空飞出560 m之外落地。当班操作工当场炸死,2人重度烧伤(其中1人抢救无效,10天后在医院死亡)。百米以内的树叶、花草被高温气浪烘焦。这次恶性爆炸事故的直接原因是操作工离岗,加热炉的温度压力失控所造成的。

案例二 某年1月30日,新疆某厂锅炉工段晚班于18时接班时,负责该岗位3台锅炉的年轻操作工私下商量轮流休息和操作(同时有2人离岗休息),约24时快到交接班时,4 t锅炉的值班长前往SHL10—13型水管锅炉察看上水是否正常,一进入锅炉房,就发现锅炉压力只有0.2 MPa。水位报警器关闭着,1名青工在操作室内熟睡(另2名操作工均不在现场),炉管已经烧红,于是立即组织停炉压火。该事故造成10万元经济损失和不良的社会影响。

案例三 某年5月4日,安徽省某树脂厂,氯乙烯停车后,压缩机继续运转,当班工人睡觉,未听到警铃,气柜抽瘪一角,损失2.2万元。

四、在班前、班上不准喝酒

酒能刺激、麻醉人的神经,这是因为酒内含有大量酒精的缘故。酒精最重要的药理作用是抑制大脑的神经功能。当人饮酒使神经功能受到抑制后,会出现不同程度的意识障碍、智能障碍和运动障碍。轻者头昏无力、动作笨拙或异常;重者恶心呕吐、神智不清、嗜睡不醒。目前有许多国家认为,当人的血液中酒精浓度达到 0.3‰~0.4‰时,人的各种能力有明显降低,维持人体正常工作能力的最高允许浓度为 0.20‰~0.30‰。

具体地讲,班前、班上喝酒有 5 大害处:

(1)由于人体中枢神经受到酒精的麻醉、抑制作用,放松了对人体运动神经的控制,使人产生一种"解放感",引起动作混乱,发生误操作。

(2)随着血液中酒精浓度上升,人的视觉、听觉和触觉反应时间向后延滞,反应迟钝、缓慢,降低甚至失去处理紧急情况的能力。

(3)由于酒精作用,使分配注意的能力减退,不能把注意力同时分配到两个或几个方面去。

(4)严重者或对酒精敏感者,可使人的意识和工作能力完全丧失。

(5)因为酒精对有些毒物有加强和联合作用,可以使人增加或加重毒物的危险。本来没有中毒危险的,可能出现中毒;轻微中毒的,会加重中毒。例如在生产过程中接触到氰胺基化钙、硝化甘油、甲苯、二硝基氯苯、铅、砷、水银、氮氧化物等,平时不会中毒的,喝酒后就可能发生中毒或者加重中毒症状。

喝酒误事的情况很多,生产人员在班前、班上喝酒而出事故的例子也不少。

案例一　某年 12 月 26 日,某化工厂一职工午间喝了酒,酒后醉熏熏地走到离施工爆破地点只有 5 min 路程的距离时,眼看就要爆破作业了,他不但不隐蔽,却迷迷糊糊地声称去看"天女散花",随着爆破声响而倒地死亡。

案例二　某年 2 月 23 日,某市造纸厂一锅炉工,班前喝酒。一上班后头脑发昏便倒在煤堆之间睡觉,结果被塌下来的煤掩埋而死。

五、不准使用汽油等易燃液体擦洗设备、用具和衣物

在生产区域内,人们通常喜欢用汽油、煤油、柴油及易挥发的易燃

液体来清洗机械设备、用具、衣服和地面,有的甚至在不停机的情况下用这些易燃液体进行清洗。这是非常危险的。

汽油具有闪点低、易挥发、在相同条件下蒸气相对密度高于空气(空气为1,汽油蒸气为3.51)、易燃易爆、流动和摩擦产生静电等特性,用它来擦洗设备、用具和衣物时,会出现以下情况:

其一,极易挥发的汽油,挥发出来的气体由于相对密度比空气大,故易沉积在室内或地面,并与空气混合。因此,敞露的汽油周围空间很容易存有爆炸性气体。汽油爆炸下限很低,容易达到爆炸浓度,如遇火源,则发生爆炸。

其二,汽油在受到震动、碰撞、冲击、摩擦等情况和流动时,会产生静电。当这种静电电压达到一定数值时,就可能放电而发生火花把汽油及其蒸气引燃。同时点燃附近的可燃物而造成火灾。

其他一些挥发性强的易燃液体,也都具有类似汽油的上述特点,用其来擦洗东西时,亦会出现类似情况。

所以,使用汽油等挥发性强的可燃液体擦洗设备或用具、衣物是很危险的,许多事故案例,也为制定此条禁令提供了事实根据。

案例一 某年6月2日上午,某厂研究所的中试工场间,先是一盏使用的36 V低压行灯由于没有挂牢,掉落在装有2 t稀释的203添加剂上。引起着火,经扑救熄灭。此时,室内地板、墙壁和部分仪器设备上,都粘上了许多黏稠的添加剂。于是该工场间职工当天下午短时间内用掉500 kg汽油进行擦洗,大量挥发汽油充满室内。14时30分现场一辆电瓶铲车启动时的火花引燃室内油气,发生强烈爆炸,造成15人死亡、39人烧伤的特大事故。

案例二 某合成氨厂,用汽油擦压缩机气缸内壁,未等吹干,就安装开车试压,当压缩机压力升到10 MPa时,由于残留汽油的存在而发生爆炸,损失巨大。

案例三 某市电器厂一工人用汽油擦洗电器零件时,当他拿了一块绸布放进汽油并即抽出时,由于绸布与汽油摩擦而产生静电放电,立即着火燃烧。不仅这个工人被烧伤,而且整个车间被烧毁。

六、不按规定穿戴劳动保护用品，不准进入生产岗位

(一) 劳动保护用品的分类

常用的劳动保护用品可分为：

(1) 一般工种劳动保护用品。如工作服、工作裤、工作手套、工作帽、工作鞋、护袖等。

(2) 特殊工种劳动保护用品。如面罩、平光镜、墨镜、护目镜、绝缘鞋、绝缘手套等。

(3) 工业卫生专用防护用品。如口罩、防毒口罩、防毒面具等。

(4) 保险防护用品。如安全帽、安全带、安全绳、安全网等。

(二) 劳动保护用品的作用

1. 防止皮肤吸收毒物和高温热辐射

化工生产一般都有尘毒危害。生产中的尘毒通过人的呼吸道、消化道、皮肤三条途径进入体内。

生产性中毒多为呼吸道和皮肤吸收毒物所致。其中皮肤吸收毒物有三条途径：①表皮屏障；②毛囊；③汗腺。毒物经皮肤吸收的数量和速度 (中毒的强度) 除与毒物的不溶性、脂溶性浓度和气温、湿度有关外，还与皮肤的接触面积有关，接触面积越大，吸收毒物越多，中毒越重。反之，吸收的毒物就少，中毒就轻，气态毒物，还能被皮肤呼吸孔直接吸收。如果上班时打赤膊、着短裤、穿凉鞋不定期就扩大了外露皮肤与毒物的接触面积。

如果在高温场所操作，外露皮肤会直接吸收环境中的毒物和高温物体的辐射，不穿工作服而比穿工作服要热，容易得热射病。如某年9月，某市农药厂，一进厂不久的工人，夏天打赤膊搬运袋装"六六六"药粉时，其粉末撒在皮肤上，药粉渗于汗水后被吸收 (直入血液，不经肝脏解毒)，发生严重中毒，送医院抢救无效死亡。

2. 防止烧伤、烫伤、灼伤、冻伤

化工操作人员常常接触高温、低冷和酸碱等许多腐蚀性物质，一不小心就有可能受到烧伤、灼伤、冻伤等伤害。穿戴劳动防护用品可以起到避免或减轻这些伤害的作用，如某年7月18日下午，某市焦化厂对

苯二甲酸酐车间,一操作工赤膊上班操作,当他向地下缸放料(料温高达 400 ℃)时,由于地下缸内的残余可燃气体未排干净,碰到高温物料而着火爆炸。上身和脸部烧伤,戴手套的双手和穿工作裤的下半身均没烧伤。又如某年 8 月 5 日,该厂苯酐车间发生爆炸。温度高达 1 000 ℃以上的爆炸气浪将 50 m 以外赤膊的一操作工烧伤(短裤遮掩部分未烧伤)。

防护用品对防止酸碱灼伤和蒸汽烫伤,更起着直接的保护作用。

3. 防止物击、碰撞、坠落、触电等

在从事高空以及其他危险作业时,常发生意外高空坠落、物体打击、触电等伤亡事故,如果按规定佩戴了防护用品就可能避免这些意外伤亡事故。

案例一　某年某月某日,某化工厂内化建工人,承包安装设备时,1 个扳手自 15 m 左右高的塔上掉下来,砸伤地上坐着的 1 个没有戴安全帽工人的头,经抢救无效死亡。

案例二　某年 11 月 15 日,某公司电厂厂原料小组进行年终检修。在给布袋除尘器做防雨边时,检修工任某在吊 3 mm 薄铁板时,下面的检修工陈某在捆扎,当任某在吊到一半高时,薄铁板突然滑下,掉在陈某头上,幸好陈某头戴安全帽作业,避免了事故的发生。此外,在化工生产检修时,常使用移动式电气设备。在使用这些电气设备时应按规定穿戴合格的绝缘手套和绝缘鞋。稍有忽视,就会发生触电事故。如某年 6 月 2 日,某厂压缩车间铜洗工段一班长,在使用电钻时未穿戴绝缘手套和绝缘鞋,由于电钻漏电(无挡地、接零保护)而触电死亡。

4. 方便操作,防止事故

有的职工对穿戴劳动保护用品的重要性认识不足,这样既影响生产也妨碍操作,同时也是造成事故的根源。

案例一　某年 4 月 10 日上午 11 时 25 分,某化工厂一工人,上班后未换工作服和工作鞋,于是便选择较干净的站脚点。右脚踩在碱池上边的碱液管上,左脚踩在一根蒸汽管上,两手抓住麻袋使劲往上拉,结果跌入碱液池中造成严重灼伤而死亡。

可见,按规定穿戴防护用品,对安全生产、保障人身安全是多么重要。劳动防护用品是防止事故的工具。日本人把穿戴好防护用品,称为"人的安全化"。

(三)要穿戴规定的劳动保护用品

职工在生产劳动时穿戴规定的防护用品,否则不准进入生产岗位,这既是生产安全的需要,也体现了国家对职工生命安全的重视和负责。

劳动防护用品种类繁多,它们的性能和作用是各不相同的。应穿戴哪一种防护用品,要根据工作性质、生产情况、操作条件和实际存在的危险性来决定,绝不能随便滥用。否则,反而会造成危害。

(1)在禁火区内,禁止穿化纤服上岗。

这是因为:①化纤织物在摩擦时易产生静电火花,给禁火区的生产带来严重威胁。②在发生火灾、爆炸事故时,化纤织物在高温下呈黏糊状,并黏附皮肤,加重烧伤伤势,不利于伤员抢救。

案例一　有一天,某市液化石油气站一女工,刚一上班就发现工作室内液化气外逸,她随即把尼龙纱巾从头上解下来打算处理。可是尼龙纱巾与头发的摩擦瞬间产生静电火花引燃了室内可燃气体,发生爆炸,顷刻之间站毁人亡,造成巨大损失。

案例二　某年8月12日,某县化肥厂水洗高压泵房,发生爆炸燃烧事故,当班操作工穿着的涤纶长裤、腈纶衫均被烧光,唯有棉布短裤和被烧光的涤纶长裤上的棉布口袋完整无损,由于高温燃烧下的腈纶、涤纶织物溶解在人体皮肉上,加重了烧伤伤势。同时释放出有毒有害物质发生中毒。因抢救无效6天后死亡。

因此,从安全角度考虑,化工企业不适合用化纤织物做工作服。在禁火区内禁止穿化纤服上班。

(2)在接触腐蚀性物质时,除应穿戴由耐腐蚀材料做成的劳动防护用品外,还要戴好防护眼镜。

(3)在接触有毒物质时,除应穿戴好防止毒物渗透的防护用品外,必要时要戴适用的防毒面具。

(4)高空作业时要戴好安全帽(包括系好安全帽的带子),系好安全带。

(5)高温作业区,要穿戴好由耐高温材料制作的劳动防护用品。

（6）在有放射性物质的场所，要穿戴好防辐射防护用品。

（7）特殊工种操作工，应按该工种的规定穿戴好防护用品。如车床工要戴防护眼镜而不准戴手套等。

总之，这条禁令，对进入生产岗位的人员，既提出了必须穿戴劳动防护用品要求，并且还强调了必须按规定穿戴劳动防护用品的问题。我们应该充分认识到这同样是确保安全生产的重要措施，不可麻痹疏忽。

七、安全装置不齐全的设备不准使用

（一）解释

在生产过程中，凡能发生火灾、爆炸、中毒、跑料、溢料、伤害人体的容器、设备装置、转动机械等都应设置齐全的安全装置，用来排除机器对人体伤害的危险性，以防事故的发生，保证生产的顺利进行，保障职工的生命安全和身体健康。

常用的安全装置有防护安全装置、信号安全装置、保险安全装置、联锁安全装置等。根据设备的类型选用不同的安全装置。如：化工生产一般是在密闭的容器管道中进行，化学反应的温度、压力和瞬间的生产状况，均靠各种仪表信号装置显示和控制。若这些安全装置不全或不灵，我们就无法按工艺指标正常操作。轻则影响产品的产量和质量，重则发生重大的火灾爆炸、人身伤亡事故。

为了生产而设置的池、坑、井、沟和设备孔洞上的安全栏和盖板，也是一种安全装置，也必须齐全、牢靠。

（二）常用的几种安全装置

（1）防护装置。如机械设备的传动和转动部分（传动皮带，转动齿轮、飞轮、砂轮、电锯、电刨）剪床和冲床；有碎片、屑末、液体飞出部位；裸露导电体；敞口的池、沟、井、槽、罐以及其他机器设备和生产上设置的防护罩、扶栏、遮栏、挡板、盖板等，以防止人体受到伤害。

（2）信号报警装置。在化工生产中，安装信号报警装置可以在出现危险状况时警告操作者，便于及时采取措施消除隐患。发出的信号一般有声、光等。它们通常都与测量仪表相联系，当温度、压力、液位等超过控制指标时，报警系统就会发出信号。岗位之间的联系信号，也是一种信号报警装置,便于有故障时配合处理。

如,锅炉汽包有高、低水位报警器;变压器和氯氢处理之间还装有在紧急情况能相互联系的警铃,以便在这两个岗位需要紧急停车时可直接联系,保证安全生产。

(3)保险装置。信号装置只能提醒人们注意已发生的不正常情况和故障,但不能自动地排除故障。而保险装置在发生危险状况时,则能自动进行动作,消除不正常状况。

如压力容器的安全阀、防爆膜(片);起重设备的行程限制器、重量限制器;乙炔发生器的回火防止;压力自动调节器;化工设备的阻火器;电气设备的熔断器;电流保护器;接地、接零、防静电装置;避雷装置等。

(4)安全联锁装置。所谓联锁就是利用机械或电气控制依次接通各个仪器及设备。并使之彼此发生联系,以达到安全生产目的。

如热电厂汽轮机、灭磁开关、发电机之间的联锁就是为了保护发电机、汽轮机的正常工作而设置的安全联锁装置。

(5)指示仪表及安全标牌。温度计、压力计、流量计、组分指示仪等及各种介质管道的涂色标志,管道内介质流向标志,压力容器标牌、交通安全指示牌以及各种如“高压危险”“有人操作切勿合闸”“当心坠落”“严禁烟火”等警告牌示。这些标牌帮助人们迅速辨别情况,并能促使我们遵守各项安全规定。

(三)案例

案例一　无安全栏杆,掉进碱锅死亡。

某年 11 月 4 日,浙江一氯碱企业的烧碱蒸发锅是敞开式的,操作工×××站在锅边掏蒸发锅内的碱液时(锅底有盐)因无安全栏杆,滑入锅内,双腿灼伤,经医院医治后好转,但后感染抢救无效死亡。

某年 3 月 1 日凌晨,某氯碱企业烧碱分厂熔化纯碱岗位一临时工王某,在倒纯碱过程中,因溶化槽无安全栏杆,不小心跌入溶化槽中,全身多处共约 80% 被碱水烧伤,后因医治无效死亡。

案例二　防护设施被拆除,造成坠落重伤事故。

某年 11 月 13 日 16 时 55 分,某氯碱企业在新氯乙烯控制室厂房施工中,工程队在吊混凝土时,将石墨冷凝器预留孔盖板掀掉作吊装孔,但未及时盖上,操作工×××去巡回检查时。不慎踩空从掀开的预留孔内坠下,致使头部及腿部受伤,脑部动手术,造成重伤事故。

　　某年 4 月 21 日,某氯碱企业化工设备分厂在热电分厂 2 号锅炉检修过程中,用二楼的翻斗车吊至一楼准备把保温材料装在翻斗车上吊至二楼操作中,操作人员随意拆卸吊装孔安全护栏,冒险处置翻斗车转向,随车从高处坠落造成死亡。

　　案例三　安全阀失灵,真空干燥器发生爆炸。

　　某年 12 月 1 日,某电影胶片厂在三醋酸车间,真空干燥岗位 2 名操作工人。中班接班后,脱离岗位。1 台真空干燥器夹套内加热蒸汽发生超压(规定 0.8 MPa,后升至 1.2 MPa),而设备安全阀因长期未进行校验已失灵,超压不起跳,结果发生爆炸,直接损失 10 万元。

　　案例四　阀门内漏,发生爆炸,氯气泄漏。

　　某年 6 月 14 日,河南省某厂氯乙烯变压吸附装置氮气管道一个DN40 截止阀内漏,该装置的原料气经过氮气管道系统进入事故氯装置,发生爆炸,氯气泄漏,造成数人吸入氯气。

　　案例五　安全装置故障,氯气泄漏。

　　某年 10 月 26 日,河南省某公司安全控制装置故障,发生氯气泄漏事故,造成 9 名工人不同程度吸入氯气而住院治疗。

八、不是自己分管的设备、工具不准动用

(一)解释

　　化工生产设备复杂繁多,如槽、罐、塔、釜、炉、箱、管、坑、井、沟、池等,同时还有其他辅助设备和检修、检验用的工具设备,如电焊机、高压气瓶、机动车船、电气设备、起重设备、各类车床、压缩机,以及 X 光、超声波等检验仪器等。许多机器设备和工具(如高压设备,反应釜(器),机动车船,起重机械,电气设备等)还具有很大的危险性,要熟练掌握这些设备的性能和操作技术,都需要特殊的专业知识,要经过三级安全教育及技术培训,并经有关部门考试合格,领到操作证后才能独立操作。考试不合格,无操作证就不得上岗位操作,如果缺乏专业知识,一不懂设备的性能,二不懂操作程序,盲目蛮干,擅自动用别人分管的设

备工具,就有可能发生意料不到的事故,这里的分管,是指经领导批准,专门对设备、工具的使用和管理资格,要取得这种资格,就必须经过特殊的培训,在技能和专业知识上达到一定水平,并通过有关部门的考核,发放资格证书。没有这种资格证书,就无权使用和管理设备、工具。因此,操作人员对自己分管的设备和工具应做到"四懂三会",熟悉和掌握设备、工具的结构、原理、性能和用途;要会操作、会维护保养、会排除故障;并要严格遵守岗位责任制和安全操作规程,确保设备安全运行。

另外,化工生产随客观条件变化的因素较多,生产中还必须根据当时的实际情况和变化了的客观条件进行操作或调整。不是自己分管的设备,不一定完全了解这些情况,动用起来盲目性很大,弄不好容易出毛病,甚至自己被机器所伤害。这种事故例子不是没有的。

(二)案例

案例一　某年4月,某氯碱厂整流室5号整流变压器由于"强迫油循环冷却器"检修。需进行停电处理,当天上午工段负责人强约钳工下午上班后再修。然而在5号整流变压器还没有停电的情况下,非电气人员的包区检修人员(钳工)方某在未经任务当班电工的许可下,中午就独自一人爬上5号整流变压器顶部观察检修的工段。王某及其他同志发现而喝令阻止,才避免了一场35 kV高压电击的重大人身伤亡事故。

案例二　某年12月26日,某氯碱企业机修分工钳工组×××,私自到钣焊小组剪板机上剪4 mm厚的钢板。由于钢板太窄,还需在钢板上垫上其他钢板。该员工既不懂设备性能,又不懂得操作顺序,当左手刚将工作剪切位置放好,还未离开工件,右手却开动机器,夹紧装置开始动作,压脚压下来,左手被压住,中指骨折,食指、无名指皮伤。

因此,为了保证安全生产,防止工伤事故和其他事故的发生,凡不是自己分管的设备和工具,不要去动用。

九、检修设备时安全措施不落实,不准开始检修

(一)解释

化工设备检修是化工生产中的一项重要工作。化工设备与一般机

械设备不同,生产设备中多有残留易燃易爆、有毒有害物质,比一般机械设备检修有更大的危险性,有可能发生中毒、灼伤、火灾、爆炸等重大事故。同时,设备检修前,需要拆除保温、填料、卸掉触媒,与生产系统隔绝,清洗和置换设备中的易燃易爆和有毒有害物质,这些也是比较复杂和危险的工作。还有,化工设备中高、大、重设备不少,检修中危险性较大的登高和起重作业常常是不可少的。此外,化工设备都互相连接、串通,有的需要检修的设备与正在生产的设备连接在一起,一边生产,一边检修,也给检修工作带来麻烦和危险。据统计,检修中发生的事故,在所有化工生产事故中占有较大比例,主要是火灾、爆炸、中毒、灼伤、高空坠落、起重伤害等。

(二)案例

氯碱企业在历次检修中,曾发生过多起由于安全措施不落实而发生的事故。

案例一　某年 5 月 6 日 8 时 30 分,某氯碱企业烧碱车间压缩氢气站移位新建后,气柜接管工作由机修车间钳工××承担。该员工用竹梯上到气柜顶部,测量接口管法兰尺寸(高 4 m),梯子由临时工(农民工)监护,由于安全措施不落实,没有将梯子用绳索、铁丝等捆扎。同时,监护人因责任心不强离开,没有扶住竹梯。当××爬上梯子进行测量时,身体重心倾斜加上竹梯与气柜接角点较滑,当即梯子滑倒,××也就随竹梯坠落,腰部被一长 3 m 直径 57 mm 的钢管撑了一下,造成第 4 块脊椎骨压缩性骨折。

案例二　某年 11 月 23 日,某氯碱企业年终停电检修,电仪车间整流变压器和高压隔离开关等要做油漆防腐工作。上午 8 时左右,××带领油漆组 6 人进入现场。按原计划是先做变压器油漆工作。因变压器的调压分级开关检修,人员较多,相互工作有影响。该员工为考虑工作进度,决定先去油漆高压隔离开关。未上到高压瓷瓶除锈前,曾询问整流小组的现场指挥和监护人是否切断电源。由于双方所指都含糊不清,电仪车间对未切断电源尚在供电的设备、线路没有做好隔离措施及标志,现场指挥分工不明确,监护人技术水平、素质低,使其误以为尚在运行的高压线已切断电源,即上高压隔离开关预先做瓷瓶支架的除锈工作。因高压瓷瓶尚在带电运行,当接近高压区时被高压电流击伤,并摔下地,导致该同志的的双脚底部及手被电弧击伤送医院治疗。

案例三　某年 7 月 14 日,河南省某厂转化工段维修工在对乙炔、氯化氢混合器进行维修时,未对混合器进行清洗、置换、分析、与系统隔离和未办理检修相关安全作业(许可)证,使用切割机切割混合器塑料管时,切割时产生的火花遇混合器乙炔气发生爆炸,造成 3 人受伤。

(三)化工设备检修的安全措施

(1)确定检修项目,明确检修任务和检修要求。

(2)进行现场检查和安全技术交底(生产车间或部门向检修车间或部门面对面交底),弄清检修现场环境情况和设备结构、性能,设备内危险物质及其危险程度等(生产车间、部门应与检修车间、部门密切配合,协调行动,协助落实安全措施,为搞好检修工作提供方便。)

(3)制定检修方案和安全措施(包括每个检修项目和每个作业的安全措施)。

(4)检查检修用的工具、设备、零件、材料、各种防护用品和保险用具等是否符合检修要求和安全要求。

(5)按时办理各种检修作业证(如动火证,登高作业证,进入设备、容器作业证,停送电工作票等)。

(6)对检修人员和有关人员进行检修前的安全教育(包括现场教育)。

(7)进入检修现场后,要与操作人员共同确认安全措施落实情况,还要检查转动设备是否切断电源,取下熔断器,设备内和周围环境中的易燃、易爆、有毒、易腐蚀等物质是否清除置换干净;安全分析是否合格,各种作业证是否按规定经过批准,脚手架、跳板是否安全可靠以及其他安全措施是否落实。

(8)在检修过程中,还要随时注意设备和环境情况是否有变化,遇到有危险的新情况时,要立即停止检修。

(9)检修时必须认真负责,保证质量,检修完工交付使用时,应交接清楚,并办理交接手续,防止给生产留下事故隐患。

十、停机检修后的设备,未经彻底检查,不准启用

(一)彻底检查的必要性

生产设备停机检修后,不经详细彻底检查,就草率进行试车或开车(机)是很危险的,发生事故是常有的。其原因主要有:①停机检修设备时,一般都破坏了正常的生产状态。如该关的阀门可能是开着的,该开的可能是关闭着的。②检修中可能遗漏检修项目或忘记上紧螺栓。③设备内可能有遗留物件(如工具、螺帽、废料杂物等)。④遗忘拆除盲板。⑤有的检修质量可能不合格或者设备、管道、阀门、仪表等装错位置或方向,不符合工艺要求等。

因此,凡是停车、停机检修的设备,都必须进行彻底检查,确认没有问题后,方能启动开车。

(二)进行检查应注意的问题

(1)检查顺序。对一下生产系统的设备,应按工艺顺序或设备前后顺序进行检查,以免遗漏。对于单体设备或单机,视具体情况办理;定型设备按出厂说明书进行检查。

(2)重点检查项目。不论是生产系统的设备,还是单体(单机)设备,除进行普遍检查外,都要确定各种设备的重点检查项目,列出安全检查表,然后逐个进行检查。

重点检查项目一般有:①所有检修项目是否全部检修完毕,有无漏掉检修项目。②按抽堵盲板图,逐个检查盲板的是否取下盲板牌子,看所有盲板是否已经抽出或抽堵完毕。③设备安装是否正确,有无装错的设备、部件、仪表,阀门等,它们的位置和方向是否符合工艺要求。④安全装置(如安全阀、减压阀、液位计、温度计、压力表、声光报警批示装置、联锁装置、自控设备、行程开关、限位器和制动器以及栏杆、盖板等)是否灵敏、齐全、牢固、可靠。⑤各种设备、容器、管道内是否有检修遗留物(如螺钉、螺帽、铁杆、砖头废料、工具等)。⑥各类阀门是否处于正确位置(开或闭)。⑦检修质量是否符合规定要求。安装、焊接是否牢固,有无漏装、漏紧的螺钉、螺帽。

(3)进行试漏、试压和试车。经详细、彻底检查确认无误后,在开

车生产前,还必须进行试漏、试压和试车(先单体试车,后系统试车),证明符合生产要求了,才能正式启动开车进行生产。这里必须强调指出的是,在进行设备试漏、试压时,绝不能用气压试验代替水压试验。万不得已要用气压试验时,必须具备充足的技术条件和技术力量,取得安全部门同意,才能进行。

(三)案例

案例一 某年 10 月 30 日,某电化厂年度大修后开车。11 月 2 日 20 时 20 分,氯氢处理、合成盐酸和电解等岗位均发现操作不能正常,氯氢处理岗位氢抽力偏负、合成盐酸炉被迫停炉、电解槽鹅颈管喷出碱液。情况反映到调度,但未得到及时处理,于 20 时 40 分发生爆炸。

这次爆炸中心是在氯氢处理岗位和液氯工段,涉及电解、漂粉、氯化苯等工段,造成 2 人中毒死亡、2 人中度中毒、3 人轻度中毒,被爆炸损坏的设备共 10 台,经济损失 71.9 万元,停产 12 天,影响产值 209 万元。

破坏最严重的是原料氯预冷器的锥形底,椭圆封头圆柱形。规格是 $\Phi 1000 \times 4636 \times 8$,操作压力为 0.25 MPa。按预冷器本体被炸裂的情况计算,爆炸压力大于 0.66 MPa,其他被炸毁的多是塑料设备。

经调查及模拟试验证实,这次事故的原因是大修后装在氢总管与滴水管之间的盲板($\Phi 160$ mm $\times 4$ mm 石棉橡胶板)没有拆除,造成氢总管积水。开车后各班均未发现问题,致使积水越来越多,增加氢总管的阻力,出现氯氢处理工段抽力偏负。当积水到一定高度时,氢气流速加快,引起积水流动,形成湍流,氢气抽力严重偏负。电解工段出现较大正压(氢气抽不出去),抽力计指示液被抽掉,水封被破坏。吸入大量空气,使氢气纯度降低。由于电解岗位电解槽氢气压力增大,致使隔膜鼓破,氢气大量进入氯系统(事故发生后,对部分电解槽取样分析氯中含氢量高达 12.6%),当达到爆炸范围后,造成原料氯系统化学性爆炸事故,爆炸时有白色烟雾喷出(盐酸雾)。

案例二 某年 10 月 12 日 19 时左右,在金属电槽氢气总管大修理结束后的氢试压过程中,由于无专人监护,外单位施工人员擅自开启生产系统中的排氮阀门,造成金属电槽隔膜受压,严重威胁氯碱系统的开车安全。

十一、未办高处作业证，不带安全带，脚手架、跳板不牢，不准登高作业

（一）解释

化工检修经常需要登高作业。我国规定一般离地 2 m 以上就属于高空作业，作业时必须正确戴好安全带。这是因为在高空作业时，一般地方狭窄，回旋余地小，作业人员稍有疏忽，如用力过猛、工具打滑、失足、踏空、绊倒、受到撞击、惊吓或中毒、触电等都能使作业者从高空坠落，造成事故。高空坠落事故，后果往往很严重，死亡率高，不死亡者伤势也较重。坠落高度越大，地面情况越复杂，事故后果就越严重。由于登高作业的特殊条件，作业者坠落的机会比较多，造成伤亡的人数也较多。化工系统每年因高处坠落死亡事故的人数为 30～50 人，重伤 100～120 人，占死亡、重伤人数的 14%～18%，在各类事故中占第二位。究其原因多数是忽视安全，怕麻烦造成的。回顾这些高处坠落事故的发生和幸免的过程，真是让人感到"一失足成千古恨""一根绳成救命恩"。

脚手架、跳板是登高作业必须具备的首要条件，它牢固与否，对高空作业安全起着重要的作用。若脚手架、跳板不牢，发生断裂、倒塌等，就会造成高空坠落事故的发生或击伤下方人员。

（二）使用安全带、脚手架、跳板应注意的事项

1. 正确使用安全带的几点注意事项

（1）使用前要认真进行检查，包括外观检查，有无磨损、腐蚀，连接头和挂钩是否牢固，严禁凑合使用。

（2）安全带要拴挂在人的垂直上方，高挂低用。多人作业时，人和拴挂处要保持一定的距离，以免坠落时，互相发生碰撞。

（3）安全带应绕杆拴挂，严禁把挂钩直接挂在脚手架的绑绳或铁丝上。不准拴在有尖锐棱角的构件上，以防止作业时的摆动把安全带切断。

（4）安全带的绳子不宜过长，一般为 2 m，最大允许使用长度不得

大于 2.5 m。绳子过长,掉下时冲击力太大,会伤害内脏而死亡。故安全带的材料与使用必须符合《建筑安装工程安全技术规程》中第四章的规定要求,确保登高作业的安全。

2. 使用脚手架、跳板应注意下列事项

(1)使用前应按规定要求进行认真检查,看是否牢靠。

(2)使用时不得超过负荷,禁止压放重物。

(3)严禁起吊重物时碰撞脚手架,雨后如架子基础下沉或立杆悬空时,应采取填空加固措施。

(三)案例

由于对上述注意事项重视不够,造成的各类事故教训也不少见。

案例一　某年 12 月 4 日,某氯碱集团电化厂职工××在建造电石车间老办公室时,在脚手架上砌墙,因搭架的木板断掉,从架上坠落,造成腰背骨折的重伤事故。

案例二　某年 10 月 3 日,某氯碱集团电化厂职工×××、××等在烧碱车间金属电槽控制室西侧给氯气管道刷油漆,上午刷好氯气管后,由于搭脚手架工未到,×××就自己去翻了四五片脚手片,此时脚手架工到了,×××叫他们去拿铁丝来捆扎好,而后×××则去氯气总管拿自来水管,因管子被卡住,一时拿不上来,××去帮×××一起拉,一用力后脚手片松动,同时因当天下雨,脚手片松动后,××失去平衡坠落下去。

案例三　某年 8 月 20 日下午,某氯碱集团电化厂烧碱车间蒸发小组登高焊补回收盐水贮槽外壁。2.5 m 高的脚手架,其中一个端点焊在槽壁上,强度不够,当×××踏上脚手架工作时,当即发生坠落事故。

案例四　某年 11 月 5 日,某氯碱集团化工设备厂××在电仪分厂整流小组油漆变压器,站在 2 m 高的脚手架上,由于脚手架搭制不规范,××一不小心,脚一滑就从脚手架上摔下来,造成手臂骨折。

十二、石棉瓦上不固定好跳板,不准作业

(一)解释

石棉瓦是一种脆性阻燃建筑材料,有大、中、小波型三种规格。厂

矿企业一般使用中、小波型瓦,以中波石棉瓦为例,瓦的规格为 1 800 mm×745 mm×6 mm,施工后,瓦跨度为 780 mm,它的强度一般只考虑承受雨载,它承受不了人或较重的物体负荷。只能用于临时建筑和防爆厂房的泄压顶盖。如果时间长了,石棉瓦还会变质发脆,强度大大降低,就更加危险。因此,登石棉瓦作业必须有固定跳板等安全措施,才能确保人身安全。

(二)案例

某些单位在登石棉瓦作业时,由于未采取固定跳板等安全措施,踩碎石棉瓦而造成人身伤害甚至伤亡事故是很多的。

案例一　某年 2 月 27 日凌晨 2 时,原浙江某氯碱集团电化厂水泥车间一钳工,在修理提升机时,爬到屋顶石棉瓦上。平时白天检修时脚是踩在屋架上的,这是后半夜,该钳工一不小心踩在石棉瓦上,石棉瓦立即破碎,从 5 m 高的屋顶摔下来。当即昏迷,造成脾脏破裂的重伤事故。

案例二　某年 8 月 3 日 9 时,某厂总务科修缮班 6 名工人在汽油车间更换石棉瓦,有人提出铺好跳板再上,领队工人说用不着,于是自己带头踏上石棉瓦作业,当即踏穿石棉瓦,从 5.4 m 高处坠落,头碰在往复泵上,送医院抢救无效死亡。

十三、未安装触电保安器的移动式电动工具,不准使用

(一)解释

这条禁令是基于随着电动工具普遍使用而带来由于防范措施不严密引起人身触电事故屡有发生以及触电保安(漏电保护器)技术日趋成熟的情况下出台的。

(二)制订本禁令的重要性

目前使用的电动工具,尤以手持式电动工具种类繁多,代替以往的手动工具确给人们带来诸多方便,但也增加了人身触电的危险。

(三)案例

案例一　某年 7 月 9 日 8 时,湖北××市化工总厂 1 名维修工,在使用手提式磨光工具柜时,因磨光机漏电又缺漏电保护器而触电身亡。

案例二　某年 6 月 10 日,湖北省××市化肥厂碳化车间包装岗位 1 名工人将正常使用的缝包机从 4 号位调到 3 号位使用时,缝包机不转,他放下缝包机拨弄插头插座,不慎拉断地线,而缝包机开关处又渗水使机壳带电,这名工人重新抬机时发生触电而死亡。

以上两例,若装了漏电保护开关,在外壳带电或者手触及外壳的瞬间,开关就会自动切断电源,那么悲剧就可以避免了。

(四)漏电保护器概述

漏电保护器(剩余电流动作保护器)是一种在反映触电及漏电方面具有高敏性和快速性的保护装置,这是其他保护电器(如自动开关和保险丝等)所不能比拟的。它们的差别在于不同的保护作用,因而具有不同的工作原理。自动开关或熔断器(保险丝)的作用是切断电流的故障电流,正常时要通过负荷电流。故保护的动作电流值较大安培(A)级,而人的危险电流是毫安(mA)级,因此不可能保护人身安全。漏电保护器就不一样了,它只反映系统的剩余电流漏电流。正常时系统的剩余电流几乎为零,因此保护动作电流可稳定得较小(最低 6 mA),而当系统出现接地故障(如人员触电,设备绝缘损坏,外壳带电接地等)时,系统的漏电流剧增,保护器则迅速动作。

漏电保护器的选用、使用以及安装和运行,可参阅有关资料,这里需要提醒的有两点:

(1)漏电保护器是由多种原器件装配而成的。因此既有质量问题也有维护管理问题,不能认为装了保护器就高枕无忧了。因此,定期检查和检验是非常重要的。

(2)漏电保护器毕竟是一种防护补救措施,手持电动工具的管理才是积极防护。因此 GB 3787—93《手持式电动工具的管理、使用、检查和维护安全技术规程》中规定"在一般场所,为保证使用安全,应选用Ⅱ类工具……在潮湿的场所或金属构架上等导电性能良好的作业场所,必须使用Ⅱ类或Ⅲ类工具……在狭窄场所如锅炉、金属容器、管道内等应使用Ⅲ类工具"。

以上所说的Ⅱ类工具指具有双重绝缘的工具,在工具的明显部位标有结构符号"回"。Ⅲ类工具指安全电压供电工具。

十四、未取得安全作业证的职工,不准独立作业;特殊工种职工,未经取证,不准作业

(一)解释

化工生产具有易燃易爆、有毒有害、高温高压、工艺复杂、操作要求严格的特点。化工生产岗位上的每一个操作工都必须懂得生产原理,熟悉工艺控制和工艺操作,还要善于发现事故苗子,会排除故障,才能确保生产正常运行。

而安全作业证是反映职工已经掌握某工种(岗位)的安全技术要求,具有独立操作能力的正式凭证。因此,未取得安全作业证的职工,说明该职工还未掌握独立操作应该掌握的安全技术要求。如进行独立操作,安全生产无法保证,所以该禁令特别强调取证的重要性。

而对于特殊工种的职工(如焊工、电工、起重、司炉工、探伤与无损检测、车辆驾驶等)必须进行专门教育和训练并经过严格的考试,经有关部门批准后,才能允许正式上岗操作。对这部分人员采取不同于一般工种的教育形式。主要原因是这部分人在生产过程中直接接触危险源或者他们的工作本身就是危险源,发生事故的概率较大,而一旦发生事故对整个企业的影响较大,因此对这部分人的安全技术知识教育的深度和广度有更高的要求。如司炉工,如果不懂锅炉上的各种安全装置,不懂得锅炉的结构、性能和运行规律,不懂得锅炉的经常维护和保养技术,一旦锅炉发生爆炸,不仅可能造成极严重的人身伤亡事故,还可能造成突然停汽、停电事故,使整个化工生产陷入瘫痪。又如电焊工和气焊工,如果不懂得电气安全、火灾和爆炸中毒与窒息等方面的基本知识,他们就会成为事故的潜在危险源。所以,必须加强对上述特殊工种的专门安全教育和训练。

(二)安全作业证的发放

新工人进厂(包括外调人员),首先要进行三级安全教育和考核,才能进入生产岗位。

进入生产岗位后,3~6个月的教育培训熟练期,有一定的生产理论知识,具备安全操作技能,已基本掌握本岗位具备的操作知识和技

能,经过严格考试考核后,才能领取安全作业证独立上岗。

而特殊工种职工经过 1 年以上熟练期取得特种作业人员操作证,还必须取得本企业的安全作业证,这是因为取得特种作业人员操作证,只说明本人掌握了本种作业过程中的有关安全方面的基础,但这不等于掌握了本化工企业这个特定环境作业的基本知识。所以,特殊工种职工必须取得双证方可从事独立作业,否则,事故教训也是深刻的。

(三)案例

案例一 某年 11 月 16 日 9 时 50 分,浙江某氯碱企业 PVC 车间乙炔工段清净设备进行调换。9 时 25 分机修起重组吊装准备工作就绪,起吊时××在一楼监视钢丝绳的转向滑轮。××原是钣金组人员,到起重组是临时帮助工作,对起重的安全专业知识缺乏,当吊装上升时,因钢丝绳与电线相擦,××用手去拉正在运行的钢丝绳,想避开电线,导致左手随钢丝绳带入导向滑轮槽,致使左小指截除半节,无名指切除一节半。

案例二 某年 11 月 4 日 12 时 40 分,浙江某氯碱企业 PVC 车间修配组管工××无证驾驶电瓶车装运配管去水处理,途径小氯氢工段时,违反规定将车开进工段内去绞配管丝口。在倒车时,由于专业知识缺乏,技术不熟练,撞击了氯化氢总管分配台的塑料管和阀门、阀杆,致使合成炉停车 1.5 h,氯乙烯停车 4 h,造成不良的影响。

第二节　操作工的六严格

一、严格执行交接班制

化工生产交接班制很重要,交接班是生产过程中操作工相互协调的过程,是一个生产班次的结束,另一个生产班次的开始,是保证生产连续、正常进行的重要环节。操作工上班后的第一件事就是要了解、掌握上一班的生产情况,以便做好相应的各项工作或采取排除不正常因素对策,来实现本班次的安全生产。

由于交接班制度在化工安全生产中占有很重要的地位,所以广大企业积累了不少经验,其中典型的有"十交"和"五不交"。

十交:①交本班生产情况和任务完成情况;②交机电、仪表设备、三废治理设备、安全防护装置运行和使用情况;③交不安全因素,采取的预防措施和事故处理的情况;④交三级过滤和工具数量及缺损情况;⑤交工艺指标执行情况和为下班做的准备工作;⑥交原始记录是否正确完整;⑦交原材料使用和产品的质量情况及存在的问题;⑧交上级指示、要求和注意事项;⑨交岗位区域卫生;⑩交跑冒滴漏情况。

五不交:①生产不正常、事故未处理完不交;②设备问题不清楚不交;③卫生区域不干净不交;④记录不齐、不清、不准不交;⑤当班指标任务未完成不交。

有些单位还有"三一""四到""五报"的交接班的先进经验:

三一:①对重要的生产部位要一点一点地交接;②对重要的生产数据要一个一个地交接;③对主要的生产工具要一件一件地交接。

四到:①交接班时应看到的要看到;②交接班时应摸到的要摸到;③交接班时应听到的要听到;④交接班时应闻到的要闻到。

五报:①报检查部位;②报部件名称;③报生产情况;④报存在问题;⑤报采取的措施。

交接班不严格就可能发生严重的事故。

案例一　某年5月18日,某氯碱企业电石分厂电炉工段的吊料操作人员由于交接班时不认真,接班人员迟迟未到,甚至迟到1 h左右,致使原料脱空,一氧化碳炉气从料管上窜与空气接触,产生强烈爆鸣,造成停炉15 min。追根查源是平时不重视交接班制度,甚至违反劳动纪律所造成的。

案例二　某市化工厂,在某年8月12日发生三氯异氰尿酸爆炸事故也是交接班不严格而造成的。这个厂试验该产品违反操作规程,过渡成品没有进行洗涤,成品温度回升,残存的三氯化氮挥发形成爆炸物。第二天交接班时,交班者未交代清楚,当接班者打开塑料盖时成品受到震动,引起三氯化氮爆炸,致使2人重伤、3人轻伤。

案例三　某年11月2日,某厂氯碱系统停车检修后开车的第三天,夜晚两声巨响,在氯氢处理和液氯预冷器发生了严重的氯内含氢爆炸,事故造成 2 人死亡、2 人中度中毒、3 人轻度中毒,爆炸损坏设备 10 台,经济损失 71.9 万元,停产 12 天,影响产值 209 万元。

这起事故原因是在 Dg700 氢总管与滴水管之间有一块 φ160 mm × 4 mm 的石棉橡胶板,在修后一直没有拆除,生产了 3 天,造成氢总管逐步积水,最后使氢总管全部充满了水,氢气输送不出,大量从电槽阴极室渗透,造成氯气系统氯气中含氢量大大超标而引起爆炸(事故发生后对部分电槽取样分析,氯中含氢量高达 12.6%)。这起事故就是因检修期内没严格进行交接,没有严格抽堵盲板制度,导致盲板忘抽去而造成惨案的,是一起严重违纪、违章事故。

案例四 某年 3 月 27 日 18 时 40 分,某氯碱股份公司电化厂二车间,盐酸尾气吸收部位动火批准的截止时间是 18 时。由于交接班不够严格,动火监护人不在现场,致使外来的检修工违章动火,造成盐酸贮槽爆炸,气浪将附近 1 辆铲车上的 1 名工人击倒,经抢救无效死亡。若做好交接班制,严格动火管理制度,这起事故是可以避免的。

案例三、案例四的事故教训是深刻的,说明在检修时严格交接班同样很有必要,必须建立、完善检修的交接班制度和检修的交接记录。

二、严格进行巡回检查

(一)解释

化工生产特点是高温高压、易燃易爆、有毒有害物质多、工艺较为复杂。为了做到长周期的安全生产,为及时了解设备正常运转、工艺控制中温度、压力、流量等变化,及其他种种异常情况,必须进行严格巡回检查。

巡回检查主要查以下 3 个方面:①查工艺指标。如温度、压力、工艺配方中的物料投入量、反应时间、产品数量、成分等。②查设备。查运转状况,如台数、电机安培电压、外线路负电压。并要听设备声音;检查润滑与跑冒滴漏情况。③查安全附件与安全生产。如安全阀,防爆膜(片)完好,查温度计、压力表、液位计,查安全罩壳、安全栏杆等。

巡回检查方法包括:①听声音、有否异声,以判断设备正常运行。②看仪表、阀门、设备。看读数、看位置、看设备运转。③摸有关部件。

摸紧固件有无松动,摸设备各管道表面温度,以及摸有关机电设备振动情况。④闻气味。嗅闻车间空气有否异味,作为判别生产是否正常的参考。

(二)案例

由于没有严格进行巡回检查,发生过一些事故:

案例一 某厂合成盐酸岗位的巡回检查路线上,明确必须认真检查合成炉夹套液位。而某年7月26日,当班人员没有认真对夹套液位及进水情况做巡回检查,当放酸工发现进水管异常情况通知当班操作人员时,又未能及时引起重视再去检查,而后来夹套内的蒸汽倒流入水流量计时,不是进行正确的停炉处理,而是错误地采取开大旁路强制进水,由于炉内夹套已缺水,当水进入夹套后遇高温汽化产生压力,后面大量水补充又使壳体突然冷却收缩,造成夹套炸裂,使炉件等发生倾斜。附近厂房玻璃被震裂数块,造成合成炉检修和盐酸减产的断水爆裂事故。假如当班工人及时巡回检查合成炉液位,这起事故就不会发生。

案例二 某年6月9日,某电石厂的电炉变压器发生超温喷油事故,经过情况是:1号、3号电极上升按钮失灵,值班电工检查时,因不熟悉其原理及配电线路,检查时松动高配电源保险后,导致循环油泵停止运行,操作工没有严格执行巡回检查,没有及时发现变压器油未循环冷却,温度升高,而且抄表记录数据不真实未能发现油温升高。炉长同样也不认真按规定进行巡回检查,6月9日夜班与日班炉长、控制工都没有进行岗位交接班,接班前后都未认真检查,循环油泵停了8.5 h未被发现,电炉变电器长时间超温,导致变压器油喷出而停产。

案例三 某年9月2日,某PVC厂氯乙烯系统发生进酸事故,水洗补充水量多,不能完全吸收氯化氢,当班操作人员责任心不强,从2时20分到5时40分计3个多小时未按规定进行巡回检查。随后从5时55分到6时35分又去洗澡,造成水洗碱洗装置后系统过酸,对设备及单体质量造成极大的危害。

三、严格控制工艺指标

(一)解释

工艺指标是化工生产过程中,为保证安全生产、提高产品质量、降低消耗需达到的中控指标,如反应温度、压力、流量、中间品成分等。严格控制工艺指标在生产中极其重要。

(二)影响安全生产的因素

1. 原料中安全指标对生产安全的影响

如原盐中要求总铵≤1 mg/100 g 盐,无机铵≤0.4 mg/100 g 盐。有的厂原盐与化肥混装,造成上述 2 个指标大大超标,原盐又用于生产,使液氯中三氯化氮大大超过安全要求,严重威胁安全生产。

2. 原料的质量指标对生产安全的影响

如氯碱厂要求氯气干燥用的硫酸含量≥98%,有的厂采购时达不到要求,硫酸浓度低,使氯气干燥效果差,含水量增高,腐蚀设备和管道,对安全生产留下很大的隐患。

3. 温度、压力等控制指标对安全生产的影响

对温度、压力控制不当造成的事故例子很多。如 PVC 生产的聚合反应,超温超压很容易引起爆炸事故,造成人员伤亡、财产损失。而聚醚生产要求更严,若温度控制不当发生爆聚,其后果则不堪设想。

4. 生产中的易燃易爆物质含量对安全生产的影响

合成炉的氯化氢控制对游离氯要求是无,氯气总管的氯内氢要小于等于 0.4%;液氯尾气中的含氢小于等于 3.5%,这些指标必须严格执行才可以防止燃烧和爆炸。

(三)确保安全生产的措施

只有严格执行各类工艺指标,才能使上道工序确保下道工序的安全和质量,才能确保化工生产长周期运行,才能真正做到"优质、高产、低耗、安全、均衡"的生产。

(四)案例

工艺指标控制不严,带来的后果是容易发生事故,无法保证安全生产。

案例一　某年 7 月某天,浙江某氯碱企业附近的合成氨化工厂在江边的氨水贮罐,由于操作工人操作不当使得大量氨水漏入该氯碱企业江泵取水口含氨较多的江水进入厂内蓄水湖,大量鱼虾死亡,水中游离氨(或称氨性氮)最高时达 100 mg/L(工艺指标要求 < 0.5 mg/L),用于生产后,使制精盐水的总铵、无机铵与氯气中三氯化氮含量线性上升,液氯生产被迫暂停,停产后正值下雨,引起室外氯气气液分离器中的液氯挥发,三氯化氮进一步浓缩,含量剧增,导致这只小分离器引爆。

案例二　氯内氢达到 4% 至 96%,在光热等外界条件下要引起爆炸,所以要求隔膜电解氯内氢单槽小于 1%,总管小于等于 0.4%,而不少厂由于隔膜质量不好,频繁停电氯气大负压或氢气大正压等多种原因,使氯内氢超标而引起爆炸。

(1)某年某厂操作工 ××,误操作关闭了氢气出口阀门,引起电槽大正压数分钟,导致氯内氢超标爆炸,使 4 台玻璃冷却器的 8 只 PVC 盖板炸飞,并炸毁了氯气干燥塔等,氯碱系统停产近 3 天。

(2)某年浙江某厂,氢气是放空的,由于操作工责任心不强,氯气出现大负压,氯内氢剧增爆炸,使电槽总管等管道炸毁。

(3)某年天津某树脂厂,合成炉误操作,氢气进入氯气系统,氯内氢达 15%,使氯气冷却塔、泡沫干燥塔和酸气分离器爆炸。

所以,必须严格控制单槽与总管氯内氢指标,防止事故发生。

案例三　某年 9 月 4 日,某氯碱企业的烧碱分厂盐水发生钙镁离子超标事故,精制盐水钙镁离子指标最高达 95.8 mg/L,超过工艺指标(5 mg/L)19 倍,SS 指标最高达 35.8 mg/L,超过工艺指标(5 mg/L)7 倍。其中 I 期离子膜入槽盐水钙镁离子 2 728.8 × 10^{-9},超过工艺指标(20 × 10^{-9})136 倍,对电槽产生较大的影响。其直接原因是原盐质量不符合工艺要求,使用部门未经分析盲目投产,发现问题处理不当。

案例四　某年 12 月 14 日,某公司供水处理工序明矾管堵塞,备用管不能用,相关人员对事情后果估计不足、重视不够、处理不及时,造成清水沉淀池混浊,最高混浊度达 55 mg/L(工艺指标为 ≤10 mg/L),对生产和生活带来一定的影响。

案例五　某年 9 月 7 日,浙江某厂液氯工段 1 只充装量为 0.5 t 的电化 30 号钢瓶突然发生爆炸,爆炸巨响后,全厂烟雾弥漫,大量汽化的液氯和化学反应生产物等迅速形成巨大的蘑菇状气柱冲天而起。该事故造成 59 人死亡,779 人中毒。

四、严格执行操作法(票)

(一)操作法是生产经验的总结,是生产过程中的依据

化工生产有多种多样的操作,有换热、粉碎、精馏、合成、过滤、沉降、蒸发、结晶、离心、干燥、吸收、聚合等。还有机械、电器、仪表、土建、起重等其他方面的操作。

现代化生产,凡有操作行为的一般就有归结成条的操作法。这些操作法往往是生产经验的总结,还包含了前人的生产知识积累和教训,非常有实用性、指导性、预防性。

操作法中包含以下几个方面:①主题内容和适用范围;②生产目的;③开车前准备;④开车步骤;⑤正常操作;⑥停车步骤;⑦紧急停车处理;⑧工艺控制指标;⑨不正常现象、原因及处理方法;⑩安全注意事项。

这些内容是操作时的依据,指导整个生产过程。严格执行操作法,对保障安全生产具有积极作用。

(二)每个操作人员与管理人员必须共同遵守操作法

操作法是每个工人上岗前的培训教材,是管理人员进行有效管理的条文和法则。只有认真执行操作法,统一指标,统一行动,统一作业,前后工序才能衔接,上个班次与下个班次的控制才能不产生矛盾。假如一个岗位,只有设备、人员而无操作法,那么这样的操作肯定是杂乱无章、矛盾百出的,就会出次品,酿成事故。所以,每个化工单元在试车开车前,操作法是必备的。操作者不依法控制就是违章作业,管理者不依法调度就是违章指挥。

操作法对工艺指标规定相当严格,如温度、压力、浓度、液位、流量、电流、电压、化学结构等,都有定量的规定和范围。对加料顺序、反应时间都有相当明确的规定,毫不含糊。不执行这些指标就是违反操作法,事故难免就会降临到违章作业者身上,这些例子举不胜举。

(三)严格执行操作票

操作票是生产中记录、指令或信息的书面通知,是提高安全管理的重要措施。

操作法只讲如何操作,而操作票要解决落实责任问题,即谁来操作、如何保证不误操作、操作好坏谁来负责。

尽管各个化工企业在安全生产方面都有非常详细的规定,但这些规定并不能保证每个员工都能时时遵守。缺乏安全知识和经验、过度疲劳、注意力不集中等,诸如此类的原因都有可能导致操作上的不安全行为。现在,企业各项生产操作往往就1个操作工干,是不是按规定干了,只凭他自己判断,没有第二个人予以确认,更缺乏有效的监督。但不可否认的是,每个岗位上的操作工从事重复性工作时间长了,容易产生麻痹懈怠思想,该做的操作可能不认真去做,或没做到位,从而产生安全隐患,而这种隐患一时半会是很难发现的。因此,对关键性的、容易发生安全事故的岗位都应该建立操作确认制度,每一步操作除了由操作工操作并记录外,还要有另一个进行确认,并签上自己的名字。这样虽然麻烦一点,但对保证操作工的每一步操作正确,保证生产安全,显然有效。

(四)案例

操作法(票)执行严不严,是企业安全生产好坏的重要标志,不严格执行操作法(票)总要带来一定的后果。

案例一 某年4月5日,某助剂厂生产聚醚330时,1号聚合釜爆破片在爆破时发出很大的声响,釜料喷出共计约525 kg,损失达7 000余元,停产3天,造成原因是两个操作工在上班不到2 h内的通料中,有40%时间温度超过140 ℃,最高达185 ℃,而操作法中明文规定生产这种聚醚时,反应温度为120~130 ℃,不大于140 ℃,由于爆破片超过额定温度使用,造成爆破片的材质劣化、强度下降、额定爆破压力降低。这是一起严重违反操作法的责任事故,分析事故原因后,对事故的责任者和助剂分厂有关人员作出了严肃的处理。

案例二 某年3月15日,某电化厂操作人员在下午用餐后,不带工作票就去操作,发生了带负荷拉5号整流变35 kV闸刀的违章操作事故。立即引起三相弧光对地短路，一声爆炸巨响，闸刀的瓷片飞溅，电弧光冲天，巨大气流将操作人员直接从三楼楼梯口冲到楼底下（未造成严重伤害）。另一人被弥漫于全室的黄色浓烟所围困。造成全厂停电 1 h，氨高压机因此而停机。这起事故说明必须重视电器设备的工作票，严格执行工作票程序就安全，违章作业事故就不会找上门来。

案例三　某年 2 月 27 日凌晨 4 时 5 分，某电化厂烧碱分厂氯氢处理工段根据公司停车计划，当班操作工接调度解除系统联锁指令，在解除大氯氢联锁时，未执行操作票制度，操作步骤程序颠倒引起联锁跳闸，使氯气总管出现大负压，最低峰值达 $-1\,780$ Pa，在 $-1\,300$ Pa 左右波动近 5 min，严重威胁隔膜槽安全。

案例四　某年 11 月 2 日，浙江某化学公司电化厂烧碱车间在大修后开车时氯氢处理、合成盐酸和电解等岗位，操作不能正常，氯氢处理岗位氢抽力偏负，合成盐酸炉被迫被炉、电解槽鹅颈管喷出碱液，情况反映到调度，但未能得到及时处理，于是发生爆炸，造成 2 人中毒死亡，2 人中度中毒，3 人轻度中毒，被爆炸损坏的设备共 10 台，经济损失71.9 万元，停产 12 天影响产值 209 万元。

案例五　某年 4 月 30 日，吉林某公司电石厂聚合工段碱处理岗位由于操作工严重违反操作规程，在工作中不负责任，不认真检查，不精心操作。更为严重的是事故发生后，乘查火之机将导水阀关闭，企图推卸责任。操作工在班严重违反劳动纪律，脱离岗位，以致造成此次恶性事故。影响 4 个车间停产、减产，损失 150 余万元，共有 21 人烧伤，其中 3 人因烧伤严重，抢救无效先后死亡。

五、严格遵守劳动纪律

（一）解释

化工行业和大生产相联系，必须有组织、有纪律，有条不紊地进行工作、劳动。制订此条禁令是适应市场经济有秩序进行的需要；是保护企业利益的需要；是劳动者自身利益的需要，也完全符合中华人民共和国劳动法的精神。工人是有组织、纪律，在我国实行每日工作不超过8 h，平均每周工作时间不超过 40 h 的工作制度。但必须强调，在工作时间内要遵守企业各项规章制度,遵守劳动纪律是员工在企业服务的起码条件,也是工人阶级的阶级性表现。

(二)遵守劳动纪律的重要性

1.遵守劳动纪律才能保证化工生产的顺序进行

化工生产瞬息多变,易燃、易爆、易腐蚀,上下工序联系特别紧密,假如没有严格的劳动纪律怎么能上下配合好?搞好相互衔接会成空话。化工生产反应非常容易超温、超压以及失去液位控制,如果不严格交接班、离开现场操作岗位,很容易使反应失去控制,生产无法保持稳定。不离岗、睡岗和做与本岗无关的事,在岗位上不看书报、杂志,这样才能精心操作、精心控制、精心管理,才能使化工生产长周期的顺序进行。

2.遵守劳动纪律是员工自身安全的保证

安全就是生产,安全必须靠遵守劳动纪律来保证,现在提倡的"三不伤害"即不伤害他人、不伤害自己、不被他人伤害。若有的员工吊儿郎当,不遵守制度,不遵守纪律,三不伤害就成为一句空话。如某一化肥操作工经常在操作现场睡岗,又不准别人叫醒他,后来一次煤气泄漏严重,这名操作工中毒身亡。不遵守劳动纪律往往要自食苦果,严重时还要送命。

3.遵守劳动纪律才能防止事故发生

遵守劳动纪律是工人阶级的美德和职责。只有遵守劳动纪律,才能保障生产安全、财产安全、人身安全。产生事故原因大部分是违章,违章中又有不少是违反劳动纪律造成的。操作人员在岗位上必须时刻注意和掌握生产变化,遵守劳动纪律才能防止事故产生,稍不留心极易酿成机毁人亡的灾难。正反例子很多,商品经济大潮中有的员工在炒股票,某厂一名锅炉工离岗去了解股市行情,结果造成锅炉失水引起爆炸。而另一个厂的操作工遵守劳动纪律及时巡回检查,发现了锅炉的低液位,迅速采取措施,补充炉水,避免了一次重大事故发生。所以,遵守劳动纪律是减少事故的最好保证。

(三)案例

不遵守劳动纪律、教训非常深刻。

案例一　某年 6 月 27 日,山东某氯碱企业的合成炉岗位,一位操作工擅自离岗,使氯化氢合成失去控制,1 号合成炉严重过氯,造成混合脱水混合器中氯气与乙炔混合发生爆炸、燃烧,使氯乙烯工段被迫停车 5 h 23 min,电解槽被迫降电流,混合脱水 1 号石墨器损坏。

案例二　某 PVC 厂两名操作工,一人在岗位上睡觉,一人去厕所,致使 2 号聚合釜加热超过规定时间,造成超压,安全阀失灵不动作,压力将聚合釜人孔垫料冲开,大量氯乙烯气体冲出,产生静电火花而点燃爆炸。

六、严格执行安全规定

(一)解释

安全规定是人们经过长时间生产实践的总结,其中不少章节是惨重甚至血的教训而凝成的,反映了生产的客观规律。只有严格遵守安全规定,生产才有保证,效益才有保证,生命安全才有保证。

(二)严格执行安全规定的重要性

人们的生产实践往往受到客观规律的制约,只有很好地掌握和运用了这些客观规律,才能逐步地从必然王国走向自由王国,才能造福于社会,造福于人类。所以,科学的客观规律是不能被消灭、被改变、被违反的。谁很好地遵守了安全规定就会尝到甜头,反之就会吃到苦头。企业的每个员工必须按客观规律办事,要防止蛮干和瞎指挥,生产上出了事故,大多原因是违反了安全规定受到了客观规律的惩罚。

1. 学习安全规定,才能很好指导生产安全进行

原化工部等上级单位非常重视安全规定制度,1989～1994 年化工部就发行了化工安全工作手册 1～9 册,收集了国家法律、法规、各部委、化工部有关文件、制度、压力容器方面安全规程、化工工艺安全技术规程、化工通信及其他安全操作规程,化工安全国家标准、防火防爆、电器安全、防腐、危险品管理和运输、工业卫生、矿山安全、个人防护、强制性国家标准目录(共 1 666 项)及公安部公共安全强制性行业标准目录(177 项)。化工企业员工,特别是管理与技术人员要很好地学习这些安全规定,充分掌握安全技术参数、技术依据、安全理论,才能更好地指

导化工生产装置的设计、施工和管理,保障化工生产的各项工作顺利进行。

2. 遵守安全规定,能够预防事故的发生

安全规定是客观生产规律的反映,是悠久历史岁月的积累,无数化工企业的生产、安全的经验教训逐步的积累,逐步完善,很多安全条文就是针对事故与事故苗头而制定的。安全规定充分体现了它们的经验性、实践性、可行性,遵守安全规定应该逐条、逐句理解,结合现场实际情况运用,绝不是机械、教条学习,既要遵守安全规定的原则,又要机动灵活地执行。通过查隐患、查制度、查指标等安全检查或评价活动,严格遵守执行各项安全规定,使事故消灭在萌芽之中。

3. 运用安全规定,严格执行事故的"四不放过"原则

化工生产复杂、多变,安全上难免有薄弱环节,化工企业发生事故较多,对出了事故"四不放过"原则执行的区别也较大。但有时对事故原因分析不清或是防范措施不得力,其中重要原因就是对安全规定不知道、不了解、不掌握,对安全规定陌生。找不到需要材料,所以对安全规定要收集、整理、学习、运用,各安全职能部门要相互交流、互通信息,出了事故有据可查,出了事故要坚持"四不放过"原则,我们更提倡出了事故苗头也需要坚持"四不放过"的原则,这样对治理隐患、保障安全才有坚实基础,化工企业才能实现长治久安目标。

(三)案例

不遵守安全规定有不少深刻的教训。

案例一 某年 9 月 21 日下午,某氯碱企业供销处将 3 419 槽车装运盐酸回厂,后来要为客户改装次氯酸钠,没有按照安全规定在切换不同化学品装运时办理必要手续,随车工又误将乙炔的冷却水当工业上水使用(后分析水中乙炔含量达 62.18 mg/L),严重违反了安全规定,××把皮管插入汽车的槽罐,皮管内剩存的次氯酸钠(约 3 kg)流入罐内(未打开贮槽放料出口阀)就发生氯乙炔瞬间爆炸,吴××被冲下车坠地,送卫生所包扎处理转浙二医院,检查后双脚及手部分部位骨折。这起事故既伤 1 人又炸飞了 1 只塑料贮罐。

案例二 某年 9 月 16 日,某省某橡胶厂操作工攀登胎单体硫化机进行检修,违反了"必须切断电源"的规定,因未切断电源被定时自动打开的上模盖挤压死亡。

案例三　某年6月,某氯碱厂开车,由于忽视安全规定,没有分析上水的氨性氮(游离氨)、盐水中的总铵、无机铵及氯气中 NCl_3 含量,系统中又没有降低 NCl_3 的措施,导致开车后液氯气液分离器因 NCl_3 爆炸(事后分析氯气中 NCl_3 高达 $1\,000 \times 10^{-6}$ 以上)而炸伤工人腿部,致使刚开车的氯碱系统停车多时,损失巨大。

案例四　某年2月16日19时33分,某公司电仪分厂值班电工处理液氯行车故障时,在未切断总电源,未办理高处作业证,也未采取系好安全带等安全防护措施情况下,用21档的行梯由东往西靠在故障行车上(液氯两名操作工在梯子旁扶住),爬到行车控制箱旁检查时发现行车大车接触器故障(跳单相)造成控制箱内开关跳闸,在合上空气开关时,大车接触器主触头已被咬死未能释放,于是大车电机直接被接通电源,造成行车自动启动,梯子滑落,值班电工本能地抓住上端滑道几秒钟后垂直坠落,造成轻伤。

案例五　某年10月20日,河南省某公司一运输电石车辆的防雨水安全措施未按相关规定执行,在等待卸车时发生着火事故,事故现场周围是氯乙烯、乙炔气柜和氨储罐,虽然未造成大的损失,但是给生产造成极大的威胁。

案例六　某年8月26日,广西某公司有机车间发生爆炸事故,爆炸引发的火灾导致车间内装有甲醇、乙炔、醋酸乙烯、液氯等易燃易爆物品的储存罐爆炸。事故共造成20人死亡,60多人受伤,11 500多名群众被迫转移。

案例七　某年4月11日,某化工厂一热水罐发生罐内爆炸事故,热水罐罐体罐底变形,罐顶整体炸飞分为两块,分别飞出120 m和25 m,周边100 m内建筑物的玻璃被震碎,所幸爆炸现场无人,未造成人员伤亡。

案例八　某年2月10日,河南省某公司乙炔工段4号乙炔发生器二贮斗篷料,加料工和班长先后处理未果,发生器活门关闭不上致使乙炔气窜到贮斗内,而操作人员未充氮气,班长违章打开二道活门处的手孔后,空气进入到贮斗内形成混合性爆炸气体,电石下落产生火花引起爆炸,造成 1 人轻伤。

　　案例九　某年 8 月 22 日,某公司因操作人员处理聚合釜超温超压过程中违章操作,打开通往不承压设备——泡沫捕集器的阀门,泡沫捕集器发生爆炸,引起氯乙烯气体在聚合釜厂房发生空间爆炸,造成 3 人死亡,1 人重伤。

　　案例十　某年 10 月 23 日,某公司盐酸贮槽排气管设置不合理,致使可燃气体在盐酸装车现场聚积,一运输盐酸的机动车辆未带阻火器进入现场,引爆盐酸储罐,造成 3 人受伤。

第三节　动火作业的六大禁令

一、动火证未经批准,禁止动火

(一)解释

　　化工生产具有易燃、易爆、高温、高压、低温、易中毒、腐蚀性强,以及高度连续性生产等特点,在动火作业前必须办理动火作业证。动火作业证是化工企业执行动火管理制度的一种必要形式。而在办理动火证的过程中,动火执行人、项目负责人、分厂安全员、分析人员、监护人、分厂厂长、公司安全部门、消防部门和有关领导都各有自己的责任,层层负责。人人把关,共同对动火安全负责。

　　办理动火证的过程是具体落实动火安全措施的全过程,从办证、与生产系统隔绝、排气、置换、清洗、分析、清除周围易燃物到消防措施和监护人等全部落实之后,审批人才能批准动火。

　　批准了的动火证是动火的"指令",项目负责人必须对动火执行人逐项交代清楚,动火执行人要认真进行核实,确认无误后应严格按"指令"中的要求去执行。

　　在动火完毕后,批准的动火证又是动火的原始凭证,以便检查总结。

　　以上就是办理动火证的重要性和目的。在禁火区域内持有经过批准的动火证进行动火,就能有效地防止火灾爆炸事故的发生,确保人身和生产的安全。

(二)动火证的办理和使用

凡在禁火区内动火或进行易发生火花的工作,如电焊、气割、使用电器工具、喷灯、抬拿高温物料、金属锤击、起重设备和易产生火花的装置进入禁火区,有直接火焰设备的第一次点火等,都应办理动火证。

(1)动火证由动火项目负责人办理,安全措施由动火所在单位提出,属施工方面的由施工负责人予以落实,上述准备工作应提前做好。

在公共场所的易燃易爆物质的管架上动火,由施工单位负责办理动火证。经所在区域的生产分厂安全员审查安全措施,由安全和消防部门批准,动火分析由质保部门负责。

(2)动火证分特殊、一级和二级审批。动火证审批人员,必须确切了解动火场所周围环境的实际情况,亲临现场检查各项措施的落实情况、严肃认真地进行审批,坚决反对不负责任的形式主义签证。

(3)动火监护人必须认真负责地对动火全过程进行监护,不能马马虎虎、擅离职守。动火时间必须严格按动火申请单上批准的时限,不得擅自延长,需继续动火时应重新办理申请手续。特殊动火审批时间不得超过 8 h,一级动火不超 24 h,二级动火不超 5 天。

由于生产不正常,进行开停车或发生事故等紧急排放或泄漏可燃、有毒气体,以及起五级以上大风等情况,威胁动火安全时,有关当班负责人和动火监护人要立即通知动火人员停止动火。待恢复正常,重新取样分析合格,经批准后才能继续动火。

(4)动火执行人应随身携带批准的动火证,以便接受检查。在动火前必须检查审批手续是否齐全,安全措施是否落实可靠。如有措施不落实或动火作业点及日期与动火单不一致,动火执行人应拒绝动火,并向上级报告。

(5)焊、割等特殊工种人员应经专业技术培训考核合格,并持有劳动部门发给的上岗证。焊工要做到"四不烧",即动火作业时间与动火作业证不符不烧;动火作业内容与动火证不符不烧;动火作业地点与动火证不符不烧;动火无监护人不烧。动火证只限于特定时间、特定地点。时间、地点变化后,环境条件随之变化,因此严禁一证重复使用,严禁一证多处使用,严禁以言代证。

(三)案例

如对动火管理制度贯彻不力,执行不严,未按规定办理动火证,或未严格按动火证规定,容易导致火灾、爆炸事故的发生,血淋淋的惨剧让人痛心,催人反省。

案例一 某年 11 月 10 日,河北省某化工三厂更换 1 座废弃的硫酸罐,1 名焊工未办理动火手续就进行气割作业,致使废硫酸罐内氢气发生爆炸,焊工当场被炸死。

案例二 某年 4 月 8 日 8 时 20 分,河南省某化肥厂在焊接碳化塔水箱时突然发生爆炸,1 名维修工和 1 名监护工被炸死。事故原因是:7 日开始检修时办理了动火证,而 8 日未重新办理就开始焊接。因碳化塔顶部废气回收和碳化放空管串联,放空阀门内漏,可燃气体进入塔内,而导致爆炸事故的发生。

据统计,企业中违章动火而发生的死亡人数占全年各类事故死亡人数的 25% 左右。这些事故有力地说明了不严格执行动火管理制度,违章动火的危害性。希望广大职工引以为戒。

二、不与生产系统可靠隔绝,禁止动火

(一)解释

在动火和入罐作业时,人们往往用关闭阀门的方式与系统进行隔离,以图方便省事。殊不知这样做等于把自己的生命押在阀门的严密性上,非常危险,常常会发现火灾、爆炸和中毒等事故。

化工生产流程连续性强,设备、管道紧密相连。其中物质绝大多数易燃、易爆、易中毒,在这种特定条件下,进行局部的设备管道的动火检修,必须要与生产系统可靠隔绝。这是因为设备、管道虽有各种阀门控制,但在化工生产中,阀门构件长期受内部介质的冲刷和化学腐蚀作用,严密性大大减弱,总会出现微量,甚至局部泄漏。这样,易燃、易爆、易中毒的介质泄漏到空气中,可燃气体与空气混合形成爆炸性混合物、达到爆炸极限浓度范围,遇火即能发生火灾、爆炸或中毒事故。

因此,化工设备、管道检修时,首先要采取措施与生产系统安全隔绝,切断易燃、易爆、易中毒介质的来源,确保动火检修的安全。

(二)化工企业检修常用的与生产系统可靠隔绝的方法

常用的可靠隔绝方法有盲板法和拆卸法两种。

1. 盲板法

盲板法是修理系统与生产系统可靠地隔绝常用方法之一。盲板材料均用铁(钢)板制成,不得使用其他材质。它分为高、中、低压3种,各种规格盲板的制作均要符合设计规范要求,由技术人员把关。制作成功后还须进行必要的检查。如中低压盲板要用煤油做渗漏检查,高压盲板要经无损操作检查等。

抽堵盲板前的准备工作包括:

(1)必须绘制系统盲板图,填定抽堵盲板作业证,并按规定落实安全措施。要专人负责,并到现场向参加该工作的人员交底。

(2)工作前必须将管道、设备内的空气、余液排放干净,温度降到60 ℃以下,但必须注意防止形成负压,以免空气进入,造成爆炸事故。

(3)离地2 m以上抽堵盲板时,要搭脚手架和平台,工作时要系安全带。

抽堵盲板时的安全技术包括:

(1)从事有害介质的设备管道的抽堵盲板工作的人员,一定要穿戴好符合要求的防护用品。工作时间太长的,应30 min轮换一次。

(2)不得使用铁器敲打管道和管件,必须敲打时,应用铜锤或在工具上涂抹甘油,防止产生火花。抽堵盲板时,10 m以内严禁动火,拆卸法兰螺丝应隔1~2个松1个,并应缓慢进行,确认无气无液时,方可将螺丝拆开。

(3)抽堵盲板工作要建立台账,盲板按工艺顺序编号,注明时间、地点、盲板规格、抽堵人员姓名。盲板部位要挂上醒目的招牌,以防漏油,开车时发生事故。

2. 拆卸法

拆卸法就是把禁火区内需动火的设备、管道及其附件,从主体上拆开迁往安全处动火后,再装回原处。此法最安全,只要工件能拆,应尽量应用。

（三）案例

有不少企业，由于不采取可靠的隔绝措施而盲目动火，造成严重的火灾爆炸事故，教训极为深刻。

案例一 某年5月27日，某石化公司一个蒸馏塔在动火检修时，由于没有采取隔绝措施，在塔出口管线上未用铁制盲板封死，当电焊工点焊时，塔内立即发生爆炸。一股强烈的气浪将2名工人抛到20多米外的加热炉顶上，当场死亡，周围其他7人受伤，塔内1～14层塔盘爆炸，推迟开车10天，损失惨重。

案例二 某年2月3日19时，山西省某化肥厂利用外电源停电检修时，系统内大量气休从人孔及引空管处跑出，致使参与检修的工人煤气中毒。其中1人抢救无效死亡。

案例三 某年3月3日8时，江苏省某市化肥厂二系统进行检修时，发现铜液塔环焊缝漏，补焊后进行打磨，由于未有效隔绝，止逆阀漏气，氢气串入铜洗塔，1名工人进行打磨塔外表时发生爆炸，该工人当场死亡。

这些事故案例深刻说明了与生产系统隔绝的重要性和必要性。

三、不清洗，置换不合格，禁止动火

（一）解释

化工设备中的塔、罐、柜、槽、箱、桶等和管道里有易燃、易爆、有毒物质，动火检修前，如不按规定要求，将设备管道内的可燃物质彻底清洗、置换合格，一旦与空气混合，形成爆炸性混合物，并达到爆炸极限范围，遇火源即发生火灾爆炸事故。如果有毒有害物质超过国家最高允许浓度标准，还会产生中毒事故。

案例一 某年江苏省一合成化工厂，已停用很久，且上下、盖门早已打开通风的氧化炉壳体下动火气割时，因壳体内壁黏附着易燃易爆的化学物质引起爆炸，当场死亡2人，重伤1人。

案例二 某年9月30日11时20分，湖南省某化工厂全厂检修。1名钳工站在三氯硫磷计量槽盖顶上切割管道法兰上的螺杆，因检修前未清洗、置换,未进行分析,切割中发生爆炸,将该钳工炸飞出 9 m 多远,经抢救无效死亡。

案例三　某年 1 月 4 日 9 时 20 分,福建省某合成氨化工车间碳化工段 5 号碳化塔右第三组水箱垫片处发生泄漏。生产调度通知改单塔生产,并将 5 号塔内氨水排净,关该塔进、出口气阀,开塔放空阀放空泄压,通知检修该塔水箱垫片。因检修前未清洗、置换。检修中水箱垫片法兰拉不开,1 名工人用撬棍进行对角撬时,水箱口发生爆炸,将该工人炸死。

案例四　某年 7 月 14 日,河南省某厂转化工段维修工在对乙炔、氯化氢混合器进行维修时,未对混合器进行清洗、置换、分析、与系统隔离和未办理检修相关安全作业(许可)证,使用切割机进入混合器切割塑料管时,切割机产生的火花遇混合器乙炔气发生爆炸,造成 3 人受伤。

(二)清洗、置换的方法和安全要求

1. 置换方法和安全要求

动火检修前,用水、蒸汽、惰性气体将设备、管道里的可燃性或有毒性介质(气态)彻底置换出来,这一方法叫置换。

置换方法要视被置换介质与置换介质相对密度大小而定。以气体为置换介质时的需要量,一般为被置换介质容积的 3 倍以上。以水为置换介质时,将设备管道灌满,确认没有未置换或清洗到的死角即可。

置换的安全要求有:①置换前要制订置换方案,绘出置换流程图,以免遗漏,并向参加置换工作人员详细交代。置换流程图上还要标明取样分析点,分析点应设在置换系统的终点,取样分析不得早于动火前 30 min,分析样品要保留到动火结束后,分析结果应用记录,经分析人员签字后才能生效。置换前要首先放掉设备内余压、余液,置换要防止有死角。②置换系统与生产系统连接处,除关死阀门外还要用合格盲板堵死,切断气体、液体的来源。设备管道如存有易燃、易爆和易引起中毒的沉淀物质量,置换后不得关死放空阀,防止沉淀物继续挥发超过容许浓度。遇到这类情况,必须用蒸汽、热水清洗干净,经分析合格,确认无危险后方可工作。③置换所用惰性气体达到规定的要求。④在设备管道外壁进行检修动火工作时,设备管道内易燃易爆气体置换标准要符合动火分析合格标准。⑤需要到设备容器内部动火检修时,要特别强调防止有害物质对人体的损害,在办理动火证的同时,办好入罐作业证。

2. 清洗的方法和安全要求

可燃、易爆、有毒介质吸附在设备、管道内壁表面的积垢(残液、沉淀物)或外表面的保温材料中,由于温差和压力变化的影响,置换后还能陆续散发出来,导致在动火过程中气体成分发生变化而发生火灾、爆炸事故。必须用水、蒸汽或其他溶剂来进行冲洗,彻底清除易燃、有毒介质,这种方法叫清洗。

清洗的常用方法如下:

(1)油类设备管道的清洗可用烧碱,每1 kg加入80~120 g氢氧化钠配制成溶液清洗几遍或通入蒸汽吹洗。2 000 L以内的汽油容器用蒸汽吹洗时间不得少于1 h。对容量小的汽油桶可用水煮沸法清洗3 h即可。

(2)酸性容器壁上的污物和残酸要用木质、黄铜(含铜70%以下)、铝质刀或刷、钩等简单工具,用手工刮除。

(3)装盛其他介质的设备管道的清洗,可以根据积垢的性质,采用酸性或碱性溶液。

为了提高清洗工作效率,减轻体力劳动,可采用水力机械、风动和动力机械以及喷砂等清洗除垢法。

(4)国外在某些方面采用"惰性气体防护维修"法,即用氮气的泡沫吹入已放空的容器内,使容器内侧表面上覆盖上厚厚的一层,这样容器不必完全清洗干净,就可进行焊接切割作业。

清洗的安全要求如下:

(1)用水或蒸汽清洗。必须有进有出,并注意弯头部位和死角。必要时可拆除法兰或卸下一节管道。动火的部件,如有聚四氟乙烯(工程塑料)等做的垫圈、填料,必须清除干净,以防在高温下分解出剧毒气体或易燃易爆气体。贮罐清洗要从顶部入罐,再使清洗液从罐顶溢出,达到全部清洗的目的。

（2）动火环境周围的阴沟也要仔细进行清洗和隔断阻拦，防止阴沟中的易燃易爆气体或残液作怪。

（3）冲洗用的橡皮管为使水力集中，可装上铝、铜质的管头。如用铁管，要装在橡皮管内，不准突出，以防黑色金属撞击产生火花引起爆炸。

（4）清洗操作人员应认真负责，并要有记录，必要时应进行测爆或废水分析，直至合格为止。

四、不消除周围易燃物，禁止动火

（一）制订本禁令的重要性

化工生产具有边生产、边检修的特点，虽已对需动火的设备、管道进行了一系列化工处理，如与生产系统隔绝、清洗置换合格等，但这仅仅是安全措施中的一个方面，还应认真检查动火现场周围及下方是否有易燃物品，如有必须加以清除，对无法清除的易燃物品和易燃介质的设备、管道应采取切实可靠的安全措施，方能进行动火。电焊（包括气焊、气割）时会产生数千摄氏度的高温，炽热的焊渣四处飞溅，热量还沿着焊割的金属向四周传递，如果工作场所附近或焊割工件内外有可燃物，那就很容易引起火灾事故。

案例一　某年 5 月 15 日 11 时 45 分，由化工部某建设工程公司承建的离子膜工程安装施工现场，因电焊管路时未清除下方的一堆聚丙烯塑料管道弯头，被电焊熔渣引燃，酿成火灾，直接经济损失达 10 多万元。在扑救过程中 1 名职工从二楼坠落，造成轻伤。

案例二　某年 9 月，某厂在合成氨年度大修现场，需对新制作的 200 m³ 的氢气回收罐进行现场焊接组装，电焊工在 2 m 高处动火。因没有采用接火盘、安设铁皮遮挡或用石棉布围栏等捕集熔渣、防止火星落入油漆桶中，造成火灾，烧伤了 1 名青工。

案例三　某年 7 月 25 日，某市石油七厂热裂化车间废酸工段的油水分离罐管线堵塞需动火检修。此分离罐距隔油池只有几米远，未采取安全隔挡措施，罐周围地面油污等易燃物很多，动火前又没有认真清除干净，在动火中火花落在地面油污上。引起地面着火，并迅速漫延到

5 000 m³。隔油池内形成大火烧了一个多小时,池内油基本烧尽后,火才被扑灭,损失惨重,并造成停产 6 h。

上述事例说明动火前未消除现场易燃物品,就易发生火灾等事故,给职工生命和国家财产带来损失。

(二)清除周围易燃物的安全要求

(1)动火现场的易燃物品,必须清除到离火源 10 m 以外的地方。氧气瓶与乙炔瓶之间距离不得小于 5 m。两者离火源不得少于 10 m。

(2)周围易燃物品不能消除时,如可燃易爆气体的设备、管道,应用水喷湿或盖上铁板、石棉板、石棉布、湿麻袋来隔绝火星。

(3)应检查现场周围有无可能泄漏可燃气体的水封、窨井、明沟、暗沟和地下隐蔽工程,应进行化工处理和动火分析,采取可靠的遮挡措施。

(4)高处作业要采用接火盘、安设铁皮遮挡或石棉布围栏等捕集熔渣,防止火星飞溅的措施。动火前应自上而下进行检查,在动火垂直下方周围 10 m 内,应把易燃物品清除干净,并且不得有可燃气体、易燃液体泄漏。5 级以上大风应停止高空动火。

(5)有的焊接工件背面、夹层内有保温材料、隔音材料、装饰贴面等可燃物,对这些东西必须消除干净后才能进行焊割。有的管道在穿过墙壁时要通过保温层等可燃物,如对墙外管进行焊割,也会引起墙内可燃物燃烧。因此,在进行此类作业时,务必要采取冷却措施,一面焊割、一面浇水,以防热量经过管道传导引起火灾。

五、不按时作动火分析,禁止动火

(一)解释

需要动火检修的设备、管道及动火现场处理后,易燃易爆介质的浓度究竟还有多少?能否安全动火?必须按时作动火分析确定。通过分析数据,审批人员可以作出是否能动火的准确判断。因此,按时作动火分析是安全动火、防止火灾爆炸事故发生的关键措施,千万不可缺少。

案例一 某年 2 月 23 日 8 时 20 分,山西省某化工总厂综合车间工艺副主任通知维修工给铜液贮槽进液管加 1 个阀门。维修工在没进行动火分析的情况下动火切割,发生爆炸。造成 2 人死亡、2 人轻伤。

案例二　某年 2 月某化肥厂,在补焊浓氨水槽上层时,未按时作动火分析,造成了下部稀氨水槽发生爆炸。死亡 2 人,重伤 1 人。

案例三　某年 1 月 18 日,某化学厂油罐顶部安装焊接蒸汽管线,动火前未按时取样分析,盲目动火,顿时一声巨响,两个相互联通的油罐发生着火爆炸,形成一片火海,当场炸死 10 人,烧伤 6 人。

以上事例说明了不按时作动火分析,盲目动火所造成的惨重危害。

(二)动火分析的安全要求和数据的判断

动火半小时前对动火地点设备、管道、易燃易爆介质或环境所作的测试及化学分析叫做动火分析。其目的是测定易燃易爆物质的浓度是否在安全动火的范围之内,并以此来决定是否可以动火。

1. 动火分析的安全要求

(1)为防止动火设备、管线或动火周围场所的易燃易爆介质的浓度发生变化,分析时间不得早于动火前半小时,如间断半小时以上,必须重新取样分析。严禁使用明火试验现场空气是否有易燃易爆气体。

(2)动火分析的取样要有代表性。当被测的气体密度大于空气密度时,取中下部各 1 个气样;小于空气密度时,取中上部各 1 个气样。所有分析样品必须保留至动火检修结束之后。

取样插入深度必须符合规定要求:一般设备管道取样插入深度为 2 m 以上;法兰间隙或容器管道上小孔中取样插入深度为 1 m 以上;较大容器取上、中、下三个部位气样和较长管道中取样插入深度为 3 m 以上,各类气柜球罐中取样,插入深度为 4 m 以上。

(3)动火分析由质管处负责。动火分析的项目、时间由动火证审批人确定,由检修项目人指定取样地点后,化验人员必须按时按要求进行取样分析。

(4)分析数据必须准确,分析人员对分析结果负责。在动火证上填写分析结果,并签字。

(5)分析所用的试剂、药品的配制要准确可靠。动火分析的仪器要经常保持完好,定期检查核对,保证灵敏精确。

2. 动火分析数据的判断

(1)有关爆炸极限简介。

当可燃气体、可燃液体的蒸气或可燃粉尘和空气混合达到一定的浓度时,遇到火源就会发生爆炸。其最低浓度称为"爆炸下限",最高浓度称为"爆炸上限"。爆炸上限和下限之间的这个范围称为爆炸范围。可燃气体(蒸气)或可燃粉尘在空气中的浓度只要在该物质的爆炸范围内,遇火源都会发生爆炸。

爆炸极限通常用可燃气体(蒸气)在空气中的体积百分数(%)来表示,可燃粉尘是以在单位体积中所含该粉尘的质量来表示(mg/m³或 g/m³)。

如:乙炔和空气混合的爆炸范围为 2.5%～82%,即空气中含乙炔的浓度在 2.5% 或 2% 之间时,遇明火就会发生爆炸。但浓度低于或高于这一范围,都不会发生爆炸。这是因为当浓度低于爆炸下限时,因含有过量的空气,过量空气的冷却作用阻止了火焰的蔓延。对于一些爆炸上限较低的物质,浓度虽高于爆炸上限,但混合气体中氧含量仍较高,遇明火虽不会爆炸,但明火不会很快熄灭,若有空气补充时,可引起该物爆炸。

因此,对接近上下限边沿的浓度,都必须特别注意,条件稍有变化,就能达到上、下限范围内。遇火源即能着火或爆炸。

爆炸极限是防火防爆安全管理工作中的重要数据,也是计算不同物质爆炸危险程度的原始数据。

影响爆炸极限的因素很多,主要有 5 个:

①温度增高,爆炸下限降低,上限增高。

②压力增高,爆炸下限降低,上限增高。

③气体中氧含量增加,爆炸下限降低,上限增高。对于一般可燃气体(蒸气),如果氧在此混合物中的浓度降低到一定值时,即可免除燃烧或爆炸。

④惰性气体的含量增加,爆炸范围将缩小,当惰性气体增加到一定浓度时则不能爆炸。

⑤容器的直径越小,爆炸上限和下限的差距亦越缩小,发生爆炸的

危险性则降低。

(2)动火分析合格的标准。

①爆炸下限大于或等于 10% 的可燃气体(蒸气)其可燃物含量小于或等于 1% 为合格。

②爆炸下限小于 10% 而大于或等于 4% 的可燃气体(蒸气),其可燃物含量小于或等于 0.5% 为合格。

③爆炸下限小于 4% 的可燃气体(蒸气),其可燃物含量小于或等于 0.2% 为合格。

④两种或两种以上的混合气体,其动火分析合格标准以爆炸下限最低的可燃气体为准。

⑤氧气、富氧设备、管道、容器及其附近的氧含量小于或等于 21% 为合格。

⑥对设备、容器、管道内部动火,还应分析有毒气体含量,不得超过国家规定的最高容许浓度标准,氧含量 18%~21% 为合格。

六、没有消防措施,禁止动火

(一)解释

化工生产具有连续性特点,这就使边检修边生产成为不可避免,检修现场环境复杂。

当生产不正常或动火条件突然发生变化时,随时都有引发火灾爆炸事故的危险。因此,动火前必须备有足够的消防器材,一旦发现动火现场着火或危及安全动火时,监护人可立即制止动火,并用灭火器及时进行扑救,避免火灾事故的发生,把损失减到最低程度。如果动火管理制度执行不严,动火监护不力,没有落实消防措施,一旦事故发生,就无法及时扑救,酿成严重后果。

案例一　某年 9 月 28 日,某市焦化厂机修车间 3 名机修工人,未经批准,盲目在水汽车间 35 t/h 锅炉原油罐上动火焊接油管道时,没有准备消防器材,又无人监护;当动火焊接时发生特大火灾爆炸事故,造成 3 人死亡。

案例二　某年 7 月 27 日下午 5 时 10 分至 6 时 15 分,某市塑料厂九车间加工厂房。起动火时未配备足够的消防器材,动火时车间副主任又叫监护人回车间政治学习,在气割四楼楼板上 1 个地脚螺丝废孔附近设备时,熔渣飞溅。穿过废孔,致使灼热的焊渣落到三楼的泡沫上,引起燃烧。酿成重大火灾事故,烧掉泡沫塑料 12.39 t、配电盘 4 台,挤塑机 6 台。

(二)消防措施和灭火方法

根据化工生产特点,化工企业应在防火设计时根据防火规范的要求,按工艺装置和火灾危险性大小,设置一定数量的水、蒸汽、惰性气体的固定或半固定的消防设施,同时还应配备足够的手提式灭火机和其他简单灭火器材。

1. 灭火方法

燃烧是一种同时发光发热的化学反应,必须同时具有可燃物、助燃物和着火源 3 个条件,而且每一个条件都要有一定的数量,并彼此互相作用,否则就不会发生燃烧。对已进行的燃烧,若消除其中任何 1 个条件,燃烧便会停止,这就是灭火的基本原理。据此,灭火的方法有窒息法、冷却法、隔离法、化学反应中断法等 4 种,为迅速扑灭火灾,以上 4 种方法往往同时使用。

2. 常用的灭火设施

(1)消防用水。水是最便宜、来源最丰富、使用最方便的灭火剂,它吸热能力很大,具有显著的冷却作用。在使用时水必须加压,形成密集的水流或雾状水,才有实际应用价值。

但水不能扑救油类、电器、精密仪器、贵重文件及能与水起化学反应的物质(如电石)等引起的火灾。

(2)常用的灭火器材用途见表 10-1。

(3)安全要求。灭火器材应根据用途准确选用。动火施工现场要保持道路通畅,消防栓 5 m 周围保持清洁,不得堆放任何杂物,对重大特殊动火项目,有条件的要制订动火方案,事先将消防车开进现场做好临战准备,万一火灾发生可迅速扑救。

表 10-1　常用灭火器材的用途

灭火机类型	泡沫	CO$_2$	干粉	"1211"
用途	扑救固体物质和易燃液体火灾,不能扑救忌水和带电设备	扑救油、酸、精密仪器类火灾,不能扑救钾、钠、镁等火灾	扑救石油、石油产品油漆、有机溶剂、天然气设备火灾	扑救油类、电气设备、化工化纤原料等初起火灾

第四节　进入容器、设备的八个必须

一、必须申请、办证并得到批准

(一)解释

化工生产中的容器、设备主要有槽、塔、罐、釜、柜、箱、池、管等,及一些附属设备,如窨井、地沟等。氯碱企业中常使用的有氯、氨贮槽,缓冲罐、汽化器,各类冷却塔,氯乙烯、环氧丙烷、环氧乙烷、盐酸贮槽、聚合釜、反应器、气柜等。这些容器、设备经过一段时间的运行使用,由于介质的冲刷磨损及腐蚀,需要人员进入设备容器中进行清理、检查、维修等工作。这些容器、设备中的各类化学介质如氯乙烯、氢气、乙炔、氨等具有易燃、易爆性,氯、氨、氯乙烯等还有毒,烧碱、硫酸、盐酸、次氯酸钠等具有腐蚀性,氮气还具有窒息性。这些容器、设备多以管道联通为一个系统,当检修时常有很多不利因素:如设备之间、内外之间的隔绝问题;工作场地狭小;内部通风不畅;照明不良;人员出入困难,联系不便;容器、设备内湿度大、热度高;人体耗氧量大;有毒有害物质残留等,情况十分复杂。检修工、操作人员若盲目进入就有可能发生事故。特别在系统正常生产情况下,对其中某一容器、设备进行检查、修理时,更容易发生事故。

案例一　某年 5 月 14 日,江苏某化肥厂一维修工,未办申请审批手续便进入炉内装灰门,由于操作工不知道此情况,进行操作下灰。灼伤维修工,经抢救无效死亡。

案例二　某年4月4日,江苏某公司聚氯乙烯工段一名班长检查聚合釜时,发现1号釜内有清釜梯,有一名清釜工躺在釜底,该班长随即打开空阀加强通风,并请求其他人将清釜工救出,经人工呼吸、吸氧后又送到医院,经抢救无效死亡。原因在于清釜作业时未按要求办理有关手续,未在人孔外设监护人,以至清釜人中毒未能被及时发现和救出。

案例三　某年8月30日,陕西某厂聚氯乙烯车间一操作工在清洗置换3号碱处理槽时,一操作工把头伸进人孔内观察搅拌及冲洗情况,观察中人倒在地上,经抢救无效死亡。因用氨气搅拌余料时,大量氨气在碱洗槽内,使氧含量降低,人伸进头去观察时因缺氧窒息死亡。

(二)进入容器、设备内作业应严格审批

从以上案例可看出,凡违章进入各种容器、设备内进行任何作业,均有可能发生人员窒息、中毒、灼伤或容器内着火爆炸等事故。为切实保证进入容器、设备内工作人员的安全,必须按制度规定办理进入容器、设备作业证,要严格履行审批手续并得到批准。在办证审批前和审批中应落实好具体安全措施,主要应包括以下方面的工作:①根据工作具体内容确定工作方案和安全措施,并使这些措施逐项得到落实。②人员要进入的容器、设备必须与生产系统切断,并落实应急准备各项措施。③严密做好劳动组织工作,明确分工,责任要到人,有专人监护。④进入容器、设备的人员应进行必要的技术交底和安全教育。

在申请和审批进入容器、设备的过程中,关键在于落实各项安全措施。因此,各有关人员决不能草率行事随意马虎填写,必须认真落实各项安全措施。审批人员决不能形式主义地签名,应到现场认真检查各项安全措施落实情况,而后签署批准意见。

近年来,由于进入容器、设备、窨井、地沟等发生的安全事故有上升趋势,国家加大管理内容,扩大为有限空间作业并对此作出新的定义:凡进入槽罐、塔、釜、柜、槽车、管道、地下槽、池、炉腔、沟道(指非明沟)、烟道、排风道、坑、井、涵洞、四周上下通风不良且存在死角等有限空间内作业均属有限空间作业,又称受限空间作业、限定空间作业。

有限空间作业分两个等级:

(1)一般有限空间作业:有毒有害物质浓度、氧含量指标达标作业。

(2)特殊有限空间作业:指必须戴防毒面具进行的作业。

一般有限空间作业由分厂安全员或部门负责人审批;特殊有限空间作业除分厂审批外,还需公司安全部门审批。

二、必须进行安全隔绝

(一)解释

安全隔绝是确保人员进入容器、设备作业安全的重要措施,是将人员要进入的工作场所与某些可能产生事故的危险因素严密地隔绝开来,即切断容器、设备和物料、水、气(汽)电、动力等部位的联系,以防止人员在容器内工作时由于阀门关闭不严或误操作而使有毒、易燃易爆介质窜入容器、设备内而造成各种人身伤害事故。

案例一　某年1月30日,某公司化肥厂造气车间停车检修,更换触媒时,由于管道未加盲板,当空分车间开启压缩机送氮气时,氮气通过泄漏的阀门进入炉内,导致正在调换触媒的2名工人窒息死亡。

案例二　某年10月5日,某化工厂PVC车间新聚合工段的2名清釜工在排污后,未切断物料来源就进釜清理,因料浆窜入釜内造成死亡。

案例三　某年10月9日,江苏省某化工厂一名检修工下到3号反应釜内去捡丢在釜内的工具时,由于反应釜上方苯高位槽阀门泄漏中毒倒下。另一操作工未戴面具下去抢救也中毒倒下,2人经抢救无效死亡。

(二)安全隔绝的主要方法

对容器、设备及管道的物料、水、气(汽)等的隔绝,必须采用加盲板或拆除一段管道,绝不允许采用关双道阀门、水封等其他方法代替。通常情况下均采用盲板进行隔绝。因它操作方便,安全可靠,若容器、设备内部动火或需较长时间检修时,可拆卸一段与检修容器、设备相连的管道,并在与生产系统相连的一端管口加盲板。

对在容器、设备内动火作业的隔绝,除按上述进行隔绝外,还应做好与周围容器、设备及各种易燃物的隔绝及作业者与容器的绝缘,如铺搭木板等,使之与带电隔绝。在较大、较深的容器、设备内作业时,还要考虑好分层隔绝工作,防止高处坠落物体、工具等伤害底部作业的人员,或高处火星散落引起事故。

化工生产中的安全隔绝,以加堵盲板方式应用较多且广泛。由于管道、容器内部常存在压力和危险物质,而且又多在高处进行,若有疏漏也易发生事故,故在进行这项工作时要十分注意。在这方面也有很多事故教训。

案例一　某年7月8日,某氮肥厂二甲醇车间,在对粗甲醇槽上部进料管进行改造时,为使槽与动火的管线隔离,需在二者之间的法兰上装盲板。操作人员就随意找到一块石棉板撕开后在法兰上方插上,但留下了5 mm的缺口,导致甲醇漏出,在动火时引燃爆炸,造成1人死亡、1人重伤。

案例二　某年4月6日,某炼油厂施工安装煤气管线时,由于与系统连接处用高压石棉板作盲板,煤气通过后石棉板渗到检修的管线内。一周后继续施工动火时发生爆炸。

在进行安全隔绝工作时,还应切实注意以下几方面:

(1)工作前必须将容器、管道内的压力、物料卸尽、排净,温度降到60 ℃以下,并要防止形成负压,确保内部无余压、余液。

(2)拆卸螺栓时应缓慢进行,应先每隔2颗松动1颗,确认无危险后方可全部卸下。在加堵盲板的部位要挂"盲板"标志牌。中、低压盲板应有手柄及手柄钻孔,以作盲板启提及挂牌。

(3)对有可能产生压力部位的盲板,应进行厚度计算,低、中压盲板应用煤油作渗漏检查,对高压盲板应对板材进行强度验算和无损探伤。

(4)应建立加油盲板记录台账,注明加抽盲板的部位、时间、规格及执行人员姓名等。

(5)2 m以上高处作业的应搭脚手架、扶梯及平台,作业时系好安全带。进入盛装有毒有害物质的容器、设备时,作业人员应佩戴相应的防护器具。

(6)凡在禁火区域内或危险介质管道、设备拆卸法兰时,不准用铁器敲击,且在规定距离内严禁动火作业。

三、必须切断动力电并使用安全灯具

(一)解释

化工生产的容器、设备由于生产的必需,多带有机械传动、搅拌等装置。在生产运行使用中这些容器、设备需经常进行检查、检修和维护保养。由于容器、设备内工作场地狭小,人员出入困难,照明不良,绝缘性差,如有疏忽极易发生触电等人身伤亡事故。进入容器、设备内作业时未切断动力电或不使用安全灯具会造成各种伤害事故,在这方面的事故有很多。

案例一　某年 4 月 20 日,江苏某县化工厂 1 名工人因未切断电源、未挂牌、无专人监护就进入搅拌机内检修。1 名加煤工启动了搅拌机,将检修工搅伤,经抢救无效而死亡。

案例二　某年 10 月 28 日 8 时 15 分,湖南省某化工厂制药车间安排 3 名工人清理反应釜,他们打开配电屏开关,但未彻底断电,也未挂警示牌且用行灯照明。当 1 人下到釜内后搅拌机突然启动,将进入釜内的工人打成重伤,经抢救无效死亡。

案例三　某年 10 月 11 日,江西省某非金属矿工业公司 1 名工人切断电源,未挂警示牌,也没有监护人便进入球磨机内检查。副班长未了解情况即启动设备,致该工人当场死亡。

因容器、设备内湿度大、通风差,由欧姆定律可知,通过人体的电流的大小不仅与外加电压有关,而且和人体的电阻有关。我们常用的 36 V 安全电压是根据人体的皮肤在干燥的情况下,电阻为 1 000 ~ 1 500 Ω,并按通过人体的最大允许电流为 30 mA 时而得出的,即 $U = IR$,$U = 30 \times 10^{-3} \times (1\,000 \sim 1\,500) = 30 \sim 45(V)$。我国规定为 36 V。当人在容器、设备内工作时由于皮肤潮湿多汗,人体的电阻就会降为 600 ~ 800 Ω,以 600 Ω 计算则 $U = 30 \times 10^{-3} \times 600 = 18(V)$。这就是规定进入容器,设备内的灯具要采用 12 V 作为安全电压,而不采用 36 V 的原因。

（二）应采取的措施

为防止错误操作造成机械及触电等人身伤害事故的发生,检修人员或操作工进入容器、设备内作业、检查前,应对机电传动设备的电源拉下电源闸门,断开开关,卸下保险丝并挂上"有人工作,禁止启动"等警示牌,或对电源闸刀加锁或派人监守。对动力传动部分如皮带等应拆下。在容器、设备内进行电焊、磨光等作业时,除作业人员穿戴绝缘鞋、手套外,还应采取其他绝缘措施,如铺垫干燥的木板、橡胶垫等。移动式电工具必须配有触电保护器。

四、必须进行置换、通风

（一）解释

停车检修或检查时,容器、设备应泄料,虽经泄料,但通常其内部仍残存部分物料。当容器、设备在密闭状态工作时,里面基本没有空气,易燃易爆物质不会形成爆炸性混合气体,一般情况下是没有危险的。当泄料后容器、设备打开,空气进入容器,使设备内残留物挥发,并与易燃气体混合达到爆炸的危险。而对一些有毒及剧毒物质（如氯、氯乙烯、一氧化碳等）,容器、设备内即使只有很少的量,也可以致人中毒甚至死亡。如氯气的体积占整个空气体积的 0.1% 时,只要吸入几口便会使人死亡。即使只占空气体积的 0.01%,也可对人体造成致命性伤害。所以,容器、设备必须经过置换、通风,并取样分析合格后,人员才能进入。

由于没有进行置换、通风,人员进入容器、设备内作业时发生中毒、爆炸及窒息等事故,在有关单位有事故教训。

案例一 某年 8 月 1 日,江苏省某化肥厂在清理造气炉系统的洗气塔内灰渣时,没有进行清洗、置换,当人孔打开后空气进入塔内与煤气混合成可爆混合气体,一名清灰工把铁锹放进塔内时与塔壁撞击产生火花引起爆炸。清灰工被气浪冲出,撞 5 m 外的墙上而死亡。

案例二 某年 4 月 29 日,湖北省某化工厂合成氨分厂脱硫系统阻力大,停车检修,因没有进行置换,2 名工人作业时 H_2S 中毒死亡。

(二)置换方法及要求

置换方法在生产中一般是将物料泄尽后用惰性气体(如氮气、水蒸气等)充灌于容器、设备内,将原有的残留危险性物质驱赶排出,然后根据容器、设备的具体情况,采用不同的洗涤液进行冲洗。一般是用水、热水蒸煮,对有机物的清洗应用热水蒸气吹扫,置换清洗后,最后再通入空气。置换清洗时应注意以下几方面:

(1)置换前应制订出具体置换方案,绘出置换流程图,按方案进行操作。

(2)容器、设备内如积存易燃、易爆及易引起中毒的沉淀物。置换后阀门、手孔等不得关死,要保持空气流通,防止挥发物质超过容许浓度,必要时可用强制通风的方法。

(3)置换冲洗时要特别注意死角及管道弯头等,用水清洗容器时,应将水灌满,并让水从最高顶部孔溢出。容器、设备经过清洗置换后还应进行通风,通风可采用自然通风和强制通风。一般情况下,容器、设备经过清洗置换后,将所有与大气相通的接口打开,自然通风若干小时后即可。

(4)置换通风后必须取样分析,取样点应设置于置换系统的终点。并上、中、下 3 部位取样。取样时间不得早于进入容器、设备作业前 30 min。分析样应留样至工作结束,且应做好数据台账。

在容器、设备内存在有危险性物质的沉淀而难以去除,需人工清理时,清理人员必须穿戴相应的防护器具。清理前若器内温度较高,还应考虑采用强制通风冷却的方法。排风时器内人员应停止作业,退出毒区后才能进行。如容器和设备内还有残存的易燃、易爆气体,严禁直接用空气通风,应重新用惰性气体置换后再进行通风,禁止用氧气或富氧空气吹风。

五、必须按时间要求进行安全分析

(一)解释

安全分析是确保进入容器、设备内作业人员安全的一项重要措施。

容器、设备等经清洗、置换，采取安全隔绝并取样分析合格后，作业者方可进入工作。但随着工作的进行，又会有新的不安全因素，如容器、设备内部表面由于长时间的使用后，往往会产生腐蚀物及沉淀物吸附在内壁面上，从微观来看容器内壁也是高低不平的，且存在着有很多细小的缝隙，因而一些有害物质往往通过浸润、毛细管引力等作业而积蓄在里面，通过置换、通风只能去除外表面的物质。随着时间的推移及压力、强度等的变化，沉积在内壁隙内、腐蚀物内及其他杂物内的有害物质就会陆续散发出来，尤其是动火或加热的情况下，更加速了挥发；当容器、设备内或底部有沉淀物、淤渣等需要清理去除，操作者清除这些沉淀物、淤渣时，也会使有害气体散发出来，同时当新鲜空气与淤渣等接触，使淤渣内部的化学物质急剧氧化也易使容器底部造成局部缺氧；此外，当进入容器、设备清理或动火作业时，还会有意想不到的情况发生，致使作业环境发生变化。因此，按时间要求进行安全分析，不仅是进入容器、设备前 30 min 的一次分析。也就是说安全分析的结果只是在一定时间范围内的客观现实数据，超出这个时间规定，分析数据便不能为正常安全作业提供可靠的依据。所以，只有按规定的时间要求进行安全分析，才能保证容器内作业人员的安全，否则就会导致死亡事故的发生。

案例一　某年 4 月 4 日，某化肥厂检修碳化回收塔，用清水置换后分析合格，在塔内进行多次动火，未有异常现象。当对该塔泡罩动火时发生爆炸，电焊工死亡。原因是泡罩内积有原料气，翻动泡罩时原料气逸出，遇明火爆炸。

案例二　某年 10 月 23 日，某树脂厂 PVC 工段清釜，2 名工人用水进行置换，并办理了安全作业证后，未进行分析就下釜清理，作业时发生了爆炸，1 名工人当场死亡，另 1 名工人爬出釜外，烧成重伤。

（二）安全分析具体要求

安全分析的主要内容包括：①易燃、易爆气体含量的分析达到动火标准。②氧含量的分析，氧含量应在 18% ~ 21%（体积比）为合格。③有毒气体含量的分析，有毒物质的含量应符合 GBZ 2—2002《工作场所有害因素职业接触限值》的规定。

　　在取样分析时,应注意采样的位置,要深入现场调查,依据器内的具体情况和介质的性质,在最有代表性的部位采取,一般采取上、中、下3个部位的气体。有毒气体多数比空气重,沉积于容器、设备的底部。窒息性气体一般都比空气重,故容器、设备内部由于生物的耗氧而形成缺氧,也常发生在底部。而易燃、易爆物质常比空气轻,如氢气等容易在容器顶部积聚,因此采样时必须考虑到这些因素。如果采样分析不合格,则应继续清洗、置换,直至分析结果符合规定要求为止。

　　在容器、设备内存在多种毒物的情况下,毒物还有联合作用因素,这种作用表现为相加和相乘的作用。例如一氧化碳与硫化氢或氮氧化合物同时存在时,均可出现相乘作用。当有两种或两种以上毒物同时存在时,应考虑其联合作用的毒性,它的取样分析结果应符合下式计算结果的标准。

$$\frac{V_1}{M_1} + \frac{V_2}{M_2} + \cdots \frac{V_n}{M_n} \leqslant 1$$

式中:$V_1, V_2, \cdots, V_n$ 为各个物质分析结果的实际浓度,mg/m³;

　　　　$M_1, M_2, \cdots, M_n$ 为各物质的最高允许浓度,mg/m³。

　　例:氯乙烯的最高允许浓度为 30 mg/m³,氯化氢的最高允许浓度为 15 mg/m³,氨的最高允许浓度为 30 mg/m³。经实际采样分析结果分别为:氯乙烯为 20 mg/m³,氯化氢为 5 mg/m³,氨为 20 mg/m³。均在最高允许浓度以下。但按上式计算结果是:1. 667 > 1,超过其毒物的最高允许浓度,所以是不符合要求,必须继续采取清洗、置换等措施。

　　在容器设备内作业时间过长,应考虑到器壁、沉渣或某些封闭死角积存物质的挥发。这些挥发出来的物质有可能造成爆炸、中毒等事故,因此如果在容器或设备内作业时间过长,应每隔 2 h 重新进行安全分析,安全分析合格才可继续作业。如发现超标,应立即停止作业,撤出人员。

六、必须佩戴规定的防护用具

(一)解释

进入容器、设备作业的危险性因素是很多的,尽管我们采取了很多安全措施,但仍有可能一些不安全因素难以预见或难以排除。如由于渗透作用无法清除干净,某些有毒有害物质受温度影响或动火时二次挥发等。作业人员佩戴规定的防护用具,是防止自身遭受危害的一道防线,因此必须正确佩戴和使用。防护用具主要用于防毒、防尘、防腐蚀、防触电、防坠落及防物体打击等。毒对人体的伤害主要是以烟、尘雾、气的形式通过呼吸道及皮肤进入人体的,有些物质还会直接对人的眼、皮肤造成伤害。

（二）防护用具种类

使用较多的常有以下几种。

1. 防护服类

（1）防尘服。通常以棉布或绒布制成。

（2）防浸蚀类。一般采橡胶或聚烯类薄膜制作,并有防护面罩。手脚的防护常用橡胶长靴、手套等。

（3）防烧灼服。常用石棉布工作服。

2. 防毒面具类

防毒面具用来防止有害气体、蒸气和气溶胶经呼吸道进入人体。按其作用原理可分过滤式（净化式）和隔离式（供氧、供气式）两大类。它们各有适用的防护范围和时间,使用时必须根据情况合理选用。

1）防毒面具的分类

过滤式防病毒面具的作用原理是将含有毒物的空气通过呼吸防护器,经过滤净化。按其过滤方式有 2 种:①机械过滤式。主要有各种防毒口罩,用以防粉尘、烟、雾等质点较大的有毒物质。简易式防毒口罩设有过滤盒、吸气阀。一般是直接用各种过滤材料做口罩,结构简单,质量轻,阻力小,携带方便,但阻尘效率差。复式防尘口罩结构复杂。主要有口鼻罩、过滤盒、呼气阀、吸气阀等组成。滤材多采用高效的过氯乙烯滤布,阻尘效率可达 99% 以上,但机械过滤式不适用于容器内工作使用。②化学净化式。常见的有防毒口罩与防毒面具两种,一般是用活性炭作载体来吸附各种有毒气体。它的特点是轻便,使用广泛,主要部件有面罩、滤毒罐及导管等。

面罩分半面罩和全面罩两类,并有不同型号,作业人员必须选择与自己面型相配的型号,方能保证防护效果。国产的全面罩主要3种型号。

滤毒罐(盒)由罐壳、滤毒药剂等组成。除有吸毒容量、毒物浓度的区分外,还有防毒范围、时间区别。根据滤毒罐(盒)所防毒物的特性类别,分别编序号、标漆颜色以示区别。

化学净化式(过滤式)防毒面具的采用条件是:环境空气中的氧含量>18%(体积浓度),环境空气中的毒物浓度<2%。在惰性气体环境及封闭式容器中不能使用。

隔绝式亦称供气式,另外供给氧气、新鲜空气或压缩空气,主要有下列几种:

(1)氧气呼吸器。由氧气瓶提供氧气。可用于高浓度的有毒气、蒸气、烟雾、粉尘的条件下。由于质量较轻、携带方便,故适用于事故后的抢救、抢修工作。但不适用于有油污和具有易燃、易爆物质的场合使用。

(2)输入空气式长管呼吸器。有自吸式和送风式2种,是通过人体肺力或机械动力从清洁环境中引入干净空气供人呼吸。它具有经济、简单可靠的特点,可用于容器内作业或从事喷砂、电焊、防腐等工作。自吸式面具导管长度不应超过10 m。较远距离应用送风式面具,用空气压缩机或鼓风机送入空气。机械送风送入的空气应进行净化,滤除混入的油雾、尘粒等物质,使用前调整风量,送风量一般为人体正常吸入气量的2~3倍。

(3)空气呼吸器。空气由钢瓶供给,面罩内保持正压,使用不受环境中有害气体浓度的限制,也不受环境中氧浓度的限制。

2)防毒面具使用注意事项

容器、设备内工作情况十分复杂,因此应根据具体情况选用、佩戴规定的防护用具,尤其是作业时必须佩戴相应的防毒面具。否则将会发生伤亡事故。

(1)过滤式防毒面具的使用条件:在含氧量≥18%、毒气浓度≤2%、温度-30~45 ℃的环境中使用,禁止在进入槽罐等密闭容器时使用。

戴用顺序：

①拿起滤毒罐，打开出气口盖头，拿掉进气口橡胶塞。

②将滤毒罐与面罩用导管连接好。

③双手撑开面罩，将面罩带上头，并用手掌抹平各处。然后深呼吸几次应感到不憋气。

④用手掌挡住滤毒罐进气口，深呼吸感到憋气，则说明面罩气密性良好，可以进入毒区。

⑤在使用中呼吸感到不适时应立即离开毒区。

⑥使用结束后，把面罩、导气管、滤毒罐脱开，并封好滤毒罐的进出口。

（2）长管式防毒面具的使用。

工作原理：长管式防毒面具是隔离式的一种，它由带有吸气与排气阀和很长的皱纹软管所组成。它用于空气中氧气不足和有毒气深度很大的情况下。它把人的呼吸系统与所处周围的有毒气体隔离，通过长管吸入另外一个地方的新鲜空气。长管的开口端放在空气新鲜的地方。

适用性：使用这种装置工作，将不受时间限制，特别适用于在设备内部工作。

（3）氧气呼吸器的使用。

使用方法：

①在使用前对氧气呼吸器认真进行检查，认为正常后，背上呼吸器，扣好腰带。

②打开氧气瓶，将阀门上提，逆时针旋转。

③压力必须在 100 MPa 以上才可使用。

④按几次手动补给，排除呼吸器内废气。

⑤戴好面罩，做几次深呼吸来检查呼气阀、吸气阀、自动补给、自动排气阀等部件是否完好。

⑥确定正常后方可进入毒区。

使用注意事项：

①佩戴氧气呼吸器进入毒区作业，要进行深长而缓慢的均匀呼吸，

不要人为地加大呼吸量。

②在作业中应经常注意压力表指示的数值,当氧气压力降至 5 MPa 时应立即离开毒区。这 5 MPa 气压贮量的氧气供返回途中使用。

③作业中如感到供氧不足,要用深长呼吸方法,迫使自动供氧装置工作,如仍感到困难,则用手动补给按钮补充氧气。

④作业中感到嘴里有酸味或呼吸频率增加,出现太阳穴跳动,头痛现象时,说明气囊中存在过多的二氧化碳和氮气,此时应用氧气冲洗气囊中过多的二氧化碳和氮气,应按下手动补给按钮冲洗气囊,进行换气。

⑤在使用中若感呼吸困难、恶心、不适、疲倦无力、有酸味或发现有异常声响,应立即离开毒区。

⑥使用氧气呼吸器必须坚持 2 人同行。作业时要相互关照、监护,2 人相距不超过 3 m。

⑦作业完毕离开毒区后,注意不要在风速高的地方休息,要饮用盐水(0.75%)。

(4)空气呼吸器。

①先打开供气阀,试一下有否气体出来。

②把瓶阀打开后再关,打开供气阀(红)看有否报警。

③把面罩与呼吸器脱开,然后戴上面罩,用手挡住进口,吸一口气,如感到面罩往脸上压,则表明密封性好。

④先打开瓶阀,检验有否气体出来,然后背上,戴上面罩,就可以进入毒区。

案例一　某年 3 月 20 日,浙江省某化工总厂 2 个农民工进入苯氧化反应锅挖冻料时,因未戴长管面具入锅挖料,造成苯酚中毒。

案例二　某年 10 月 9 日 7 时 10 分,江苏省某化工厂乙二醇车间维护 3 号釜(3 000 L)搅拌轴时有几件工具遗忘在釜内,造成设备故障。

七、必须有人在器外监护,并坚守岗位

(一)制订依据

容器、设备内作业除易中毒、易窒息、易触电等因素外,还存在作业

人员出入困难、场地狭小、联系不便等，一旦发生意外不易被人发现，因而容易导致事故危险性的扩大而造成伤亡事故，这就需要有人在器外进行监护，并必须坚守岗位以便及时联系、及时对事故进行处理与抢救。各类事故往往是在意料不到或一时麻痹疏忽的情况下突然发生的。例如进入容器、设备内随着情况的不断变化，常有可能出现缺氧与二氧化碳超标并存的情况，空气与二氧化碳混合气体常被人们误认为是无毒气体，因其无臭无味而不易被人察觉它的危险性。当作业人员在这种情况下进行作业时，劳动强度大，呼吸量增大，大量二氧化碳进入肺泡，因二氧化碳透过肺泡膜的能力较氧气大 25 倍，会造成体内二氧化碳滞留，加上缺氧窒息，会使作业者在吸入这种气体的短短几秒钟之内，几乎像触电般地迅速昏迷倒下，这种现象医学上称为"闪电型"中毒。由于这种"闪电型"中毒是在容器内部突然发生的，若监护人离岗不能及时发现并进行抢救，就会造成人员死亡。

案例一　某年 2 月 2 日，某化肥厂煤气炉发现问题，需停车检查。设备科长未采取任何措施，也无人监护，便独自进入炉内检查炉体。因煤气窜入炉内中毒，待发现时已死亡。

案例二　某年 2 月 20 日，某公司有机合成橡胶车间两名清胶工，按车间布置在干燥箱第一燥区细胶检盘内清胶，现场监护人未与他人联系就因事离开，此时一钳工过来启动盘车，使正在盘内清胶的工人头部被链板加强筋挤到固定的挡板上夹住，当场死亡。

案例三　某年 5 月 16 日，某市锅炉检验工程师到某厂运河检验一台 2 t/h 锅炉，该工程师进入锅炉后监护人不是在人孔口监护，而是坐在锅炉顶上凭听里面有无榔头敲打声音进行"监护"，当发现听不到声音时，监护人进入炉内抢救，发现该工程师已经死亡。

（二）监护人的主要职责和要求

监护人应由熟悉作业情况、懂得救护方法和知识、责任心强、有经验的人员担任，年老体弱者不能担任。监护人必须严守岗位、切实履行自己的职责，密切注视作业者的工作状况。其主要责任有如下几个方面：

（1）作业前监护人应做检查。

①检查入容器、设备作业单审批手续是否完善,内容是否完整,提出的安全措施是否和现场一致,并切实落实。

②作业人员身体状况是否适应工作要求,安全措施、作业任务是否明确,防护器具、安全带、救护绳索、梯子等是否齐全、符合要求。

③含氧量及有毒有害物质分析是否合格,救护措施、照明等是否符合要求。

(2)监护人应对被监护人的安全监护负责,作业前必须规定联系信号,否则不准作业。监护人有权监督作业人员严格执行安全规定,对安全措施还未落实或不完善的危险作业应督促改进,如仍未改进或违章作业,有权停止作业,并向上级报告。

(3)监护人不得离开监护现场,不准参与作业和影响监护的其他任何工作。

(4)监护人应选择适应的监护地点,注意自身的保护,做好处理事故的一切准备工作。当作业人员发生意外时,应戴好相应的防护器具,采取科学方法进行抢救,严禁盲目蛮干。

(5)监护一般应2人担任,对作业时间较长需倒班监护的,应增加人员轮换监护。轮换时交班必须严格、清楚。

(6)禁止用电动的吊车、卷扬机等电器设备作起吊作业人员进出设备的工具,以防止突然停电时作业人员无法退出。

八、必须有抢救后备措施

(一)制订依据

容器内作业情况复杂多变,容易发生意外事故。做好抢救的后备措施,一旦发生意外事故时能及时、迅速、正确地对事故进行现场处理和对受伤者进行急救,以减少事故的损失,否则由于抢救措施不力,极可能贻误抢救时间,会造成事故扩大。这方面案例较多。

案例一　某年1月1日。江苏省某化肥厂合成一车间提氢工段保冷箱检修,由于没有采取防护措施,也没有准备好必要的防护器具和救护用具,一工人便进入箱内扒砂。进箱后就窒息昏倒;另一名工人腰系绳子进箱救护也窒息,因他腰系绳子被及时拉出箱外未造成死亡。在临时从其他部门借到两只氧气呼吸器后,由两名工人再进箱去救扒砂的工人,进箱后两人因不会使用氧气呼吸器,脱下面罩也窒息。后由其他人员打开下部人孔将3人救出,但因救护车外出拉货不能及时送医院救护,3人均死亡。

案例二　某年7月8日8时,河北省某化工三厂一车间,安排几名工人清理1号、2号钡盐罐内钡泥,他们打开罐底阀门,用铁棍从罐口往下捅,之后从二车间钡池边拿来盛过硫酸的塑料箱,灌好清水倒入1号灌内。8时50分其中1人进入罐内准备搅拌罐底钡泥,当到罐底后突然跌倒,在钡泥中爬动。在罐口外观察的3名工人见状下救,1人也昏倒,1人头昏坐在罐底。另1人感到呼吸困难,爬到罐口呼吸。闻迅赶到的职工将罐内人员救出,其中2人因抢救无效死亡。

上述事故案例深刻说明在容器、设备内作业,特别是有毒有害危险性大的作业,必须要有严密的救护措施,配备足够且相适应的现场救护器具和救护力量。

(二)救护后备措施

救护后备措施可分现场抢救方案和具体实施方案的人员、器具、物资等。

1. 现场救护方案

制订现场救护方案时,应将各种可能发生的危险,如中毒、爆炸、火灾、触电、高处坠落等因素都考虑在内,并针对这些可能发生的事故制订出迅速、可靠、安全、稳妥的抢救方案,明确具体职责。

2. 现场抢救设施

作业现场应配备器具可分消防、气体防护和医疗急救等3个方面。作业现场应由消防部门配备相适应的消防器材。气体防护抢救设施有救护车、报警器、苏醒器、氧呼吸器、氧气瓶、长管面具及过滤式防毒面具、安全帽、安全带、安全绳、防酸碱胶质衣裤、靴、手套、卫生急救箱、担架等。医疗工作由企业卫生所保健站担任,应配有听诊器、血压表、叩诊锤、开口器、压舌板、外科切开和缝合器具,洗胃器、洗眼壶等,以及内科常用的抢救药品和常用特殊解毒剂等。

3. 现场抢救与急救

抢救、急救工作应分秒必争，及时、果断、正确，不得耽误拖延，事故发现者应立即向医务、气防站等有关部门报警，同时积极进行抢救。医务部门、气防站等人员应迅速赶到现场，若发生重大事故，在场的厂长应是事故抢救的总指挥。

（三）现场抢救、急救应遵守的规定

1. 抢救工作应遵守以下规定

（1）参加现场抢救的人员必须听从指挥，进入有毒有害气体的岗位抢救时，防护器具应佩戴齐全。进入抢救现场后应迅速采取通风排毒的措施。

（2）抢救搬运伤者时，应根据伤情选用相应的搬运方法、工具，动作要轻、不可强拉，严重出血的，应采取临时止血包扎措施；对呼吸已停止或呼吸微弱以及胸部、背部骨折的，应严禁背运，必须使用担架，或双人抬运。

（3）抢救触电的人员时，必须在切断电源后进行。如心跳停止，应立即采用恢复心跳的急救措施。

2. 急救工作应遵守的规定

（1）患者抬离现场应放在空气新鲜、温度适宜的安静地方，对呼吸停止但心脏仍跳动或刚停止跳动而有体温的，应立即进行抢救并不得中断。

（2）氨气、氧化氮、氟化氢、二氧化硫等中毒者，禁止使用压迫式人工呼吸法，应给予输氧或施行口对口人工呼吸进行抢救，并应尽速转医院治疗。对上述物质造成"闪电型"停止呼吸时，可允许使用一般压迫式人工呼吸。

（3）发生化学性灼伤事故后，应立即用水冲洗灼伤部位 15 min，眼部灼伤用水进行冲洗时。应防止水直接冲洗眼球，然后根据灼伤物质使用3%碳酸氢钠溶液或3%硼酸水溶液处理，而后立即送医院医治。

（4）中毒者如被毒物污染，应立即脱去被污染的衣裤，将身上的毒物用湿水抹洗干净，防止毒物通过皮肤浸入人体。同时要注意保暖，防止受冷。呼吸微弱或面色青紫的缺氧者，应迅速给予自然输氧。

3. 人工呼吸

人工呼吸适用于呼吸停止,但心脏仍跳动或刚停止而有体温的患者,口对口呼吸法,简单易学,效果好,适用范围广。中毒、窒息、触电等引起的呼吸停止都可使用,不受毒物性质和皮肤外伤的限制,应学会使用。施行口对口人工呼吸法应按以下要求进行:

(1)使患者嘴张开,清除口腔内食物、血块等堵塞物,拉出舌头保证呼吸畅通。将患者头尽量后仰,让鼻孔朝天,头部不应垫高。

(2)救护人员站在患者头部的右侧或左侧,用一只手捏紧患者鼻孔,另一只手的拇指和食指掰开嘴巴。如掰不开嘴巴,可向鼻孔吹气。

(3)深呼吸后紧贴掰开的嘴吹气(可隔1层纱布吹气)。吹气时要使患者的胸部膨起,吹气2 s,停3 s,1 min 14~16次为宜。

(4)救护人吹气后换气时,放松患者的嘴或鼻,让其自动呼气。做人工呼吸时应连续进行,中途不可中断,直到医生参加抢救为止。

近年来,因抢救不当造成伤亡扩大事故不断发生。国家安全生产监督管理总局发布通报:2006年1~8月,全国共发生因施救不当造成伤亡扩大的重大事故25起,死亡95人,教训极其深刻。这些事故发生时遇险人员41人,但由于抢救不当,导致事故扩大,造成59个抢救人员死亡。

案例一　某年8月6日,浙江某面料整理厂3名工人在对污水池进行消污处理过程中中毒,又有3名职工盲目下池施救,相继中毒晕倒,共造成3人死亡,3人受伤。

案例二　某年8月14日,江苏省某酱菜厂2名工人清洗菜池时中毒晕倒,现场人员盲目施救,又造成3人相继中毒,共造成4人死亡,1人受伤。

案例三　某年6月9日,浙江省某化工厂在抢修废水循环池内破损的循环管时,1名工人 H_2S 中毒晕倒,又有2人下到池中盲目施救,也相继中毒,结果3人全部死亡。

第五节　机动车辆七大禁令

一、严禁无证无令开车

（一）关于无证开车

机动车辆的种类较多,主要有各种汽车、电车、柴油机车、摩托车、电瓶车、铲车等,凡驾驶上述车辆的人员均属特殊工种人员,必须按有关规定考试发证。一般来说,车辆是一种行驶速度快的运输工具,一旦发生事故有较大破坏能量,所以要求驾驶车辆必须经过严格的专业训练,弄懂它的理念,了解它的结构性能,熟练地掌握驾驶方法,熟悉交通规则,经过严格的考试合格后,由公安机关或车辆管理部门发给驾驶证,才能独立驾驶。厂区内驾驶车辆(如铲车、电瓶车、柴油机车等),也必须经专业培训考试发证,才能驾驶,总之没有驾驶证的人员不准驾驶任何机动车辆。

《道路交通管理条例》第二十五条规定:机动车辆驾驶员必须经过车辆管理机关考试合格,领取驾驶证,方准驾驶车辆。第三十六条规定机动车驾驶员必须遵守下列规定:①驾驶车辆时,须携带驾驶证和行驶证;②不准转借、涂改或伪造驾驶证;③不准将车辆交给没有驾驶证的人驾驶;④不准驾驶与驾驶证准驾车型不相符合的车辆;⑤未按规定审验和审验不合格的,不准继续驾驶车辆。

无证开车情况一般有:①没有驾驶证的人开汽车、持无年度审验的驾驶证开车。②持小型车执照的人员驾驶大型货车,持大货执照的人员驾驶大客车。③没有持特种作业证书驾驶电瓶车、叉车、铲车。④违反条例中不准驾车的驾驶行为。

无证开车的危险性和危害性是人人皆知的,它不但会造成车毁人亡等交通事故的发生,而且还会影响社会秩序和生产的顺利进行,给国家财产和人民生命安全带来巨大损失。

案例一　某单位驾驶员外出行驶途中,感到身体疲劳,就将车交给随车的一名懂得一点驾驶技术,但无驾驶证的采购员驾驶,当车行驶至一便道上,外侧是一条小路,小路左侧是数米高的石壁,小路口右侧是条 5 m 宽的平板桥,桥有石栏杆,转弯处内侧有 5 ~ 6 深的山沟,在这样的路况下开车的采购员由于无行车经验,看不出险情,但还是以每小时 50 km 的速度开上去,当车开到转弯处时,采购员此时紧张至极,顾得了左面顾不了右面,只见车头一晃,右轮冲出路面跌下了深沟,造成车毁人亡的严重恶性事故。

案例二　某厂机修车间汽车修理工,无证驾驶车辆出车时,正值车间工人去食堂吃饭,30 余人搭上货车后汽车以 40 km 的速度行驶,虽然这次没有发生交通事故或车毁人伤的事故,但这已经是一次重大交通事故的隐患。

（二）关于无令开车

所谓无令开车,就是没有接到车辆调度命令,驾驶员擅自出车,或者听从于不懂得交通规则的领导等其他人瞎指挥,违章开车,无令开车大多属开车办私事,由于无调度命令,偷偷摸摸地怕人知道,心里慌张,而且往往赶时间、抢速度,很容易出事故,必须严加禁止。

案例一　某厂汽车队一驾驶员,乘午休时间驾驶解放牌汽车去办理私事后,由于急于要在上班前回厂里,速度很快,途经弯处,遇小男孩横过马路,虽采取刹车措施,但因车速过快,刹不住将男孩撞死,自己受到严厉处分。

二、严禁酒后开车

驾驶机动车辆需要驾驶人员思想高度集中,随时准备处理行驶中可能遇到的各种情况。当驾驶员饮酒后,由于酒精作用,使人脑神经从兴奋到抑制,当人兴奋时,易高速开车而难于控制,发生事故;当转入抑制时,使人精神恍惚、嗜睡、思想不易集中,反应迟钝,使驾驶失去控制、分析、判断处理意外情况的能力,就会发生事故。鉴于以上分析,酒后驾车的危害甚大,造成事故的后果往往是惨重的。

案例一　某电影公司驾驶员黄××,在参加宴会酒后开车回公司,途中精神异常兴奋,嘴上大声高谈,脚下猛踩油门高速行驶,自我控制不及,无任何应急措施,将一位过马路的工程师当场撞死。

案例二 某化工厂小车驾驶员驾驶崭新轿车,送客人到机场后,就约好去朋友家喝酒,从晚上7时一直喝到晚上10时才罢。酒后驾车返回单位,途中遇连续弯道,因酒精发作掌握不住方向,车子翻到路左边2 m深的菜地里导致汽油外溢,电源短路起火,车辆烧毁,本人被夹在车内活活烧死。

驾驶员有出车任务,无论家人团聚,节日喜庆,切切不可"酒逢知己千杯少""少喝点高兴高兴,没啥!"驾驶员逢这种场合,要善于控制自己,既不要被袭人的酒香所引诱,也不要被殷勤的敬酒所感动。头脑里一定要有法制观念,充分认识酒后驾车的严重危害性,对自己、对国家和人民的生命财产负责。

三、严禁超速行车和空挡溜车

(一)严禁超速行车

汽车行驶速度的快慢,与行车安全有密切关系,因此在交通规则中对行车速度有严格的限制和规定。交通法规规定的汽车最高行驶速度和限速都是根据实际情况,经科学考证,从便利交通运输和保障交通安全出发的。只要遵照规定的速度行驶,又能注意各方面情况采取谨慎的态度,一般来说是能够保证安全的。可是有的驾驶员,盲目地不顾主客观条件开快车,凭主观意志行车,导致超速行驶酿成车祸。汽车超速行驶对安全行车有以下诸方面的影响:

(1)汽车高速行驶时,在一定的时间内需超越和交会更多的车辆,形成冲突点相交结点的机会增多,发生事故的概率就大。

(2)汽车高速行驶时,汽车转向时的离心力增加,容易导致破坏汽车的操纵和稳定性能,影响转向和刹车等。

(3)汽车高速行驶时,路面凹凸不平时会产生"加重""失重"的现象,前者易使钢板和轮胎负荷加重,有折断钢板和轮胎爆破的危险;后者会减小地面对轮胎的反作用力,影响转向操纵,甚至失控。

(4)汽车高速行驶时,加大了汽车的惯性,加大冲击力和加长制动距离。车速快给予驾驶员判断时间缩短,应变能力差,易发生事故。

(5)汽车高速行驶时,对发动机、转向、行驾系统影响较大,容易损坏机件,造成事故。

故交通事故"十次肇事九次快",血的教训告诫我们驾驶员朋友一定要遵章守法,中速行驶,确保安全。

案例一 高速行驶互不让,两车交会猛相撞。

某客运分公司黄河牌大客车,行驶在宁淮公路138 km+600 m处,迎面驶来一辆日野载重货车,两车交会前的四五百米地段内道路宽。视线良好,又无车辆行人,只是在货车的右侧有一堆障碍,两车交会前,都抱着"对方会让我"的侥幸心理,互不减速相让,在一刹那间,客车驾驶员意识到要撞车,急向右打转向为时已晚,2车相撞造成5人死亡,7人重伤,1人轻伤,两车严重损坏的交通事故。

案例二 高速行驶,车翻人亡。

某厂朱某驾驶解放牌拖拉车拉运槽钢回厂,行驶至一村庄,明明有禁令标志,但他仍不减速,遇一行人横穿马路时,急忙采取避让措施,由于车速过快,方向盘打得过猛,汽车翻入路边约1 m深的沟内,车上槽钢穿过驾驶室将朱某活活戳死。

案例三 液氯罐车超速行驶造成翻车,氯气大量泄漏,2.4万人撤离。

某年11月13日,山东省一装载49 t液氯的运输罐车因超速行驶,在堰城县翻入路旁沟内,罐体阀门装置损坏,三处泄漏,造成大量氯气泄漏,当地政府紧急疏散事故现场半径5 km内12个行政村2.4万余人,实行了道路管制,经过20天的抢险,当地交通和群众生活才恢复正常。

"十次肇事九次快,血的教训要牢记"。

(二)空挡溜车

所谓空挡溜车(滑行),是指行驶中的车辆放空挡,使发动机和驱动轮分开,利用汽车的惯性和依靠汽车下陡坡时使车滑行。汽车在陡坡下滑时,由于汽车重力的作用,使车辆越滑越快,需频繁使用制动,使制动蹄片和制动鼓磨损加剧,易发生事故。

同时,下坡滑行时,车速越来越快,又是在空挡位置,车速高,使驾驶员的精神格外紧张,遇到意外情况,措手不及,最容易出事故。

长距离的空挡(熄火)溜坡,气压式制动装置的车辆更是绝对严禁的。空挡(熄火)滑行,气泵不工作,制动频繁,气压消耗,无气源补充,很快会把气压耗尽。

案例一　陡坡熄火,空挡滑行,车翻人亡。

某炼油厂驾驶员董某,驾驶解放牌货车拉运铁块。行车前发现气喇叭头子漏气。在装铁块的一个多小时内不仅未修复,而且在贮气筒气压漏至 2 kg/cm^2 时,车起步前未检查气压就起步,车行驶 5 km 后遇下坡道,司机为节油,熄火空挡滑行,车速加快,踩制动无效,才发现只有 2 个气压,急拉手制动,起动发动机抢挡未成,遇弯道,车辆翻在菜地里,车上 6 名装卸工与铁块(250 kg/块)同时甩出车外,造成死亡 1 人、重伤 2 人、轻伤 5 人的事故。

曰:空挡溜车求节油,陡坡滑行似猛虎;加速行驶危险大,稍有失慎成事故;节油不成反受损,车毁加上人伤亡。

四、严禁带病行车

汽车的技术状况和性能,随着使用、维护保养不好而发生变化,具体表现在:

(1)零部件损坏,配制间隙过大,固定螺栓松动、脱落;

(2)汽车机件在负荷应力作用下产生弯曲、扭曲、断裂等机械损伤;

(3)机件的材质老化变质;

(4)漏气、漏水、漏油、漏电。

以上结果都会影响车辆的使用性能,有的直接会造成机械故障,使车辆技术状况变坏,技术性能降低,妨碍汽车的正常使用和行车安全。

《道路交通管理条例》第十九条规定:机动车必须保持车况良好,车容整洁。制动器、转向器、喇叭、刮水器、后视镜和灯光装置必须保持齐全有效。第二十条规定:机动车必须按车辆管理机关规定的期限接受检验,未按规定检验或检验不合格的,不准继续行驶。第四十八条规定:机动车行驶中发生故障不能行驶时,须立即报告附近的交通警察,或自行将车移开;制动器、转向器、灯光等发生故障时,须修复后才准行驶。

汽车制动系统发生故障,往往造成制动距离延长、制动跑偏、制动抱死、制动不平稳,严重的可出现制动失灵,直接影响行车安全。因此在车辆制动器,气压制动装置的气压驱动机构(压缩机、贮气筒、气压表、制动踏板、制动控制阀、制动气室),液压制动装置的制动踏板、总泵、分泵等部件中,任何一个发生故障均不能继续行驶。

转向装置发生故障常常造成转向沉重、汽车摆头、车辆偏行及方向盘游动间隙过大等,也直接影响行车安全。因此,在转向机构或转向联动机构(摇臂、直拉杆、直拉杆臂、转向梯形机构)中任何一部件出现故障都不能继续行驶。

汽车的灯光是作为照明和联络信号用的,一旦出现灯光不亮、灯光微弱、光束不对,都会影响行车安全,不应继续行驶,在夜间光束不符合要求也不应行走。

喇叭是以音响给行人或其他车辆驾驶员发出信号的。喇叭不响或声音过低也不应行车,尤其在行人、车辆较多的城镇街道,行车时危险性更大。

要杜绝带病开车、关键在于驾驶员要有责任心,"人勤车不懒,车听人指挥",人是车的主人,车是人的工具,只要勤检查、勤保养、勤修理,做到无病预防,有病早治,就一定能消灭机械事故。

曰:出车之前想一想,检查车辆要周详;车有毛病要治好,带病行车是违章。

又曰:病车上路,如猛虎上街。

驾驶员同志切不可马虎了事。

五、严禁人货混装行车

严禁人货混装的主要目的是保证乘员的人身安全,避免发生人身伤亡事故。为什么人货混装容易发生伤亡事故呢? 因为汽车在行驶途中情况复杂多变,驾驶员时刻准备应付和处理各种紧急情况,人和货在车厢内部都是不稳定的。当急刹或较大速度下坡、转变等惯性下,车厢内的人和货就有可能发生碰撞,甚至货物压人,或有可能把人、货抛出车外,造成伤亡事故。装载化学危险物品后,再搭人那就更危险。除以上易伤人外,还会引起灼伤、着火、爆炸等事故伤人。实践证明,人货混装是交通安全的一大危险。

案例一　违章混装,丧命一条。

某木材公司驾驶员驾驶大货车装了一车纤维板,装车后纤维板已超出车厢拦板,未进行任何绑扎措施,随车4人就坐在纤维板上面,驾驶员也未加制止就开车行驶,途经一中心花坛,由于车速较快,离心力将车上4人连人带纤维板一起抛出车厢,造成死亡1人、重伤1人、轻伤2人。

案例二　带学生、客货混装,家破人亡。

一辆NJ130型货车满载一车杂货,当汽车开到一所中学门口时停了下来,顺便带上等候回家过暑假的独子等3人(其中2位是同学)。由于驾驶室内只能坐1人,司机叫自己的孩子和另一位同学坐在车厢内。车子开到家门口停车后,没见孩子下车,上车一看,惊呆了!孩子的同学被一捆钢筋压死了,自己的孩子不见了!马上沿着公路回头找,到第二天中午才在一弯处外侧悬崖下找到了已被摔得血肉模糊的儿子。惨剧就发生在人货混装。

《道路交通管理条例》第三十三条第二款规定:货运机动车不准人、货混载。但大型货运及汽车在短途运输时,车厢内可以附载押运或装卸人员1~5人,并须留有安全乘座位置,载物高度超过车厢拦板时,货物上不准乘人。

六、严禁超标装载车行

汽车超标一般指装载超重、超长、超高、超宽等情况。《道路交通管理条例》对车辆装载有较为具体的规定,机车载物必须遵守下列规定:

(1)不准超过行驶证上核定的载重量。

(2)装载须均衡平稳、捆扎牢固。装载容易散落、飞扬、流漏的物品,须封盖严密。

(3)大型货运车载物,高度从地面起不准超过4 m,宽度不准超过车厢,长度前端不准超出车身,后端不准超出车厢 2 m,超过部分不准触地。

(4)大型货运挂车和大型拖拉机挂车载物,高度从地面起不准超过 3 m,宽度不准超出车厢,长度前端不准超出车厢,后端不准超出车厢 1 m。

汽车超标行驶危害很大,其主要表现在以下方面。

(一)超重

(1)车辆装载超重会使轮胎负荷过大,易变形,产生爆胎;

(2)超重会造成汽车转向沉重,操作易失误;

(3)超重会使制动效能降低,制动距离增加,增大出事故的可能性;

(4)超重会使发动机的负荷增大,发动机过热,加速磨损;

(5)超重会使车架负荷加重,使车架变形、损坏。

(二)超高

主要易撞坏货物、车辆和建筑设施,超高装载会提高货物重心位置,影响稳定性,货物容易被抛出车外,容易造成翻车事故。

(三)超宽、超长

超宽、超长会使车辆交会刮擦和车辆重心后移,转弯半径扩大,容易碰刮他物,发生事故。

案例一 装载超宽,撞死骑车人。

某厂司机驾驶超宽装载的货车,因估计不足将同向行驶的骑自行车人刮倒在地后,碾压致死,此事故纯系违章超宽所造成的。

案例二 超长又超重,车头竖起来,货物散满街,行人受伤害。

某市汽车运输公司驾驶员,驾驶 8.5 t 挂车装载重 1.6 t,长 12 m 的圆钢,上桥时由于重心在后,车头向上竖起,圆钢往下滑,砸死、砸伤旁边骑自行车者多人。

七、严禁无阻火器车辆进入禁火区

凡是生产、使用、储存可燃气体、助燃气体、氧化剂和易爆固体等地方及岗位的设备、容器、管道及其周围空气中易燃、易爆、挥发性气体散发较大的环境,不许有明火,称禁火区。车辆要开进去,必须在排气管上带上阻火器。因为汽油或柴油在汽缸里燃烧时最高温度可达1 800 ~ 2 000 ℃,燃烧后的废气从排气管排出时,除了烟气外,有时也有火星,甚至是火焰喷出,有时会引起危险品、可燃气体燃烧爆炸。

　　常见的阻火器,里面有3层通道,通道的隔板上密布着小孔。当火星、火焰从排气管排出时,受到3层隔板的阻挡,改变了气流的方向,火星便熄灭。

　　拖拉机、电瓶车在行驶时,更易产生火星和电火花,所以不可用来装危险物品,更不可开进生产及贮有危险品的工厂和仓库。

　　案例一　某年某月某日,某厂一生产装置溢出丁烯着火。该厂只向消防部门报了厂名和火警,未说明生产区内有易燃、易爆气体。市消防车未装阻火器便直奔灾区,未到着火现场就与另一处外溢丁烯气体相遇,发生爆炸,司机死亡,同车消防队员均受伤,并造成更大的火灾。引起爆炸的火源就是消防车排气管喷出的火星。

第十一章　事故案例分析

案例1　液氯泄漏事故

某年8月6日18时,驾驶员甲驾驶装满液氯的槽罐车驶入某高速公路B56段。20时许,槽罐车与驾驶员乙驾驶的货车相撞,导致槽罐车的液氯槽罐破裂,液氯泄漏,造成除驾驶员甲外的两车其他人员全部死亡。

撞车事故发生后,驾驶员甲不顾槽罐车严重损坏、液氯已开始外泄的危险情况,没有报警也没有采取任何措施,就迅速逃离了事故现场。由于延误了最佳应急救援时机,泄漏的液氯迅速汽化扩散,形成大范围污染,造成该高速公路B56段附近村民30人中毒死亡、285人住院治疗、近万人紧急疏散。

7日2时,应急救援人员赶到事故现场,组织附近村民紧急疏散和对氯气污染区伤亡人员进行搜救,并对现场进行了紧急处置。请根据上述场景回答下列问题。

单项选择题

1. 根据《生产过程危险和有害因素分类与代码》(GB/T 13861—1992),导致该事故发生的化学性危险、有害因素包括(C)。

A. 槽罐车的液氯槽罐破裂　　　B. 标志不良

C. 有毒物质　　　　　　　　　D. 作业环境不良

E. 运动物

2. 导致该事故发生的直接原因是(A)。

A. 槽罐车与货车相撞,导致液氯泄漏

B. 槽罐车装载液氯的槽罐技术设计有缺陷

C. 对货车驾驶员乙教育培训不够

D. 村民缺乏对液氯危害性的认识

E. 当地政府对事故的处理措施不当

3. 根据相关法律、法规和本案例描述,应追究(A)的刑事责任。

A. 槽罐车驾驶员甲　　　　　　B. 货车驾驶员乙

C. 村民　　　　　　　　　　　D. 村民主要负责人

E. 应急救援人员

多项选择题

1. 事故调查取证是事故调查工作非常重要的环节。该事故调查取证主要包括(A、D)。

A. 收集与事故发生有关的事实

B. 成立该事故的应急救援指挥部

C. 慰问抢险人员

D. 询访槽罐车驾驶员甲

E. 及时通过新闻媒体报道事故调查进展

2. 参照《企业职工伤亡事故经济损失统计标准》(GB 6721—1986),可以列为该事故的直接经济损失的项目包括(A、B、C、D)。

A. 中毒死亡人员的丧葬及抚恤费用

B. 受伤住院村民的补助救济费用

C. 受伤住院村民的医疗费用

D. 事故罚款和赔偿费用

E. 槽罐车停运期间减少的经济收入

3. 依据《危险化学品安全管理条例》,槽罐车运输单位需要(A、B、C、E)。

A. 经过资质认定

B. 对驾驶员甲进行相关安全知识培训

C. 配备必要的应急处理器材和防护用品

D. 办理夜间行车手续

E. 配备押运人员

案例2　设备检修人员死亡事故

　　某铸造车间,4人检修大型混砂机,请来电工甲配合。配电方式如图11-1(a)所示。电工甲按下停车按钮停止混砂机电源接触器,并用小竹片清洁按钮。电工甲失手误合刀开关,混砂机启动。4名检修人员中,1人正准备进入混砂机,急忙缩腿幸免受伤。另3人已经进入混砂机内,结果:1人跳起抓住横梁,幸免于难;1人多处骨折,当日死亡;1人内脏破裂,次日死亡。

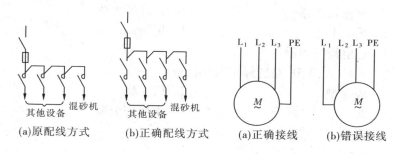

(a)原配线方式　　　(b)正确配线方式　　　(a)正确接线　　　(b)错误接线

图11-1　配电方式

　　调查发现,原配电方式的设计不符合安全要求,留有严重的隐患。正确配线方式如图11-1(b)所示,在分路接触器的上方应装有分路刀闸开关,以便检修时隔离电源。电工甲严重缺乏安全意识,即使在原配电方式情况下,如停接触器后拔下控制回路的保险(熔断器),混砂机也不会突然启动。再者,像这样的检修工作,应严格执行停电制度、监护制度等保证检修安全的制度。

单项选择题

1. 低压刀闸开关与接触器串联安装时,停电操作的顺序是(A)。

A. 先停接触器,后拉开刀闸开关

B. 先拉开刀闸开关,后停接触器

C. 同时停接触器和拉开刀闸开关

D. 无先后顺序,无要求

2. 下列(C)种低压开关电器有明显可见的断开点。

A. 交流接触器　　　　　　B. 低压断路器

C. 刀闸开关　　　　　　　D. 万能转换开关

多项选择题

1. 电动机在下列(A、B、D、E)情况下将会产生危险温度。

A. 绕组相间短路　　　　　B. 三相电源线断一相

C. 三相电源线断两相　　　D. 严重过载

E. 外风扇损坏

2. 下列电器中的(C、D、E)属于保护电器。

A. 交流接触器　　　　　　B. 直流接触器

C. 热继电器　　　　　　　D. 熔断器

E. 过电流脱扣器

3. 下列(A、B、D)是防爆型电气设备。

A. 隔爆型　　　　　　　　B. 增安型

C. 防尘型　　　　　　　　D. 本质安全型

E. 保护型

案例3　某厂工人被电击事故

　　某厂铸造车间地面有造型砂,能踏出水来。甲某是普通工人,上身赤膊,脚穿湿透了的皮鞋,双手抱手砂轮,欲打磨生锈的螺丝。他向乙某示意合闸,乙某合闸送电。其后,甲某大叫一声,双臂回收倒地。甲某被送进医院,经抢救无效死亡,其胸部有电击穿伤痕。

　　现场检查发现,手砂轮接线错误,一条相线当作保护线直接接向电动机的外壳,而将保护线当作相线接进手砂轮。

　　调查发现,手砂轮外壳直接带电达半月之久。其间,三人先后使用过。第一个使用者穿着干燥的皮鞋,站在干燥的水泥地面上打磨一个小毛刺,没有触电感觉。第二个使用者在不太干燥的泥土地面上操作,有"麻电"感觉,冒险打磨完了4个砂型。第三个使用者已经知道砂轮带电,坐在木箱上完成了操作,没有触电感觉。

　　事故发生后,有人曾将错误接线的手砂轮拿到使用位置测量其外壳对地电压。在第一个使用者的位置上测得电压约为 150 V;在死者的位置上测得电压接近 220 V。如果在手砂轮外壳与地之间加一模拟人,在上述两个位置上测得人体电压分别约为 1.4 V 和 220 V。

单项选择题

　　1. 我国常用的低压三相四线配电系统中,相线与中性线之间的电压为(C)V。

A. 12　　　　　B. 36　　　　　C. 220　　　　　D. 380

　　2. 通常说的保护接零相当于(A)系统。

A. TN　　　　　B. TT　　　　　C. IT　　　　　D. PE

　　3. 对于工频交流电,人的摆脱电流约为(B)mA。

A. 1　　　　　B. 10　　　　　C. 100　　　　　D. 1 000

多项选择题

　　1. 在(B、C、E)情况下用电器具的金属外壳有可能带电。

A. 线路一相熔丝熔断

B. 一条相线与保护线互相接错

C. 相线与外壳间的绝缘损坏

D. 短时间过载

E. 外壳未接保护线

　　2. 下列(C、D、E)属于防止间接接触的安全技术措施。

A. 绝缘和屏护　　B. 间距　　　　C. 保护接地

D. 等电位连结　　E. 重复接地

　　3. 下列(A、B、D、E)因素会增大现场触电的危险性。

A. 潮湿　　　　　B. 高温　　　　C. 木板地面

D. 移动式电气设备和可移动电线多

E. 金属设备多

案例4　工人患职业病事件

某年 11 月,某市某私人泥石厂发生一起大批工人患职业病事件。

该厂4年前从某地招聘来数百人到厂做工,简陋的厂房里除了生产用的机器外,无其他任何设备。作业场所狭小,空气流通不畅。每天工作时间从5时至17时,中午只有30 min 的休息时间。工作时3 m 外看不见人。因灰尘太大,工人要求老板给配口罩,老板说你们干活挣钱,应自己买。没过多久,这些工人就出现了咳嗽、气短现象,但大家都没在意,以为干几年挣一些钱就可以回家了。后来因连续发生几人不明原因死亡,症状几乎相同,才引起大家的注意。一去医院检查,竟有几百人患上了这类职业病。

单项选择题

1. 该作业场所的灰尘主要属于(A)。

A. 无机粉尘　　　B. 有机粉尘　　　C. 混合性粉尘

2. 该职业病属于(A)。

A. 矽肺　　　　B. 中毒　　　　C. 石棉肺　　　　D. 职业肺癌

多项选择题

1. 粉尘的理化性质有(A、B、C、E)。

A. 分散度　　　B. 溶解度　　　C. 密度　　　　D. 软度

E. 化学成分

2. 根据粉尘化学性质不同,粉尘对人体的危害作用有(A、B、C)。

A. 致纤维化　　　B. 中毒　　　　C. 致敏　　　　D. 窒息

3. 该工厂应采用(A、B、D)消除和降低粉尘危害。

A. 改革工艺流程,使生产过程机械化、密闭化、自动化

B. 湿式作业

C. 开放作业

D. 佩戴个体防护用具

案例5　物料提升机坠落事故

某公司热轧薄板厂的2号加热炉工程由某钢铁设计院设计,某冶金建设集团公司中标为工程的总承包方。冶金建设集团公司又将该工程中烟囱的施工(该烟囱为钢筋混凝土结构,高度110 m)分包给其下

属的第八建筑公司施工,工地总人数约180人,施工人员主要来自南方某县劳务公司,工程由某监理公司进行监理。

施工中由第八建筑公司项目部编制了烟囱施工方案,方案中使用的物料提升机为井字架,作为解决烟囱上下料的运输工具,提升机选用了摩擦式卷扬机为动力。第八建筑公司项目部在搭设前未编制专项施工方案,由施工人员凭经验搭设钢管井架,搭设后未按规范要求设置安全防护装置。另外,考虑人员上下,虽设置了钢直梯,但既没按规定设置护圈,也没有设合理的休息平台,施工中作业人员为了节省时间基本上乘坐井架吊篮上下。以上情况建设单位、监理单位和施工单位在检查中都已发现,对吊篮载人一事没有予以制止,对井架无安全防护装置、直梯无护圈及休息平台的设置等问题也没有提出解决办法。

当烟囱施工高度达106 m时,烟囱顶部有13名工人完成绑扎钢筋和支模板作业后等待验收,这其间有5人乘吊篮下去,第八建筑公司的一名质检员又乘吊篮上到烟囱顶部准备进行验收检查。此时地面的卷扬机司机以为还要等待一段时间,所以拉上制动器后便离机去找人。后因天下雨,烟囱顶部的9人准备下到地面,于是全部乘上吊篮。由于人员过多,质量超过卷扬机制动器的制动力,而吊篮又没安装停靠装置,吊篮开始下滑,又因无断绳保护装置,致使吊篮无任何保护直落地面,地面也没按规定装设缓冲装置,过大的冲击及振动造成7人死亡,2人重伤。

单项选择题

1. 使用物料提升机提升应做到(A)。

A. 严禁人员攀登、穿越提升机架体和乘吊篮上下

B. 在有人员乘吊篮上下时必须由专业司机操作

C. 未经技术人员许可,一般不允许乘吊篮上下

D. 严禁人员攀登、穿越提升机架体,但可以乘吊篮上下

2. 上述案例事故的性质为(C)。

A. 机械事故　　B. 意外事故　　C. 责任事故　　D. 多人事故

多项选择题

1.《龙门架及井架物料提升机安全技术规范》对提升机的制造作

出的规定是(A、B、C、D)。

　A. 提出设计方案　　　B. 有图样

　C. 有计算书　　　　　D. 有质量保证措施

　E. 经专家论证

2. 提升机应具有的安全防护装置有(A、B、C、D、E)。

　A. 安全停靠装置或断绳保护装置

　B. 楼层口停靠栏杆、上料口防护棚

　C. 吊篮安全门

　D. 上极限限位器

　E. 紧急断电开关

3. 提升机的日常检查由作业司机在班前进行,在确认提升机正常后,方可投入作业。检查内容包括(B、C、E)。

　A. 金属结构有无开焊、锈蚀、永久变形

　B. 地锚与缆风绳的连接有无松动

　C. 吊篮运行通道内有无障碍物

　D. 电气设备的接地情况

　E. 作业司机的视线是否清晰或通信装置的使用效果是否良好

案例 6　某化工厂应急预案及应急演习

　　某化工厂的原料、中间产品有火灾、爆炸、中毒的危险性,生产的最终产品有氯气(Cl_2)和代号为 CP 的其他产品。生产工艺单元有原料库房、氯气库房、产品 CP 库房、生产一车间和生产二车间。厂区周围有居民住宅和其他工厂。为此,工厂需要编制事故应急预案。厂长甲将事故应急预案的编制工作交给了厂调度室主任丙。主任丙为了不影响自己和他人的工作,决定自己用业余时间独立完成。经过近 3 个月的努力,事故应急预案终于编制完成,并交给厂长甲。

　　厂长甲认真审查了厂事故应急预案,认为:①事故应急预案中的"一旦事故发生,全厂员工应优先保护重要生产设备再救助他人"的应急原则,体现了保护企业财产、爱厂如家的奉献精神;②"应急救援领导小组组长为主管生产安全的副厂长乙",体现了谁主管谁负责的原则;③"当发生重大氯气泄漏时由场外消防部门向周围居民发出警报",体现了生产不扰民的原则;④"启动事故应急预案后,厂长甲应立即向当地安全生产监管部门、环境保护部门两个部门报警"的报警程序清晰;⑤应急救援物资和设备的评估合理。因此,厂长甲当场让主任丙立即将事故应急预案打印发布。

厂长甲决定进行应急演习,并再次将任务交给主任丙。主任丙将演习地点设在氯气库房,厂应急指挥部设在氯气库房下风侧的平地上。演习过程为:第一步,指定人员 A 打开氯气库房中一个装有氯气的钢瓶,使氯气慢慢泄漏;第二步,工人 B、C 在氯气库房外面假装因氯气中毒昏倒;第三步,工人 D、E 发现有人昏倒,立即离开危险区,并向调度室报警;第四步,事故应急预案立即启动,所有应急人员到达指定位置和岗位;第五步,向 110、119、120 等外部应急救援部门报警;第六步,外部应急救援力量赶到现场,实施人员救护和抢险。请根据描述的场景回答下列问题。

1. **指出该厂事故应急预案编制过程中的不足或不正确的做法。**

　　参考答案

　　(1)主任丙一人编制。

　　(2)未对预案评审即发布。

2. **指出该厂事故应急预案存在的问题,并提出改进意见。**

　　参考答案

　　(1)应急原则问题。改进意见:优先救助人员。

　　(2)应急领导小组组成问题。改进意见:厂长甲为组长,副厂长乙为副组长。

　　(3)报警程序问题。改进意见:启动应急预案后,厂长甲立即向当地安全生产监管部门(危险化学品安全监管综合部门)、环境保护部门、公安部门报警。

　　(4)警报原则问题。改进意见:化工厂直接向周围居民发出警报。

3. **指出该厂应急演习中不正确的做法。**

　　参考答案

（1）使用真正的氯气演习不正确。

（2）指挥部地点在下风侧不正确。

案例7　某化学试剂厂爆炸事故

某化学试剂厂生产车间进行反应釜装甲苯作业。作业过程中发生强烈爆炸,继而猛烈燃烧近2 h。现场作业的7人中5人当场死亡,2人严重烧伤。

生产车间南北长约30 m,东西宽约8 m,西面开门,具有抗爆型结构。

该厂装甲苯的操作方法是先将甲苯灌装在金属桶内,再将金属桶运到反应釜近旁,经塑料软管将甲苯从金属桶注入反应釜内。端部固定在金属桶小盖上的软管是长约8 m的塑料管,自反应釜上方开孔引入反应釜;端部固定在金属桶小盖上的软管是橡胶管,连接车间外30 m远处的气泵。启动气泵,甲苯即顺塑料管注入反应釜。

现场情况:未逃出的5人已烧焦、收缩,反应釜倒在地上,金属桶下盖脱落,墙上和天花板上出现裂纹,窗玻璃全部破碎。

经分析,确认是静电火花引起的爆炸。经计算,塑料软管内甲苯的流速超过静电安全流速的3倍。甲苯带着高密度静电注入反应釜,如釜内残留有螺母、垫圈、焊条头等孤立导体,很容易产生足以引燃甲苯蒸气的静电火花。

单项选择题

1. 工艺过程中所产生静电的电压可能高达（A）以上。

A. 数万伏　　　B. 数千伏　　　C. 数百伏　　　D. 数十伏

2. 管道内液体流动产生的静电大约与流速的（B）次方成正比。

A.1　　　　　B.2　　　　　C.3　　　　　D.4

3. 生产车间的（C）最容易产生和积累危险静电。

A. 金属桶　　　B. 反应釜　　　C. 塑料软管　　　D. 气泵

案例 8 　液氨钢瓶泄漏事故与预防措施

某年 7 月某日 12 时左右,某区甲交通管理站一辆装运乙液氨气体有限公司液氨钢瓶的运输车辆,在丙有限公司卸完 2 瓶液氨后,途经某饭店,驾驶员和押运员离车用餐。约 20 min 后,在烈日的暴晒下,1 只 200 kg 钢瓶突然爆裂,泄漏的液氨导致现场附近 108 人中毒,先后送至区中心医院救治。

事故发生日,当地平均气温为 35 ℃,最高温度为 38.7 ℃。

事故发生时,车载 10 只液氨钢瓶,其中 6 只为 200 kg,4 只为 50 kg。200 kg 钢瓶中 4 只原就是空瓶,2 只为刚在丙有限公司卸完液氨的钢瓶,爆裂钢瓶是刚卸完液氨的 1 只钢瓶。事后经称重发现。有 1 只 200 kg 瓶内尚有残余液氨 31 kg;4 只 50 kg 液氨钢瓶为满瓶。驾驶员和押运员持有相关证件。钢瓶运输过程没有遮阳措施。

气瓶充装时间为事发前 8 日,充装单位没有相关瓶号的记录。用户单位采购资料中没有相关瓶号记录,也没有现场卸液氨操作的相关记录,无法真实反映卸液氨瓶号、卸液氨前后压力变化、储槽液位记录等。

满液气瓶于事发日 9 时 30 分左右到达用户作业现场,卸氨后约 11 时 15 分离开。卸第一瓶液氨用了 20 min;卸第二瓶时由于下方的液相接口连接出现问题,便将卸液导管接在了上方的气相接口上,连接导管用时 10 多 min,然后用了近 1 h 卸液,期间操作人员曾对液氨管路系统的阀门进行操作,以瓶体结霜为确认液氨是否卸完的依据。用户无卸液计量设施,储槽液位计模糊不清,难以正确确定液位,且没有配置防止倒灌的装置,在系统压缩机工作的情况下,存在操作失误导致系统内液氨倒灌至钢瓶的条件。

在对钢瓶表面除漆后,未见气瓶制造单位钢印。发现 4 处检验钢印,最早的检验钢印是 1990 年 8 月,其中"03"钢印明显有误。反映该气瓶检验单位管理混乱,也不排除是不具备资质的非法检验单位。

破口呈塑性断裂,断口上未见明显的金属缺陷。破口沿筒体中部纵向破裂,长约 710 mm,宽约 50 mm,距下焊缝约 410 mm。破口中央在纵焊缝的热影响区近熔合线处,断口处测得的最小壁厚为 3.1 mm。筒体周长约 1 978 mm,破口最大处筒体周长约 2 030 mm。

事故瓶外表面腐蚀较严重,瓶体表面存在大量点状腐蚀,尤其是近焊缝处。

对事故瓶筒体进行测厚、金相、磁粉、射线、化学、母材和焊缝机械性能等检验和试验,未发现严重超标缺陷。

1. 请分析事故原因。

参考答案

排除气瓶设计、制造、材料不合格等因素,造成气瓶爆炸破裂的直接原因有如下 3 种可能:

(1)气瓶内存有过量气体(氨)。

(2)液氨钢瓶超期使用,严重腐蚀。

(3)高气温促发事故。液氨钢瓶运输过程没有遮阳措施是发生事故的直接原因。

间接原因:

(1)充装单位对充装环节疏于管理,没有瓶号及操作等相关记录。

(2)用户单位没有严格执行装卸液氨的操作规程。

(3)对驾驶员和押运员培训不到位。

(4)有关部门对气瓶充装企业的资质及充装人员的培训与监督管理不到位。

2. 为避免同类事故的发生,应采取哪些预防措施?

参考答案

(1)充装单位对充装环节应当严格管理。

(2)用户单位对卸液工作必须高度重视,严格管理。

(3)运输单位应当严格按照《气瓶安全监察规程》规定运输,对运输和作业人员应当进一步加强安全教育。

(4)有关部门要严格规范气瓶充装企业的资格许可和安全管理工作。

(5)有关部门要加强对气瓶的维护保养和报废处理情况的检查。

(6)有关部门要加强气瓶充装人员(含充装前检查人员,下同)的监督管理工作。

案例9 危险化学品运输泄漏事故分析

某年1月24日10时左右,在某路段发生特大汽车追尾事故,造成5人死亡、5人受伤,其中一辆运输车上装载的有毒化工原料泄漏。事故发生在某高速公路自北向南方向路段距某市14 km处,4辆汽车相撞。其中一辆面包车上3人当场死亡;一辆运输车被撞坏,车上2人死亡、1人受伤,车上装载的15 t四氯化钛开始部分泄漏。四氯化钛是一种有毒化工原料,有刺激,挥发快,对皮肤、眼睛会造成损伤,大量吸入可致人死亡。事故现场恰逢小雨,此物质遇水后起化学反应,产生大量有毒气体。某市、某县有关领导闻讯后立即赶赴现场,组织公安、消防人员及附近群众200余人,对泄漏物质紧急采取以土掩埋等处置措施。

1. 简述对危险化学品运输车辆的安全要求。

参考答案

(1)用于危险化学品运输的车辆应符合要求,禁止使用电瓶车、翻斗车、铲车、自行车等运输爆炸物品,禁止用叉车、铲车、翻斗车等运输易燃、易爆液化气体等危险化学品。

(2)根据危险化学品特性,在车辆上配置相应的安全防护器材、消防器材等。

(3)运输易燃、易爆物品的车辆,其排气管应装阻火器。

(4)车厢应有防止摩擦打火的措施。

(5)槽、罐应具有足够的强度和齐全的安全设施及附件。

(6)运输车辆应有防止电火花和导除静电设施。

(7)运输车辆应按规定设置危险物品标志。

(8)车辆的技术状况必须处于良好状态。

2. 简述危险化学品公路运输的安全要求。

参考答案

(1)危险化学品运输单位应有相应的资质。

（2）运输工具、车辆必须符合要求，并设置明显的标志。

（3）托运剧毒化学品应向公安部门申办剧毒化学品公路运输通行证。

（4）驾驶员、装卸员、押运员等应经过相应培训，持证上岗。

（5）必须配备押运人员，运输车辆随时处于押运人员的监管下。

（6）不得超装、超载。

（7）必须配备必要的应急处理器材和防护用品，有关人员须了解所承运的危险化学品的特性及应急措施。

（8）按规定时间、路线行驶。

（9）严禁超速行驶，与其他车辆保持足够的安全距离。

（10）中途停车住宿或无法正常运输，应向当地公安部门报告。剧毒化学品运输途中出现意外，应立即向公安部门报告，并采取一切可能的警示措施。

案例 10　建筑施工高处坠落事故分析

某建筑安装公司承包了某市某街 3 号楼（6 层）建筑工程项目，并将该工程项目转包给某建筑施工队。该建筑施工队在主体施工过程中不执行《建筑安装工程安全技术规程》和有关安全施工之规定，未设斜道，工人爬架杆、乘提升吊篮进行作业。某年 4 月 12 日，施工队队长王某发现提升吊篮的钢丝绳有点毛，但未及时采取措施，继续安排工人施工。15 日，工人向副队长徐某反映钢丝绳"毛得厉害"，徐某检查发现有约 30 cm 长的毛头，便指派钟某更换钢丝绳。而钟某为了追求进度，轻信钢丝绳不可能马上断，决定先把 7 名工人送上楼施工，再换钢丝绳。当吊篮接近 4 层时，钢丝绳突然断裂，导致重大人员伤亡事故的发生。

1. 简述建筑施工企业主要的伤亡事故类型。

参考答案

建筑施工行业伤亡事故类型主要有 5 类：①高处坠落；②物体打击；③触电事故；④机械伤害；⑤坍塌。

2. 如何防止施工过程中发生高处坠落事故?

参考答案

防止高处坠落事故的安全措施有:

(1)脚手架搭设符合标准。

(2)临边作业时设置防护栏杆,架设安全网,装设安全门。

(3)施工现场的洞口设置围栏或盖板,架网防护。

(4)高处作业人员定期体检。

(5)高处作业人员正确穿戴工作服和工作鞋。

(6)6级以上强风或大雨、雪、雾天不得从事高处作业。

(7)无法架设防护设施时,采用安全带。

3. 简述钢丝绳的正确使用和维护方法。

参考答案

钢丝绳的正确使用和维护方法有:

(1)使用检验合格的钢丝绳,保证其机械性能和规格符合设计要求。

(2)保证足够的安全系数,必要时使用前要做受力计算,不得使用报废钢丝绳。

(3)坚持每个作业班次对钢丝绳的检查并形成制度。

(4)使用时避免两钢丝绳的交叉、叠压受力,防止打结、扭曲、过度弯曲和划磨。

(5)应注意减少钢丝绳弯折次数,尽量避免反向弯折。

(6)不在不洁净的地方拖拉,防止外界因素对钢丝绳的损伤、腐蚀,使钢丝绳性能降低。

(7)保持钢丝绳表面的清洁和良好的润滑状态,加强对钢丝绳的保养和维护。

案例 11　某化工厂化学品泄漏事故应急演习策划

某化工厂位于某市开发区,占地 3.3 万 m^2。厂区东面 1 km 是国道,东面 1.5 km 是条河流;南面 0.5 km 是大片农田;西面 0.5 km 和 1 km 处分别有 2 家化工厂;北面紧邻一条公路,1 km 处是一个城镇,3 km 处是一条高速公路。该厂主要生产各种黏合剂,现场储存有大量的危险化学品和大量待运成品,其中丙烯腈是一种重要原料。

该厂准备开展一次应急响应的通信功能演习。策划的演习方案如下:

演习时间为当年 3 月 31 日。估计演习当天的天气情况是:晴,最高气温 17 ℃,最低气温 6 ℃,风向北风,风力 3 ~ 5 级。事故应急指挥中心设在办公楼内。演习地点设在办公楼北面的一片空地,空地的北面和东南面分别有 2 个出口。演习计划将盛有丙烯腈的储罐运到这片空地,但是为了防止演习发生意外事故,储罐只剩余约 1/5 体积的丙烯腈。

演习导演人员将储罐阀门打开,让丙烯腈流出并聚集在储罐的围堤内,与空气接触后,迅速产生刺激性蒸气。储罐附近有 3 名工作人员因吸入有毒蒸气而昏倒在地,不省人事,另 1 名工作人员在昏倒前成功报警。工厂其他工人闻到刺激性气味后,立即纷纷从东南出口自行逃离工厂。启动应急预案后,厂长立即向市安全生产监督管理局、环境保护局两个主管部门报警。

为增强演习的效果,演习前开展了培训,重新复习工厂的应急预案,让所有人员了解在紧急情况下自身的责任,并且知道自己在演习过程中应该向谁汇报、对谁负责。此外还就演习的程序、内容和场景开展全员培训。

请指出上述演习计划中 4 处不正确的做法。

参考答案

(1)在有毒有害气体泄漏时,事故指挥中心不应该设在事故现场的下风向。

(2)演习泄漏时不应该采用真正的有毒化学品。

(3)根据危险化学品安全管理条例,启动应急预案后,用人单位应立即报告当地负责危险化学品安全监督管理综合工作的部门和公安、环境保护、质检部门,而本演习只汇报了两个部门。

（4）开展演习响应行动人员培训时不应该介绍演习的场景。

案例 12　某造纸厂中毒事故

一、企业概况

某市造纸厂建于 1971 年 6 月,为集体所有制。企业注册资金 71.3 万元,厂长、法人代表孙某。企业现有净资产 325 余万元,职工 103 人。主要生产设备有:2400 型、1760 型造纸机各 1 台,锅炉(4 t)2 台,变压器(630XVA)2 台。主要产品有瓦楞纸、箱板纸、茶板纸,年生产能力为 13 000 t。

二、事故经过

事故发生在 2400 型造纸机生产箱板纸时用的面浆池。浆池(椭圆形,高 2.5 m)的容积约为 28.8 m^3,四周密闭,仅池顶部开 1 个 0.24 m^2 (0.4 m × 0.6 m)的观察口,池内设有搅拌机、抽浆泵。根据生产工艺流程,在生产箱板纸过程中需加入硫酸铝、松香胶等化工原料。

2003 年 6 月 20 日 13 时左右,该厂磨浆车间当班职工周某、胡某、郝某在工作中发现抽浆速度太慢,怀疑抽浆泵堵塞,欲下池检修。当时在场的厂长助理谢某表示,若要下去,应有 2 人在场,并且要系好绳子,带上氧气瓶。此后谢某找厂长反映情况,未找到。随即回到车间,发现周某、胡某 2 人不见了,并发现纸浆池口放着梯子,知道出事了,边喊边跑到办公室,向厂长妻子洪某反映情况。洪某即拨打 110 报警。与此同时,杜某、戚某、俞某先后下池救人,都没有上来。随后厂长孙某赶到,亲自组织指挥抢救工作。指挥黄某下池救人,下池后也没有上来。在场的其他职工都不愿再下去,孙某就叫别人给自己系上绳子下去救人,下池后即刻昏迷,被人拉上来,迅速送往医院抢救。

事故发生后,有关部门立即赶赴现场,从浆池中抢救出周某、胡某、戚某、杜某、俞某、黄某 6 人,经医院抢救无效死亡。

三、事故原因

经调查组调查,确定该事故的原因是:

(1)周某、胡某不听领导劝告,在没有任何防护措施的情况下,冒险作业,擅自进入硫化氢浓度严重超标的浆池而导致中毒死亡事故的发生。

(2)厂长孙某盲目指挥职工下池救人,致使下池职工中毒死亡,造成事故后果的进一步扩大。

(3)企业安全管理混乱。该厂没有建立安全管理机构,安全管理人员不到位;没有建立健全和落实安全生产责任制;没有制定必要的安全生产规章制度和安全操作规程,以及事故应急救援预案;也没有对职工进行安全知识培训,职工安全意识淡薄,缺乏基本的自我保护意识和救援知识。

(4)有关政府部门对该厂安全生产监管不力,没有实施有效的安全综合治理,安全检查不到位,对存在的重大事故隐患未能及时提出整改意见和防范措施。

1. 确定该事故的事故类别。

参考答案

中毒和窒息。

2. 若由你来调查该事故发生的有关事实,你应该收集哪些方面的情况?

参考答案

按照《企业职工伤亡事故调查分析规则》中的有关规定,应调查、收集以下情况:

(1)事故发生前设备、设施等的性能和质量状况。

(2)使用的材料,必要时进行物理性能或化学性能实验与分析。

(3)有关设计和工艺方面的技术文件、工作指令和规章制度方面的资料及执行情况。

(4)关于工作环境方面的状况,包括照明、湿度、温度、通风、声响、色彩度、道路、工作面状况,工作环境中的有毒、有害物质取样分析记录及监测情况。

(5)个人防护措施状况,注意它的有效性、质量、使用范围。

(6)出事前受害人或肇事者的健康状况。

(7)企业对职工的安全培训情况。

(8)其他可能与事故致因有关的细节或因素。

3. 事故原因分为直接原因和间接原因,请确定上述事故原因中哪些是直接原因,哪些是间接原因。

参考答案

事故原因中的(1)和(2)为直接原因,(3)和(4)为间接原因。

案例 13 石油化工厂渣油罐爆炸事故

某年3月31日,某市石油化工厂渣油罐发生爆炸事故,波及相距20余m处的两个容积为1 800 m³的汽油罐爆炸起火,造成16人死亡、6人重伤,炸毁油罐3个,烧毁渣油169 t、汽油111.7 t,以及电气焊具、管道等,直接经济损失45万余元。全厂被迫停产达两个多月。

一、背景与经过

450 m³渣油罐原为锅炉燃料油罐。在3月30日将此罐改为非常压渣油罐前,该厂领导未将改造方案交设计部门按有关专业国家规范进行设计,也未经热力学计算,未加任何换热、冷却装置,也未采取其他安全防范措施。《炼油厂油品储运工艺设计》规定:油罐内油品的储存温度一般不高于90 ℃。如操作上有特殊要求,热油可以进罐,其进罐温度不高于120 ℃,热油罐的基础应加特殊处理。当3月30日10时,365 ℃高温的热渣油从常压塔底出口通过管道输入该罐时,虽经管道自然降温,但经30 h输送,进入油罐时温度仍然超过200 ℃,挥发出大量可燃气体,与罐内空气混合形成可爆性气体。这种气体充满油罐后,即从罐顶透光孔、量油孔、排气孔向罐外逸出,形成爆炸危险区域。

安排明火作业时没有办理动火手续,也没有采取任何安全措施。

3月初,该厂为解决燃料渣油的质量问题,决定将原液控塔搬迁到

500 m³ 燃料渣油罐南侧 8.3 m 处,距该罐 20 m 远有两个汽油罐(各 1 800 m³)。在工程即将结束的 3 月 31 日 16 时 25 分,施工人员在液控塔最上一层平台的北侧进行电焊作业。电焊火花点燃了从渣油罐顶部放空孔溢出的可燃气体,引起渣油罐爆炸起火,摧毁距离 8.2 m 远的防火墙,进而引起距该罐 20 m 远的两个汽油罐起火爆炸。火灾覆盖面积 5 000 m²,当晚 9 时 35 分扑灭,历时 5 h 10 min。

二、事故原因分析

(1)违章输送渣油,造成油温过高,罐区形成可爆性气体。450 m³ 的渣油罐,原为锅炉燃料油罐。在 3 月 30 日用此罐改为非常压渣油罐前,该厂领导未将改造方案交设计部门按有关专业国家规范进行设计,也未经热力学计算,未加任何换热、冷却装置,也未采取其他安全防范措施。365 ℃高温的热渣油从常压塔底出口通过管道输入该罐时,虽经管道自然降温,但经 30 h 输送,进入油罐时温度仍超过 200 ℃,挥发出大量可燃气体,与罐内空气混合形成可爆性气体。这种气体充满油罐后,即从罐顶透光孔、量油孔、排气孔向罐外逸出,形成爆炸危险区域。

(2)违章进行明火作业,安排明火作业时没有办理动火手续,也没有采取任何安全措施。3 月 31 日 16 时 25 分左右,施工人员刘某、王某在渣油罐南侧距罐 8.3 m 处的液控塔上进行电焊作业,电焊火花与罐内溢出的可燃性气体相遇引起爆炸,罐内渣油喷出酿成火灾。

(3)单位领导不尊重科学,不重视安全生产,违章指挥,冒险蛮干。工厂总体布局不合理,存在许多危险因素,厂领导轻视安全生产,对于潜在的危险因素没有认真解决,终于导致这次恶性爆炸火灾事故的发生。

三、防范措施

(1)由有资质的设计和建设单位按照相关设计规范进行油罐库区的设计、建设。

(2)制定、完善并严格执行各项安全管理制度。

(3)提高全员特别是单位负责人的安全意识,加强培训。

案例 14　静电引起甲苯装卸槽车爆炸起火事故

某年 7 月 22 日 9 时 50 分左右,某化工厂正在执行甲苯装卸任务的汽车槽车突然发生爆炸起火。将整辆汽车槽车包括车上约 1.3 t 的甲苯全部烧毁,造成 2 人死亡。

一、事故经过

7 月 22 日上午,某化工厂租用某运输公司一辆汽车槽车,到铁路专线上装卸外购的 46.5 t 甲苯,并指派仓库副主任、厂安全员及 2 名装卸工执行卸车任务。约 7 时 20 分,开始装卸第一车。由于火车与汽车槽车约有 4 m 高的位差,装卸直接采用自流方式,即用 4 条塑料管(两头套橡胶管)分别插入火车和汽车罐体,依靠高度差,使甲苯从火车罐车经塑料管流入汽车罐车。约 8 时 30 分,第一车甲苯约 13.5 t 被拉回公司仓库。约 9 时 50 分,汽车开始装卸第二车。汽车司机将汽车停放在预定位置后与安全员到离装卸点约 20 m 的站台上休息,1 名装卸工爬上汽车槽车,接过地上装卸工递上来的装卸管,打开汽车槽车前后 2 个装卸孔盖,在每个装卸孔内放入 2 根自流式装卸管。4 根自流式装卸管全部放进汽车槽罐后,槽车顶上的装卸工因天气太热,便爬下汽车去喝水。人刚走离汽车约 2 m,汽车槽车靠近尾部的装卸孔突然发生爆炸起火。爆炸冲击波将 2 根塑料管抛出罐外,喷洒出来的甲苯致使汽车槽车周边燃起一片大火,2 名装卸工当场被炸死。约 10 min 后,消防车赶到。经 10 多 min 的扑救,大火全部扑灭,阻止了事故进一步的扩大,火车槽车基本没有受损害,但汽车已全部被烧毁。

二、背景材料

据调查,事发时气温超过 35 ℃。当汽车完成第一车装卸任务并返回火车装卸站台时,汽车槽罐内残留的甲苯经途中 30 多 min 的太阳暴晒,已挥发到相当高的浓度,但未采取必要的安全措施。直接灌装甲苯。

没有严格执行易燃、易爆气体灌装操作规程,灌装前槽车通地导线没有接地,也没有检测罐内温度。

三、事故原因分析

(1)直接原因是装卸作业没有按规定装设静电接地装置,使装卸产生的静电无法及时导出,造成静电积聚过高产生静电火花,引发事故。

(2)间接原因是高温作业未采取必要的安全措施,因而引发爆炸事故。

事发时气温超过 35 ℃。当汽车完成第一车装卸任务并返回火车装卸站台时,汽车槽罐内残留的甲苯经途中 30 多 min 的太阳暴晒,已挥发到相当高的浓度,但未采取必要的安全措施,直接灌装甲苯。

四、事故教训与防范措施

(1)立即开展接地静电装置设施的检查和维护,加强安全防范,严防类似事故的发生。

(2)完善全公司安全规章制度。事故发生后,针对高温天气,公司明确要求,灌装易燃、易爆危险化学品,除做好静电设施接地外,在第二车装卸前,必须静置汽车槽车 5 min 以上或采取罐外水冷却等方式,方可灌装。

(3)进一步健全公司安全管理制度,充实安全管理力量,落实好安全责任制,强化安全管理手段和措施。

案例 15　特大吊装事故

一、事故经过

某年某月某日 8 时左右,在某市造船厂船坞工地,由某工程公司、某中心等单位共同承担安装载重量 600 t、跨度为 170 m 的巨型龙门起重机的工程,在吊装主梁过程中发生倒塌,造成 36 人死亡的特大事故。

(一)起重机吊装过程

事故前 3 个月,该工程公司施工人员进入造船厂开始进行龙门起重机结构吊装工程,2 个月后,完成了刚性腿整体吊装竖立工作。

事故前 12 日,该中心进行主梁预提升,通过 60% ~ 100% 负荷分步加载测试后,确认主梁质量良好,塔架应力小于允许应力。

事故前 4 日,该中心将主梁提升离开地面,然后分阶段逐步提升。至事故前 1 日 19 时,主梁被提升至 47.6 m 高度。因此时主梁上小车与刚性腿内侧缆风绳相碰,阻碍了提升。该公司施工现场指挥考虑天色已晚,决定停止作业,并给起重班长安排好工作,明确次日早晨放松刚性腿内侧缆风绳,为 8 时正式提升主梁做好准备。

(二)事故发生经过

事故当日 7 时,公司施工人员按现场指挥的布置,通过陆侧(远离江河一侧)和江侧(靠近江河一侧)卷扬机先后调整刚性腿的两对内、外两侧缆风绳,现场测量员通过经纬仪监测刚性腿顶部的基准靶标志(调整时,控制靶位标志内外允许摆动 20 mm),并通过对讲机指挥两侧卷扬机操作工进行放缆作业。放缆时,先放松陆侧内缆风绳,当刚性腿出现外偏时,通过调松陆侧外缆风绳减小外侧拉力进行修偏,直至恢复至原状态。通过 10 余次放松及调整后,陆侧内缆风绳处于完全松弛状态,被推出上小车机房顶棚。此后,又使用相同方法和相近的次数,将江侧内缆风绳放松调整为完全松弛状态。约 7 时 55 分,当地面人员正要通知上面工作人员推移江侧内缆风绳时,测量员发现基准标志逐渐外移,并逸出经纬仪观察范围,同时现场人员也发现刚性腿不断地在向外侧倾斜。不久,刚性腿倾覆,主梁被拉动横向平移并坠落,另一端的塔架也随之倾倒。

(三)人员伤亡和经济损失情况

事故造成 36 人死亡,2 人重伤,1 人轻伤。死亡 9 人员中,公司 4 人,中心 9 人(其中有副教授 1 人、博士后 2 人、在职博士 1 人),造船厂 23 人。

事故造成经济损失约 1 亿元,其中直接经济损失 8 000 多万元。

二、事故原因分析

事故发生后,党中央和国务院十分重视。国家安全生产监督管理局立即组成调查组赶赴现场进行调查处理。

（一）刚性腿在缆风绳调整过程中受力失衡是事故的直接原因

事故调查组在听取工程情况介绍、现场勘查、查阅有关各方提供的技术文件和图样、收集有关物证和陈述笔录的基础上，对事故原因作了认真的排查和分析。在逐一排除了自制塔架首先失稳、支承刚性腿的轨道基础沉陷移位、刚性腿结构本体失稳破坏、刚性腿缆风绳超载断裂或地锚拔起、荷载状态下的提升承重装置突然破坏断裂及不可抗力（地震、飓风等）的影响等可能引起事故的多种其他原因后，重点对刚性腿在缆风绳调整过程中受力失衡问题进行了深入分析。经过有关专家对吊装主梁过程中刚性腿处力学机理的分析及受力计算，提出了特大事故技术原因调查报告，认定造成这起事故的直接原因是：在吊装主梁过程中，由于违规指挥、操作，在未采取任何安全保障措施情况下，放松了内侧缆风绳，致使刚性腿向外侧倾倒，并依次拉动主梁、塔架向同一侧倾坠、垮塌。

（二）施工作业中违规指挥是事故的主要原因

该公司施工现场指挥在主梁上小车碰到缆风绳需要更改施工方案时，违反吊装工程方案中关于"在施工过程中，任何人不得随意改变施工方案的作业要求。如有特殊情况进行调整，必须通过一定的程序以保证整个施工过程安全"的规定，未按程序编制修改作业指令，未逐级报批，在未采取任何安全保障措施的情况下，下令放松刚性腿内侧的2根缆风绳，导致事故发生。

（三）吊装工程方案不完善、审批把关不严是事故的重要原因

该公司编制、其上级公司批复的吊装工程方案中提供的施工阶段结构倾覆稳定验算资料不规范、不齐全；对造船厂600 t龙门起重机刚性腿的设计特点，特别是刚性腿顶部外倾710 mm后的结构稳定性没有予以充分的重视；对主梁提升到47.6 m时，主梁上小车碰刚性腿内侧缆风绳这一可以预见的问题未予考虑，对此情况下如何保持刚性腿稳定的这一关键施工过程更无定量的控制要求和操作要领。

吊装工程方案及作业指导书编制后，虽按规定程序进行了审核和批准，但有关人员及单位均未发现存在的上述问题，使得吊装工程方案和作业指导书在重要环节上失去了指导作用。

（四）施工现场缺乏统一严格的管理，安全措施不落实是事故伤亡扩大的原因

（1）施工现场组织协调不力。在吊装工程中，施工现场甲、乙、丙3方立体交叉作业，但没有及时形成统一、有效的组织协调机构对现场进行严格管理。在主梁提升前10日成立的"600 t龙门起重机提升组织体系"，由于机构职责不明、分工不清，并没有起到施工现场总体调度及协调作用，致使施工各方不能相互有效沟通。乙方在决定更改施工方案，决定放松缆风绳后，未正式告知现场施工各方采取相应的安全措施，甲方也未明确将事故当日的作业具体情况告知乙方，导致造船厂23名在刚性腿内作业的职工死亡。

（2）安全措施不具体、不落实。事故发生前一个多月，由工程各方参加的"确保主梁、刚性腿吊装安全"专题安全工作会议上，在制定有关安全措施时没有针对吊装施工的具体情况进行充分研究并提出全面、系统的安全措施，有关安全要求中既没有对各单位在现场必要人员作出明确规定，也没有关于现场人员如何进行统一协调管理的条款。施工各方均未制定相应程序及指定具体人员对会上提出的有关规定进行具体落实。例如，为吊装工程制定的工作牌制度就基本没有落实。

综上所述，此起特大事故是一起由于吊装施工方案不完善，吊装过程中违规指挥、操作，并缺乏统一严格的现场管理而导致的重大责任事故。

三、事故责任划分及处理

这起事故发生的主要原因是施工作业中的违规指挥所致。

起重机结构吊装施工现场由该公司职工担任副指挥和施工现场指挥，在发生主梁上小车碰到缆风绳情况时，未修改作业指令和执行逐级报批程序，违章指挥导致事故发生，该公司应负主要责任。

（1）该公司某职工，600 t龙门起重机吊装工程事故当日施工现场指挥，不按施工规定进行作业，对于主梁受阻问题自行决定，在没采取任何安全措施的情况下，就安排人放松刚性腿内侧缆风绳，导致事故发生，是造成这起事故的直接责任者，犯有重大工程安全事故罪，给予开除公职处分，移交司法机关依法处理。

（2）公司副经理，作为 600 t 龙门起重机吊装工程项目经理，忽视现场管理，未制定明确、具体的现场安全措施，明知 7 月 17 日要放刚性腿内侧缆风绳，也未提出采取有效保护措施，且事发时不在现场，对事故负有主要领导责任，犯有重大工程安全事故罪，给予开除公职、开除党籍处分，移交司法机关依法处理。

（3）对其他 12 名特大事故相关责任人，根据职务、职责，分别给予开除党籍、留党察看、党内严重警告、撤销党内职务等党纪处分和开除公职、行政撤职、行政降级、行政记过、行政警告处分等行政处罚；对涉嫌犯有重大工程安全事故罪的，移交司法机关依法处理。

责成该 3 个单位的行政主管部门依据调查结论，对与事故有关的其他责任人给予严肃处理。

四、事故教训与整改措施

（1）工程施工必须坚持科学的态度，严格按照规章制度办事，坚决杜绝有章不循、违章指挥、凭经验办事和侥幸心理。

此次事故的主要原因是现场施工违规指挥所致，而施工单位在制定、审批吊装方案和实施过程中都未对 600 t 龙门起重机刚性腿的设计特点给予充分的重视，只凭以往在大起重量门吊施工中曾采用过的放松缆风绳的经验处理这次缆风绳的干涉问题。对未采取任何安全保障措施就完全放松刚性腿内侧缆风绳的做法，现场有关人员均未提出异议，致使该公司现场指挥人员的违规指挥得不到及时纠正。此次事故的教训证明，安全规章制度是长期实践经验的总结，是用鲜血和生命换来的。在实际工作中，必须进一步完善安全生产的规章制度，并坚决贯彻执行，以改变那种纪律松弛、管理不严、有章不循的情况。不按科学态度和规章的程序办事，有法不依、有章不循，想当然、凭经验、靠侥幸，是安全生产的大敌。

今后在进行起重吊装等危险性较大的工程施工时，应当明确禁止其他与吊装工程无关的交叉作业，无关人员不得进入现场，以确保施工安全。

（2）必须落实建设项目各方的安全责任，强化建设工程中外来施工队伍和劳动力的管理。

这起事故的最大教训是以包代管。为此,在工程的承发包中,要坚决杜绝以包代管、包而不管的现象。首先是严格市场的准入制度,对承包单位必须进行严格的资质审查。在多单位承包的工程中,发包单位应当对安全生产工作进行统一协调管理。在工程合同的有关内容中必须对业主及施工各方的安全责任作出明确的规定,并建立相应的管理和制约机制,以保证其在实际工作中得到落实。

同时,在社会主义市场经济条件下,由于多种经济成分共同发展,出现利益主体多元化、劳动用工多样化趋势。特别是在建设工程中大量使用外来劳动力,增加了安全管理的难度。为此,一定要重视对外来施工队伍及临时用工的安全管理和培训教育,必须坚持严格的审批程序,必须坚持先培训后上岗的制度,对特种作业人员要严格培训考核发证,做到持证上岗。

此外,中央管理企业在进行重大施工之前,应主动向所在地安全生产监督管理部门备案,各级安全生产监督管理部门应当加强监督检查。

(3)要重视和规范高等院校参加工程施工的安全管理,使产、学、研相结合,走上健康发展的轨道。

在高等院校科技成果向产业化转移过程中,高等院校以多种形式参加工程项目技术咨询、服务,或直接承接工程的现象越来越多。但从这次调查发现的问题来看,高等院校教职员工介入工程时一般都存在工程管理及现场施工管理经验不足,不能全面掌握有关安全规定,施工风险意识、自我保护意识差等问题。而一旦发生事故,善后处理难度最大,极易成为引发社会不稳定的因素。有关部门应加强对高等院校所属单位承接工程的资质审核,在安全管理方面加强培训。高等院校要对参加工程的单位加强领导,加强安全方面的培训和管理,要求其按照有关工程管理及安全生产的法规和规章制定完善的安全规章制度,并实行严格管理,以确保施工安全。

参 考 文 献

[1] 蒋永明. 化工工人安全卫生培训教材安全基础知识[M]. 北京:化学工业出版社,1986.

[2] 国家安全生产监督管理局. 危险化学品经营单位安全管理培训教材[M]. 北京:气象出版社,2002.

[3] 国家安全生产监督管理总局化学品登记中心. 危险化学品从业单位安全标准化培训教材[R]. 2004.

[4] 中国安全生产协会. 安全生产管理知识[M]. 北京:中国大百科全书出版社,2008.

[5] 中国安全生产协会. 安全生产事故案例分析[M]. 北京:中国大百科全书出版社,2008.